Black 6
Russ Snadden

The extraordinary restoration of a Messerschmitt Bf 109

ブラック シックス
英国上空を翔るグスタフの翼

ラス・スナッデン —— 著

川村忠男 —— 訳

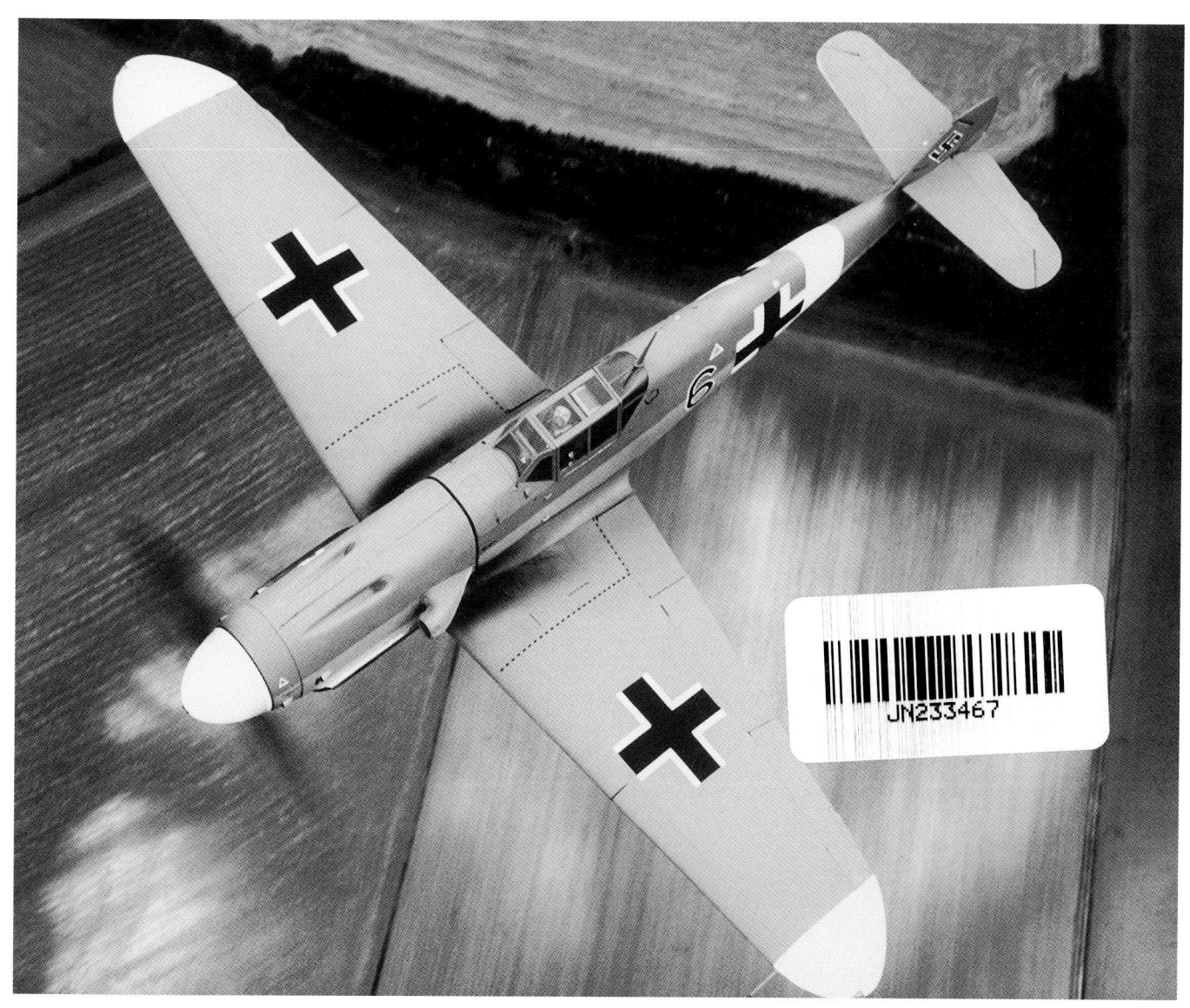

大日本絵画　DAINIPPON KAIGA

目　次

本文および謝辞
　……………………………………………… 4

最初の出合い
　……………………………………………… 6

ブラック6の軌跡
　メッサーシュミット社の荒鷲……………… 12
　歴史をたどって……………………………… 16

メッサーシュミットBf109の復元
　苦難の始まり………………………………… 33
　ノーソールトへの移動……………………… 43
　フリードリッヒかグスタフか……………… 47
　小屋での作業………………………………… 52
　進展…………………………………………… 57
　迷惑な関心…………………………………… 62
　非標準型グスタフ…………………………… 65
　ベンソン基地での再出発…………………… 68
　エンジンが戻った…………………………… 76
　かけ引き……………………………………… 90
　眠ったエンジンの眼を覚ます……………… 93
　2度目の処女飛行…………………………… 100
　修理そしてロールアウト…………………… 106
　ダックスフォードへ………………………… 112

終わりの始まり
　ブラック6の展示…………………………… 117
　災厄！………………………………………… 120
　頼れるグスタフ……………………………… 130
　終わりの始まり……………………………… 133
　調査…………………………………………… 136
　修復と復元…………………………………… 138
　結びにあたって……………………………… 144

付録A『'ブラック6'W.Nr.10639の年表』……… 148
付録B『第209航空群　ME109G試験』……… 154
付録C『処女飛行 Bf109G /G-USTV 1991年3月17日』
　……………………………………………… 170
付録D『支持者たち』………………………… 172

訳者あとがき…………………………………… 173

塗装直後。ブラック6は1942年11月に発見された姿を取り戻したようにみえる。

本文および謝辞
Preface and Acknowledgements

　20年前、私は小型戦闘機を飛行可能に復元すると申し出た。友人たちは、私が一時的に何らかの狂気に囚われたに違いないと思った。思い返せば私もその診断に甘んじようとさえしていた。それはともかく、私はただこの歴史的に重要な機械を、第二次世界大戦に就役していたときの記録に正確な型式に復元しよう思っていただけだった。

　本書に述べたとおり、この仕事を成功に導くことができたのは、仲間の忍耐、信頼、それに技量にかかっていたと強く確信している。

　自ら進んで引き受けた仕事とはいえ、私が予測したよりも長くかかってしまった。しかしながら、そのかたわら、私には多くの親友ができたし、くらべようがないほどすばらしいチームを率いることができたことを、私自身名誉に思っている。参加者全員が無償のボランティアであるという、Bf109クラスの航空機に関しては他にどんな似たようなプロジェクトも思い当たらない。これほど長く続いたプロジェクトは皆無だと確信をもっていえる。

　この本を書くにあたり、私は得意のとき、はたまた失意のとき、大成功やちょっとした悲劇といった小さな話も描いていきたいと思う。これらの描写がないと不完全なものになってしまうであろう。

　また、ジョン・エルコムの力作なしには完全にはならない。彼の撮影した写真はページの多くを引き立ててくれた。また、写真をよせて下さった以下の方々にも大変感謝している。

　ジョン・ディッブス、パトリック・バンス、ピーター・R・マーチ、マイク・シェーマン、ボビー・ギブス、フランク・F・スミス、キース・アイザック、リチャード・P・ルッツ、パウロ・デサルヴォ、ピーター・パットモア・ウエスト、ギュンター・ベーリンク、ハインツ・ランガー、ドン・バトガー、リチャード・マーチン、ル・ブート、レン・マルティモア、フランク・オルドリッジ、ギャビン・セルウッド、ブライアン・ストリックランド、イアン・メースン、それに息子のグレーム。

　私の著書はまた、何枚かの図面で飾られている。ジョン・R・ビーマンの作品であるが、一部は私が、自分で記事に合わせて変更している。そのあるものは、これまで出版された中でももっとも正確なBf109の図面だが、彼は快く使用することを許してくれた。これらは残念ながら今は絶版になっている彼の著書『The Last of the Eagle』(訳註：Bf109後期型G、Kの詳細を紹介した1976年の自費出版書)に掲載されていたものから選んだ。

　また、キューの公文書館にも感謝しなければならない。彼らは本機がパレスティナにあったときに行われた試験飛行報告書をファイルAir 40/120から引用して、再現することを許可してくれた。

　ハインツ・ランガーとリューデマンの御家族にも大変感謝している。ハインツ・リューデマンの日記からの引用や、彼のアルバムから写真を複写することを親切にも許して下さった。

　ドイツの航空機を復元するには、その原製造国に接触しなければならないが、この役目はペーター・ノルテが手際よく引き受けてくれた。彼は、数多くの装備品を探し出したり、彼の母国からの技術支援を手配してくたばかりではなく、また大量のドイツ語のマニュアルや文書を翻訳してくれた。このきわめて重要な、絶えず続けられた支援がなければ、プロジェクトはさらに長期にわたることになったであろう。

　ページが進むにつれ、時々名前が登場するが、アンディ・スチュワートは賞賛に値する。10年以上にわたる、労力支援だけではなく、機体の経歴にも熱心に興味を抱いていた。調査は続いており、今日明らかになっているこのBf109の経歴は、彼の熱心な手助けによりまとめあげられた。

　「ブラック6」のデビュー以来、結果的にほとんど私の名前が世間の注目をあびることになってしまったが、他の人々が大部分見過ごされているように感じている。

　だから私が不公平を正し、彼らの各

イギリスの空に舞う美しく復元されたブラック6。復元チームの忍耐と努力の成果。

自の貢献に謝意を表さなければならない。最初にフランク・ショウとパディ・スタンベリーに、忘れられた遺物に関心をそそぎ技術処置への水先案合人となってくれたことに感謝をささげる。何年もの間、彼らはひどい環境の中で、まったく単調で骨の折れる仕事をしながらすごした。私は、ケビン・トーマス、ピート・ヘイワード、トニー・リークそれにジョン・エルコムに、いつまでも大変感謝している。他のどんな人も苦難に耐え、あのような驚くべき忍耐力を示すことができるとは思えない。

ブリストルでは驚くほどの辛抱強い努力の結果、エンジンを新品同様にしてくれたロス・バトラー、ジョージ・フォード、ロジャー・スレード、そしてラッセル・ストークスに私の賞賛をささげる。しかしながら、ジョン・ランベロウの長年にわたる真剣な粘り強さがなければ、私がまさに必要としていた出力を獲得することはできなかっ

たと思われる。彼こそは私の心からの感謝に値する。

プロジェクトが終盤に近づくにつれ、ボブ・キッチェナーとクリス・スターの2人のような、進んで協力してくれる助手を見いだしたことは幸運であったと考えている。

ダックスフォードでの飛行機の短かった経歴は、読者諸氏も知るように、問題なく経過したわけではなかった。私たち全員にとって幸運だったのは、シギ・クノールが、私たちのダイムラー・ベンツ・エンジンの部品や問題解決へのアドバイスをたずさえて乗り出してくれたことであった。彼が参加してくれなかったら、「ブラック6」は、誰もが予想したよりも、もっと以前に博物館に入れられてしまったであろう。彼に、私は賞賛の意をささげる。

「ブラック6」の再生は、しかしながらジョー・ディクソンとポール・ブラッカーの技量に負うところが大きかっ

た。私は彼らの仕事に尽きることのない感謝をささげ、また彼らが折りよく参画してくれなかったら、「ブラック6」が完成することはなかったであろうことは疑いない。

同じく、私が期待した以上に長年にわたるイアン・メースンの専門技術、支援と友情がなかったらプロジェクトは失敗に終わっていたかもしれない。彼は目の前の仕事がほとんど不可能に思われたときでも、粘り強くがんばり成功の種をまいたものである。残念なことに、2001年7月7日、彼はガンと果敢に闘った末にこの世を去った。それは彼が「ブラック6」に関わって、気の利いた冗談を言っているあいだも続いていたのである。皆、彼との別れを惜しんでいるが、私にとってはあまりにも辛いことである。本書はまず彼にこそ、ささげなくてはならないだろう。

最初の出合い
First find an aeroplane

私がこの本を書こうと決心したのはもう何年も前のことである。今、こうしてペンを走らせながら、私はそのときにもっと積極的な行動を起こさなかったことを後悔している。というのは、最終的にある特定の戦闘機へと導かれることになった趣味の世界に、どのように私が巻き込まれていったのかを思い出すことが、時の経過とともに腹立たしいほどに難しいのがはっきりしたからである。かねてより、記憶は時とともに（大きく）風化していくものだと折に触れて忠告されてきたものだった。つい最近も、イギリス空軍博物館の以前の機体管理責任者で、初期"動力付き飛行機械"の著名な研究者であるジャック・ブルースに言われたばかりであった。私に記憶の誤謬について助言したという過去の日々に関して自分自身の記憶が不確かなことに彼が気付いていないということをとりあえず付け加えておきたい。

私の若いころの興味が航空機にあったことは、さほど意外ではない。ロールス・ロイスの技術者一筋に働いた父は、ヒリントンにある工場までバスで通っていた。グラスゴーのための空港であったレンフルーに近く、スコティッシュ・アヴィエーション社の整備基地としての機能も果たし、その当時はNATOに加盟するカナダ空軍機のオーバーホールがさかんに行われていた。私は、テスト中のカナディアCL

ダックスフォードにて復元されたブラック6を自ら楽しもうとしている著者、ラス・スナッデン氏。

-13セイバーやアヴロCF-100カナック戦闘機に見とれながら楽しい時をすごしたものだった。そこから数マイル南の自宅にいると、毎晩7時ごろに4発の老朽化したマーリン・エンジンの同調音が上空を通過し、そのたびに飛行場を思い起こしていた。それは積み荷を満載したアヴロ・ヨークが南に向けて懸命に高度を上げるときの音だった。レンフルーのほんの数マイル東にはHMSサンダーリング、別名イギリス海軍航空基地アボッツインチがある。ここの飛行場には、役目を終えて処分を待つ数百機ものイギリス海軍機が置かれていた。私は、美しいシーホークやシーヴェノム、ガネットに旧式のアヴェンジャー、スカイレーダーの上によじ登って、この大部分がほんの数か月のうちに処分されてしまうと

わかったときに感じた悲しさを今でも呼び起こすことができる。揺籃期の保存運動に私が深く関わるようになったのはこの経験に起因するもので、結局のところ必然とでもいうべきことなのだろう。

アボッツインチは数年後に軍用基地としての役目を終えた。今日のグラスゴー空港である。たぶん、いつの間にか興味は尽きていたが、数年間ここを離れざるを得なくなった後でグラスゴー空港に着陸を始めたときのこと、私はジェップセン社製のアプローチ・プレート（訳注：パイロット用の飛行計画計算盤）にレンフルー空港の位置に関する警告のあることに気付いた。時間と天候の許すかぎり、私は風防に鼻を押しつけて何度もそれを見ようと努力したが、果たせなかった。その後、

そのときは地上からだったが、かつての空港はなにも残っておらず、主滑走路として使用していた場所が、現在ではグラスゴーとエディンバラを結ぶM8自動車道の一部になっていることを発見した。そのことをジェップセンに申し出ようとは思わなかったが、それでも同社の製品からは過去の遺物が除去されている。

その当時のある定期航空誌を拾い読みしていたとき、古い航空機への趣味を分かち合うために自分に連絡をというマルコム・フィッシャーからの勧誘を偶然目にした。"ビル"（として知られているが、その理由がなぜなのかは忘れてしまった。編注："ビル"は一般にウィリアムズの愛称）は現存する機体の経歴を調査することを計画し、そしてこの"事業"に加わったときに私はイギリス軍用機の責任者にされてしまった。何ヵ月も費やし、私たちは古い機体をたくさん発見した。希少なものもあったし1機しかないものもあったが、これらはまさにスクラップの危機にさらされており、賛否両論入り乱れる議論の末、私たちはそのうちの何機かでも救おうと決めた。それが不運の歴史的航空機保存協会（Historic Aircraft Preservation Society、略称HAPS）に発展する。

当時の関心の低さを知っているならば、これがどんなに重要で価値あることであったかがわかるであろう。実際のところ、対象となる機体はイギリス中に散在しており、そのほとんどは国防省に帰属するもので、最小限の手入れしか受けていなかった（この話題については、後述する）。イギリス空軍博物館（RAFM）も、帝国戦争博物館（IWM）ダックスフォード分館もまだ存在していなかった。HAPS以前には北部航空機保存協会（Northern Aircraft Preservation Society）が数機の有名機体の保存に、ファンを巻き込んでその道を切り開いていた。だがその影響力は地方に限定されたものだった。HAPSの目指すのは国家規模の運動であった。私たちは最初、明確な計画を持たず、単に可能な限り多くの価値のある機体を救うことを目的としていた。

最初に手がけたのは、チャンス・ヴォートFG-1コルセアMk4（記載番号KD431）であった。長年クランフィールド工科大学の教材として使われていたもので、余剰物資であるとみなされていた。HAPSの交渉が実を結び、この有名な戦闘機――当時イギリスで唯一――の栄えあるオーナーとなった。本機は今日でもヨーヴィルトンにあるイギリス海軍航空隊博物館（FAAM）で見ることができる（最近は数機がエアショーに登場している）。その後すぐ、私たちはプリマスの航空訓練軍団でけっして大切に扱われていたとはいえない最後の1機となるスーパーマリン・シーファイアFR.Mk.47（VP441）を見つけだした。無視と悪態の数年にわたる不快な思いのあと、早急に撤去する用意があるのならばという条件でHAPSに寄贈された。これは海軍の後押しもあって私たちが勝ち取ったものであった。カルドロウズ海軍基地に機体を貸し出すよう申し入れがあり搬送されて、やらずもがなの手入れが行われ、純正部品がかなり以前に紛失していたため耐用年数を過ぎたアヴロ・シャクルトン用のプロペラが取り付けられた。

この機体には憂慮していた事態が起きてしまった。数年後に売却されてアメリカに発送されたが、噂では長年破られていないピストン・エンジン機の速度記録を突破するために再生されるのだということであった。その後なんの便りもないが、たとえスピットファイア・ファミリーの最終型であってもこのエンジンと機体の組み合わせで、現在の記録よりも優れたものを生み出せるかどうか疑問である。私はまだそれが故国に戻ってくるだろうという望みを抱いている。いつの日か……。

次々と飛行機が現れては消えていったが、買い取ったのはただ1機である。私はヴィッカース・スーパーマリン・ウォーラスMk.1水陸両用機（L2301）の残骸に気前よく大枚25ポンドを支払った。協会はオックスフォードシャーのテイム飛行場周囲の草の生い茂った中に置いていたが、胴体（尾翼は全部なし）にエンジンとプロペラが付いているだけだった。海軍がふたたび救済に乗りだし、シーファイアの場合と同様、貸出期間中に残骸を北方のスコットランドのアーブロウスに運んだ。この老鳥はそこで新造の尾翼と主翼を取り付けて立派に復元され、現在はFAA博物館の"私たちの"コルセアからそう遠くない特設コーナーを占有している。

未知へのさらなる大きな一歩は、ニューギニアで退役した数機のアヴロ・ランカスターMk.VIIのうちの1機について、"ビル"・フィッシャーがフランス海軍に働きかけたときに起きた。驚いたことに、彼の要請が聞き届けられたのである。ビルの不朽の名声

7

もあって、彼はNX611を故国に飛び帰らせるための支援および後援会(主に、ホーカー‐デ・ハヴィランド、シドニーそれにシェル石油からの)を組織、1965年の航空フェアの最中にビギンヒルに到着させた。残念なことにHAPSの乏しい資金では、ランカスターが高価過ぎることは自明のことだった。古い航空機を飛ばし続けることに対する民間航空当局の厳格な要求をクリアすることは困難であった。最終的に、結果としてこれが協会の潰れる原因となり、そして善意による組織は強欲極まりない一部会員の出現とともに高まる険悪さのうちに崩壊した。しかしその飛行機は生きのびた。その後何年かはRAFスキャンプトン基地のゲートに飾られ、現在はフレッドとハロルド・パントンが所有し、立派に復元されてリンカーンシャーのイースト・カービにあるリンカーンシャー・アヴィエーション・ヘリテージ・センターの目玉展示になっている。

実験としてはHAPSが失敗であったことに疑う余地はない。しかしながら協会が救った航空機の大部分は生き残っている。さもなければほとんどが朽ち果ててしまったに違いないと、私は確信している。ただその理由だけのためであっても、私は関わっていたことを誇りに思っている。

旧式航空機の世界は、あの胸躍る日々から様変わりしてきている。多くの協会が次々と組織され、そのいくつかは存続して優れた業績を残している。このボランティア運動に影を投げかけているのは、古い飛行機に有望な投資源を見いだした金持ちたちの新たな関心である。その結果今日では、多すぎるほどの航空機が飛行可能に維持され、定期的に飛行展示が催されて航空機ファンを喜ばせている。いっぽう事態のマイナス面は、これらの航空機があまりにも頻繁に売買され(それは多分、持ち主が興味を失ったためだろう)、価格が意図的に高額化し、ごく少数の愛好家の手には負えなくなってしまったことだ。旧式機の"保存維持"に熱心に参加しようとしていた多くの人々が犠牲になってきている。もはや、熱心なファンの手に委ねるために寄贈できるような余分な機体はなくなってしまった。

HAPSの挫折にもかかわらず、私の旧式航空機への興味は少しの間傷ついただけだった。私は立ち直り、今後はどんなプロジェクトも自分一人でやろうと考えた。委員会の決議などの入る余地がないように。その当時、私はウィルトシャーのRAFライネム基地の第214飛行隊でデ・ハヴィランド・コメットC.Mk4 Cを飛ばし、要人輸送任務に従事していた。5年間の配属中、任務で世界中を飛び回った。概して、飛行は長時間におよび、しばしば3～4週間基地を離れていることになった。任務と任務の間は同じぐらいの期間があったので、この生活なら適当な小型機の復元を引き受けてもよかろうと考えた。私のRAFの給与と飛行手当は、軍務内ならまあまあの生活ができたものの裕福というには程遠いものだった。古びた残骸を買うことはできたかもしれないが、整備費用をひねり出す余裕はなかっただろう。私は実際に飛行機を所有することなどできそうもないとわかってはいたが、あきらめはしなかった。今日なら、私の考えは幾分違っている恐れもあるが。

熱心に趣味に没頭している人はたいてい、訳のわからない愛着をもっており、そこからさらに狭い領域にのめりこんで行くようである。たとえば自動車マニアは年式や型式にこだわり、釣り人はフライの投げ方に凝っていく。私も同様であった。私の航空史の研究は軍事方面で、特に第二次世界大戦に絞られていた。広漠な対象の中から私はドイツ空軍とその装備に夢中になっていった。これはドイツ空軍がかつて強大な勢力であったのに、残されているものがあまりにもわずかなためだと思う。当時のものは存在しているが、ほとんどは国家機関が所有するところとなっている。イギリスは、アメリカのスミソニアン協会の目録に匹敵するほどのドイツ機の様々なコレクションを有していた。サイは投げられた。これらの希少な機体の一つを、私が熱意をこめて世話をしようと決意した。非常に驚いたことに当局は、私の思いとはかけ離れていた。

私はまず帝国戦争博物館(略称IWM)に接触した。ランベスの灰色の壁の中には、偉大なフォッケウルフFw190戦闘機というすばらしい実例があった。国防省からの貸与品で(今日もそのまま存在する)、機体はそこに幽閉されて以来、わずかな手入れしか受けていなかった(迷彩塗装は近年変更されたが、たいへん残念なことに外観ははなはだしく不正確であり、ほんの少しの知識と適切な調査をすればもっとうまく復元できたであろう)。復元を許可してもらいたいという私の申し出に対し、IWM館長のノーベル・フランクランドは即座に拒絶した。失

望はしたが少しも不満には思わず、次に私は"本当の持ち主"に渡り合った。彼らはいかなる影響力も責任も行使せずただ私にIWMを紹介した。続く何ヵ月かはおなじみのたらい廻しであった。唯一他に存在するFw190は練習機に改造した戦闘機で、南ウェールズのRAFセント・アサン基地が管理していた。

この時(1970年)までには、RAF博物館は存在していなかった。航空史分局の書類上の管理下にある航空機は、実際には無数のRAF基地で渋々ながら管理維持されており、RAF博物館の新しい建物に収容するために保管されたり、また予備収蔵品の一部として仕分けされるかしていた。セント・アサンではスタッフがよりぬきのドイツ機を奇跡に近いほどに外観を整えてきたが、それらは現在みなヘンドン(訳注：RAF博物館の所在地)で見ることができる。彼らの最高の仕事の一例は疑問の余地なくメッサーシュミットBf109E-4で、外観はスコウフィールド少佐(退役)の多岐にわたる調査の成果である。私は190の復元の申し出が却下されても驚きはしなかった。セント・アサンは"宝物"を次々に失いつつあって、そのうえさらに手放すことを嫌っていたのだろう。さらに重要なことはこの旧式戦闘機の練習機型は、限られた機数しか製造されなかったからである。唯一の残存機を飛行可能にする危険を冒すことはできなかったのであろう。今日、この機体はヘンドンに展示されているが、これも残念ながらありそうにもない塗装をまとっている。

3番目のアプローチはもっと家の近くを狙った。目標にした飛行機は飛行状態に復元することは考えられず、あまり気のすすまないものだった。ライネムの西数マイルにRAFコラーン基地があり、'70年代初頭には博物館用航空機の地域内コレクションの集積場になっていた。少数の航空兵がハインケルHe162Aジェット戦闘機をボランティアで復元し終えたばかりであっ

1962年、ワティシャム。飛行可能とする計画のもとに分解されたが、結局計画は頓挫してしまった。

た。彼らの労作は今、ヘンドンで見ることができる。以前は美しく塗装されていたが、現状は分解と輸送の結果、多数のかき傷がついている。あいにくコクピットは多くの備品を欠いているが、疑いなくこの小型戦闘機の復元例としてはもっとも正確であり、それは航空機ファンの適切な調査と手入れによって成し遂げられたものの実例である。

同じコレクションの中には、急進的なメッサーシュミットMe163B迎撃機がまだ復元されずにあった。かつて実戦に投入されたもので唯一の純ロケット推進の戦闘機で、滑走を始めてから高度39,000フィート(11,887m)まで3分半で上昇した。燃料を使い果たしてからは初速500マイル(805km/h)以上で滑空し、大破壊をもたらす連合軍爆撃機の編隊に突入し、高度と速度が落ちて急いで基地に戻らねばならなくなるまで"報復"を行った。設計者によりコメット(訳注：ドイツ語で彗星)と名付けられたが、その動力による上昇飛行の異様な光景を表すのに、これ以上に相応しい名称は思いつかない。私がコメット輸送機を飛ばしているうちに、私の隊の助力を得ればコネをつけられると確信した。基地司令はすぐ私の計画を承認したが、この小さな野獣の輸送を準備している最中にすべての段取りを"無かったこと"にするメッセージが届いた。彼はこの飛行機が自分の影響下から出て行く認可を拒絶したのであった。

これまでの私の努力は、役所のレンガの壁に自分で頭を打ち付けているようなものであったが、単にメインコースを味見しただけにすぎなかった。よ

チヴナ基地公開日に「黄の14」に姿を変えた「10639」。それから何年もの間、驚くほど多くのイスパノ・メッサーやBf108が興味本位にハンス・ヨアヒム・マルセイユ乗機の仕様に塗装されていた。

くよく考えて見ると、私の忍耐は驚くべきものだということがわかった。それは抑えがたい情熱と、おそらくは鈍感だったことによるといえるのかもしれない。しかし私の熱意は何度か痛撃を受けたことも否定しないが、まだまだ敗北を受け入れる気にはなっていなかった。私が関心を表明した3機の飛行機はすべて「コレクション」に属するものだと、ふと思いついた。それぞれの管理者がそれらを手放したがらないのももっともなことに思えた。だが1機のドイツ機がサフォークのワティシャム基地に、ぽつんと保管されていた。これがメッサーシュミットBf109G戦闘機で、復元の試みが失敗に終わった後、何年か保管されてきたものだった。

この飛行機に関する交渉は、込み入ったことになるだろうということはわかりきっていた。なぜなら、この"特製のパイには3本の指がつっこまれていた"からである。国防省の航空史分局(略称AHB)はその責務を留保していたが大いに歯抜け状態であった。博物館所蔵品の管理はまるまるRAFに依存していた。この場合、ワティシャムを説得すべきであろう。私はまたRAF博物館の積極的な関与に対しても先手を打った。私のプランを1971年初頭にAHBの長であるハスラム大佐に提出した。彼の返事は、私の関心についてていねいに感謝していたが、おおよそ予期していたように、Bf109は博物館のためのものだと記してあった。2通目の手紙はヘンドンの航空機や展示物の管理者であるジャック・ブルースに送った。ジャックは私の計画に非常に賛同していたが、博物館が将来の展示に加えようと計画するかも知れないので、同機を私の手に委ねるために手放すことはできなかった。引き続き両者をおだてたり説得したりしようと手紙を何通も送ったが、何の成果もなかった。

その時点で正直なところ私はほぼ万策尽きてしまった。思えば、むしろそのまま放っておいたほうが明らかにいいのに、なぜ私が頭を下げてまで彼らの飛行機のための仕事を乞い願わなければならないのであろうか。1971年という年は、次の突撃に備えて私の

バッテリーがたっぷりと再充電される前に、歴史の手に委ねられてしまった。何ヵ月も交渉を続けている間に、私は博物館の計画が正式に決まったかどうか知りたいと思った。私の計画の進み具合はヘンドンの姿勢次第である。その方面からの承認があれば、私の申し入れの成功は保証されたも同様であった。ジャック・ブルースの書類が山積みされた机にたどりついた手紙への返事は、一年前のものより少し内容が変わってきた。このとき希望の小さな光が差し始めた。ヘンドンはスペースが限られ、もうBf109用には、1機分以上の空きは無かった。セント・アサンのBf109E-4がスピットファイアMk.Ⅰとペアで展示される予定となっていた。ジャックは私を支援するために会えなかったのは、何かの誤解があったのだろうとも書いていた。しかし彼はこう続けた。「私は109が再び空を飛ぶのを見たい。だが、この時点でそのようなプロジェクトに私が積極的に参加できない状況にあるというのも、どうしようもない事実である。正直に言って、今私が精一杯できることは君の非常にすばらしい目的と活動に反対しないことだ」。

私はこの言葉をそっくりそのまま、機体はRAF博物館用に取り置くという方針のままでいると繰り返すAHBに伝えた。そのうえさらに、時期的にやや遅いがワティシャム基地が整備を計画し、その年の9月の基地公開日に展示しようとしていることが公表された。基地司令グッドウィン大佐は9月以降なら、同機を手放すつもりだと表明した。数か月後、彼は機体が朽ちて行くのを見るに忍びず、私の庇護の下に入るのが誰もがもっとも望ましいと考え、私に許可を出した。

1972年9月30日の土曜日に、2機のハーキュリーズ輸送機がデンマークでの演習を終えて、ワティシャムに帰還した。乗員を驚かせたのは、空荷で基幹基地へと戻るかわりに、分解されたメッサーシュミットが彼らを待っていたことである。かくしてその日の午後、戦闘機の残骸はライネムの駐機場にぞんざいに積み下ろされた。電話が鳴り、声が訴えかけた。「失礼します、サー。メッサーシュミットについて何かご存知でしょうか？」

私はメッサーシュミットBf109G-2、製造番号10639の責任者になってしまったのだった。

W.Nr.10639が新しい根拠地となるライネムに到着した。

ブラック6の軌跡
History of 'Black 6' / W.Nr.10639

メッサーシュミット社の荒鷲

　Bf109は数え切れないほど、本の題材や記事にされてきた。この点に関してはイギリスの対抗馬、すなわちスーパーマリン・スピットファイアとのみ比較されているが、おそらくこの両戦闘機の歴史的重要性を示すものであろう。スピットファイアも大量に製造されたが、総生産機数30,000機以上といわれるBf109に匹敵するものではなかった。どちらも戦闘機設計の卓越した先進性を代表するものであり、その出現は人々に興奮を呼び起こしたものであった。半世紀を過ぎた今もなお、この興奮は衰えてはいないようだ。

　もっとも重要なことは、これらが複葉機時代の終わりを予告するものとなったことで、スピットファイアはイギリス設計究極のグロスター・グラディエーターにとってかわるものであり、いっぽうBf109は、スマートで小型のハインケルHe51の跡を継ぐものであった。支柱や張線を過去のものとし、エンジン・パワーをそこそこに増加しただけでも到達速度はほぼ50％も増え、しかも大きさは目立って変化はしていない。Bf109は低翼の外部に支柱を持たない片持形式で、全金属モノコック構造に組み合わせて引込脚と密閉式操縦席を持つ目新しいものであった。

　複葉機の主翼は、一般に全木製構造で、一般にトウヒ材（スプルース）で作られたスパー（翼桁）に、木製のリブ（小骨）を結合し、全体を羽布で覆ってからドープ（羽布張り用塗料）で張りが出るようにしている。胴体の構造は、堅牢なカゴ状に結合した金属管でできていて、その上に木製のフォーマー（整形小骨）が取り付けられ、羽布の外皮を縫いつけて外形を整えドープが施される。機体の強度は、この『内部のカゴ状の枠』が受け持つことになる。

　『モノコック』では逆にアルミニウム合金の外皮が強度を受け持っている。Bf109はセミモノコック構造の胴体を採用し、内側には機首から機尾にかけて並ぶフレーム（胴枠）と、前後方向に取り付けたストリンガー（縦方向補強材）によって全体の強度が保たれている。コクピットより後方の後部胴体は、別々に製造された左右半分ずつの部品を組み合わせたものである。製造工程は、ローラー成形した合金板を外板とし、一枚おきに前後の縁をZ形断面に成形するが、これが外板と一体の胴枠となり、かなりの堅牢さを与えるようになる。この縁は同時に、縁を成形しない隣接の外板と重ね合わせるときに（外面が）同じ高さになるように浅い段差をつけて加工され（編注：せぎり接ぎ、段付き重ね接ぎなどと呼ばれる）、沈頭鋲で互いにつなぎ合わされる。胴体の左右半分はそれぞれ長いストリンガーで補強され、上部と底部で組み合わされる。私が知る限りこの組立方法は独自のものである。これは非常に単純で簡単に早く製造できるというもので、戦時には重要な要素である。

　尾翼も生産に手間のかからないものであった。垂直安定板と水平尾翼はいずれも胴体同様に2つの部品として作られ、各々の半分は前縁にあるヒンジ・ピンで連結し後縁で互いを固定する、いわゆる二枚貝方式である。低速領域での垂直安定板と方向舵の制御不足対策として、安定板は左右非対称に造られ空力的に尾部を左に偏向させる力を発生させて、特に離陸時に大きなプロペラのトルク効果にあるていど抗するようにしている。前部胴体には、"führerraum"つまりコクピットと燃料タンクの設置場所が設けられている。単体構造でゴムを貼り付けた容量400ℓの自封防漏式燃料タンクが、パイロット席の後方から下にかけて挿入され、前方部分は主翼桁中央部に位置している。前部下側の隅には、複雑な形状のスチール製のフレームが2つボルト止めされる。私たちはその形状から"Dフレーム"と呼んでいたが、きわめて重要な構造で、主脚柱とその要ともいうべきダウンロックを収め、両主翼の取り付けピンを受ける腕木ともなり、また下側エンジン架の支持部にもなっている。このどちらかのフレームでも壊れることがあったら、間違いなく飛行機は重大な損傷を受けたことに

1964年、ワティシャムにおいて。Bf109は間違ったヨーロッパ戦線のマーキングを施されていた。

　なる。主脚を胴体に取り付けてあるので、胴体の移動や輸送が楽にでき、また胴体を架台へ乗せずに主翼を取り外すことができた。目立った欠点は狭い主車輪の間隔であったが、主翼に主脚を取り付けたスピットファイアよりもわずかだが広かった。

　主翼は簡潔な構造で、無垢の合金製の主桁と主翼後部を形成するように補助桁が増設されている。どちらにもプレス成形のリブ（小骨）がリベット止めされ、外板は桁の上下面に端から端まで、これは沈頭鋲を使って接合されている。外翼部前縁には自動前縁スラットが装備されている。一対のスラットはハンドリペイジが考案したもので、低速度と旋回運動時に翼の揚力特性を高めるための装置である。これらは空気の流れにのみに感応して開閉するもので、パイロットは制御する手段を持たない。翼端は、初期の型式では直角に切り落としたようなフェアリングであったが、後に、より強力な型式が登場するようになってからは着脱可能な半楕円形のものが取り付けられるようになった。翼下面にはすべてのBf109共通で、冷却液ラジエーターが、翼付け根近くのプロペラ後流圏内に取り付けられている。これらも次第に改良されて、Gシリーズでは独創的な空気取入口と排出口が配置されていた。それぞれのフェアリングの後部には、すぐ外側に位置するプレーン・フラップと一線上に連なる上面および下面にラジエーター・フラップがある。どちらもフェアリング前縁のドアと連結されていて、開閉する動きがフェアリング前縁のドアにも伝わり同時に動くようになっている。それだけではなく、全体がプレーン・フラップと連動するようになっていた。パイロットがフラップを下げるとラジエーター・フラップも下がるようになっているが、それぞれの間隔は変わらないように作動する。そのため、フラップ面積は増し、低速の操作性が向上しながらも、ラジエーターを通過する空気流量はそのままなので、冷却液温度の維持が妨げられることはない。パイロットの負担を軽減するために液温はサーモスタットでコントロールされる。必要があれば自動機能を解除し、右足の所にあってロータリー弁に連結しているハンドルを操作してフラップを開または閉方向に微調節してもよい。しかし装置を操作するには油圧動力が必要となるので、Bf109の設計陣は、さらに工夫を加えた。ラジエーターは戦闘中に損傷すると弱点にもなる。もし孔が開き、冷却液が外部に漏れ、エンジンが焼き付いてしまえば、機体は失われることになるかもしれない。ラジエーターの片方でも生きていれば、エンジンを壊さず

Ⅰ./JG77 所属の Bf109G-2、W.Nr.10533 のすばらしい姿。この機体のその後は不明。

に安全に着陸できるので、コクピットの両側に「Oハンドル」が取り付けられた。これを引くと、損傷したラジエーターに冷却液を送るパイプの2つの弁を閉じることになる。これらが冷却液の消失を防ぐことにはならなかったが、損失率を下げることにはなった。

各舵は、すべて合金骨組構造だが羽布張りで、戦争中ずっとそのままであり、最先端を行く戦闘機を設計した会社にしては奇妙な時代錯誤を感じる。面白いのは、パイロットが調節できるように設けられたトリムはピッチのみで、水平安定板の迎え角を変えることにより行うようになっていた。操作可能なトリムタブが、Bf109の補助翼に取り付けられることはなかったが、大幅に設計変更した一部の後期型に限っては、方向舵に採り入れられていた。

Bf109G型は、強力なDB605エンジンでドイツ金属製造連盟(VDM)製鍛造合金プロペラを駆動した。この作動機構は、同時代の他のいかなる設計ともかなり異なっていた。詳述すると英米の定速プロペラはエンジン・スロットルとは、別のレバーによって制御した。パイロットが選んだ適切な毎分回転数をガバナー(コンスタント・スピード・ユニット:CSU)が、スロットルとは関係なく、ブレード角度を調節して、運転性能値以内に回転速度を維持した。VDMプロペラでは、回転数レバー自体をなくしてしまった。エンジン出力は通常の方法で、スロットル位置で指示する。それにより最適な回転数が自動的に選択され、プロペラ回転数は、それ以上スロットルを操作しなければそのまま維持される。定速プロペラといっても、作動原理は同時代のものとは劇的に異なっている。

Bf109では、パイロットがさらに強制的に制御できるような機構が設けられている。スロットル軸のカバーの下側にあるスイッチを操作すれば、自動定速機構を迂回することが可能だ。この場合、パイロットはスロットルのグリップ部にあるスイッチを使って、直接、プロペラの角度を変えることができ、その調節は計器板にある時計のような専用計器を見ながら行った。装置は多重可変ピッチとなり、そのため初期のもっとも原始的な設計と組み合わせて、もっとふさわしい操作モードに戻すこともできた。

Bf109の武装は初期の型ではかなり軽武装で、敵機より劣勢になりがちであった。風防の前方には7.9mmMG17

ラインメタル・ボールジヒ機関銃が2挺装備され、プロペラ回転円内を通して同調発射される。口径20mmのモーゼルMG151機関砲はエンジン室の後部にボルト止めされ、遊底がコクピットの方向舵ペダル間に位置している。このきわめて効果的な武装はプロペラ・スピンナーの先端を通って弾丸が発射された。正確に飛行機の推力線上に装備するというこの理想的な武装配置は、その目的のためにプロペラと機構を設計したVDM開発陣の大手柄であった。それは巧妙な解決方法でイギリスでも高く評価された。さらにその上、MG151を両翼下面に取り付けることもできたが、初期のG型で取り付けられることは希有であった。比較すれば、当時のスピットファイア(Mk.V)は、0.303インチ ブローニング機関銃8挺、または同機銃4挺にイスパノ20mm機関砲2門で武装していたが、すべてが主翼内装備であるため、機体前方の適正な距離で弾丸が確実に集束するよう同調させる必要があった。著名な専門家によるさまざまな調査によれば、初期のBf109Gは当時のスピットファイアよりも時速で20マイル(32km/h)は遅かったようである。高高度戦闘機として設計されたBf109は、スピットファイアよりも早く上昇できたが、イギリス機はドイツ機よりも小さく旋回できた。両機の性能は両陣営の技術発展とともに交互に馬跳びをするように向上したが、性能のほんのわずかな優劣は、戦うパイロットにとっては命にかかわることは明らかである。両機は公平に見て互角であった。

私の心情としては、もっとも興味をひかれる比較は機体にあった。たとえば、主翼のきわめて簡潔な構造について述べたが、美的にはスピットファイアの主翼が美しいということに議論の余地はなく、空力的にもかなり効率的である。レジナルド・ミッチェルの最高傑作である楕円翼の設計図には、直線は見られない。反面、優美な曲線は生産工程を複雑なものにしてしまう。Bf109のリブは合金をプレスしたものであるのに対し、スピットファイアのリブは、小片を互いにリベット止めした組格子である。ドイツ機では全体に沈頭鋲が使われていたが、英国では丸頭鋲がかなり使用されていた。成形しやすく、盛り上がったドーム型のこれらは、後部胴体を覆うデザイン・ラインを損なうことになっている。メッサーシュミットとミッチェルは、どちらも革新的概念の戦闘機を設計した。似たような形だが構造はかなり違う。しかしBf109が製造しやすさで勝っていたと考えるのには少し疑問がある。

ドイツ空軍に配備され始めたのは1937年のことで、Bf109はその誕生のきっかけを作った第三帝国の終焉に至るまで第1線機としてとどまった。戦闘試験は、スペイン内乱を起こしたナショナリストを支援するために少数の初期生産型機が、旧式化したHe51戦闘機と交替したとき、その機会がおとずれた。これらは、主にソビエト製である敵機をはるかに凌駕した。優位性が証明された兵器を装備して、ドイツは急速に敵対する空軍をうち負かした。フランスは、ドイツ空軍の頭痛のタネになったかもしれないドヴォワティーヌD.520の生産を開始したところだったが、無秩序な生産ラインのせいで少数が就役しただけだった。

イギリス海峡の向こう側では、大量のホーカー・ハリケーンと、複数の飛行隊を編成するまでに至ったスピットファイアが、ドイツ空軍とそのBf109に最初の犠牲を強いることとなった。バトル・オブ・ブリテンの最中とその後、スピットファイアとBf109の開発は続けられ、エンジン出力は増して機体も空力的な改良が施された。

第二世代のモノコック戦闘機、とくにノースアメリカンP-51マスタングとリパブリックP-47サンダーボルトの登場は、勝利への均衡を連合国軍側に傾ける手助けとなった。マスタングは卓越した技術の賜物であり、ヨーロッパで先行して作られた航空機よりもやや大きく重かったし、いっぽうのサンダーボルトは巨大なマシーンで、2,000馬力をこえる大きな星型エンジンが機体を引っぱっていた。

アメリカの工業界が特にこのような新型戦闘機を開発するという先見の明をもっていたのに対し、ドイツ参謀本部は1機種の新型機のみを生産するよう命令しただけだった。これがフォッケウルフFw190で、1941年にフランス上空に出現したときイギリス空軍に混乱と衝撃をもたらした。Fw190は単純なカウルで覆ったBMW801星型エンジンを動力としていた。当時のヨーロッパにおいてこれは変わった構造で、従来の設計思想ではもっと細身で抵抗の少ない液冷エンジンを採用してきていたが、かなりの余裕をもって当時現役のすべての機種よりも性能面で勝り、信頼性も高く適応性に富んだワークホースとしての地位を瞬く間に確立した。しかしながら、星型エンジンは低高度でもっとも効率的であった

オーストラリア兵が獲物を検査している。1942年11月13日、ガンブートにて。

ため、Bf109は高高度を飛行する敵に対し攻撃能力を有するドイツ空軍唯一の単発戦闘機として、少なくとも戦争末期までは残っていた。

メッサーシュミット社は終戦に至るまでBf109を開発し続けたが、いささか持て余し気味になっていた。ますます大口径した武装を翼内と下面に追加した結果、性能に影響が生じるようになった。ドイツ空軍パイロットは、新装備が必要性が差し迫っていることがわかっていたが、航空省の姿勢は幾分違っていた。ドイツ空軍の多くの開発要求を秤にかけた結果、Bf109は改良を加えれば有効性を維持できるであろうという決定を下した。初期のころに優れた活躍をしたのだから、そのまま引き続き行けるであろうという視野の狭い判断と、それに後継機を開発する時間も資源もなかったことによると思われる。先見の明のない方針であり、ドイツのパイロットたちは大戦終結の日まで、より強力な型式とはいうものの同じ飛行機を飛ばす運命に甘んじた。設計は老境の域にあり、限界が明らかに見えていたにもかかわらず、その戦闘記録は畏敬の念を抱かせるものであり、かなり多くのパイロットを生き延びさせた。

歴史をたどって

「10639」を「Schwarze 6　黒の6」に塗装したからには、当然その出所を見出した経緯を少々説明しなくてはならないだろう。イアン・メースンと私が調べ上げるのに何年もかかった込み入った物語である。最近、アンディ・スチュワートがこの問題に熱中しているが、私たちは未だすべてに解答を得るには至っていない。

話は1972年、この戦闘機にまつわって創り出された"1943年にシシリー島で捕獲された"という神話にまで遡らねばならない。シシリー島陥落以前に

ドイツ軍はより重武装のBf109G-6を受領していたことを知った私は、時間をかけて調査を行った。同型機が数機、良好な状態で捕獲されたにもかかわらず、なにをわざわざ連合軍が旧型機を気にかけるだろうか？　そんなことはないだろう。真相を探るにはもっと前の北アフリカ戦線に焦点を当ててみるべきだと考えた。

突破口は1976年11月に訪れた。オーストラリア空軍のキース・アイザック大佐がエア・インターナショナル誌の投書欄に、ＣＶ◎Ｖと標識を付けた捕獲機のBf109が砂漠の滑走路からまさに離陸しようとしている明瞭な写真を寄稿していた。Bf109Fと誤記されていたが、紛れもなくBf109G-2であった。彼の手紙には、エル・アラメインの戦い直後にキレナイカのガンブートで、ボビー・ギブス少佐搭乗により飛行したと記されていた。

これが私たちの飛行機であるとい

戦闘出撃から帰還したボビー。

ボビー・ギブスが戦利品の初飛行に備えている。プロペラ・ブレードの損傷が見える。スピンナーが赤色に、カウル下面は、おそらく灰色に塗り替えられている。

（左）パレスチナのリッダにおける10639。キャノピーが離陸中に外れて失われている。胴体の帯塗装が塗り潰されていることに注目。

（下）アフリカの空に飛び上がるCV◎V機。まだ胴体の白色帯塗装は潰されていない。

スピットファイアVc（EP982）と並ぶ10639。戦闘試験に備えての光景である。

う保証はなかったが、とりあえず私が掴んだ糸口であった。キースが私にボビーと連絡がとれるよう計らってくれ、オーストラリアとイングランドとの間で定期的な文通が始まり、その間に私はできるかぎりの調査を行った。幸いにも彼は日記を保管していたので、私たちは何か月かかけて飛行機が捕獲された状況を再現することができた。彼は自分の部隊のP-40戦闘機と模擬空戦を行ったが、すぐにドイツ戦闘機が明らかに優勢なため、部下の士気を低下させる恐れがあることに気付いたという。この戦利品はRAAF第3飛行隊が西進するに連れ、キティホーク戦闘機に護衛されて送られた。ボビーは戦利品としてオーストラリアに輸送するつもりだったが、中東軍司令部が性能評価試験のため送るよう命じる通信で横槍が入ったのである。新型のBf109Gが初めて飛行可能状態で捕獲されたわけだが、同型機はスピットファイアMk.Vを含めあらゆる対抗機よりはるかに勝っていたので、連合軍の頭痛のタネになっていたのだ。ともあれ、彼は渋々東方に向け、カイロのヘリオポリスへと空輸した。

ボビーは同機が捕獲された当日に撮影された写真だという、さらに有益な情報を提供してくれた。それには、単純な2色のカムフラージュ、北アフリカの「戦術識別標識」および胴体後部に黒色で6と塗装されていた。がっかりしたことにドイツ空軍の飛行隊章はその気配もなかった。

私の知る限り、キレナイカで捕獲された飛行可能なG-2に関する進展はなかった。他にもたくさんあったに違いないが、消息はそれ以上辿れなかった。11か月後、エア・インターナショナル誌にもう1枚、CV◎Vを記入した機体の写真が登場した。このときはフランク・スミスにより説明が加えられていたが（またも誤認していた）、飛行機は1943年にパレスチナのリッダに現れていた。ついに私はギブスが同機をカイロに送った後の行き先を知ることになったわけだ。

このときは知らなかったが、ロールス・ロイス社のロス・バトラーがキューの公文書館でダイムラー・ベンツの資料を探し続けていた。彼はあるていどの成果を得ており、そこで調査したらよいだろうと私に助言してくれた。準備が整い次第、イアンと私はさらに手掛かりが得られそうな大量のファイルを調べ始めた。一日中、私たちは捕獲されたメッサーシュミットの、たいていは腹立たしいほど不確実で断片的な資料を読んでいた。墜落した敵機に関する報告書はむしろ正確で、「10639」が砂漠で捕獲された1942年後半から1943年初頭当時の、同じ生産バッチに属する機体の多いことがわかって興味深かった。私たちは正しく足跡を辿っていると、前にもまして確信を深めた。午後も遅くなってから古びた厚紙の表紙の十何番目かのファイルを開いたとき、私は目を疑った。表紙の裏

新しいキャノピーとマーキングがよくわかる側面からの写真。
アメリカ軍のB-24リベレーター爆撃機の前に駐機する10639。

1944年2月、コリウェストンでの塗装後。"リュー"・リューエンドンが機首に立ち、ダグ・ガフが主翼にもたれている。

中央がG・M・バクストン大佐。F型用のキャノピーが取り付けられている。

側に「M.E.EAI/580, 43年1月10日。Me.109G-2」という目につく標題が貼り付けてあった。それは「リッダで試験中であるMe.109G-2, No.10639と、Me.109F-4との主な相違点は、以下に示すとおり……」で始まっていた。図書室の静まり返った雰囲気にもかかわらず、私たちは興奮を抑えることができなかった。

イアンと私は数週間後に再訪が叶ったが、まずわかりやすい、別な方面から調べ始めた。私たちはたんねんにリッダの作戦記録書を読み、そこに糸口を見つけた。「10639」は性能試験を開始するため、G.M.バクストン大佐の手でヘリオポリスからリッダに空輸された。続く記載事項は試験飛行の詳細と、連合軍が急ぎ必要とする情報が記載されていた（付録B参照）。また、その足取りは、作戦記録書によれば、1943年2月21日にバクストンが機体をスエズ運河南端のグレート・ビッター湖岸のシャンドゥールに空輸したところで途絶えてしまった。イアンと私は何時間もかけて、この飛行場や付近を基地としていたすべての部隊のファイルを調べたが、問題のBf109の手掛かりを見つけることはできなかった。

想像できるかも知れないが、限られた資金内で足跡を辿る調査は、きわめて困難なものであった。しかし少なくとも私たちは、あらゆる疑惑を振り払って、「10639」がシシリーに現れたことも、ましてやそこで捕獲されたことは決してないということを立証した。次の糸口を摑むまでそう長くは待つことはなかった。それはまったくのすばらしい偶然の一致であった。ある日の午後、ノーソールトの薄暗い小屋の中でクリス・ウイルスに私たちの「愛し子」を見せていた。話のなかでイアンと私は、最近の経歴究明の進捗状況に触れ、バクストンの名前を出した。「バクストン大佐なら知っています」と、穏やかに彼が言ったのだ。私たちの驚きは言葉では表せないものだった。クリスの父、フィリップはグライダー・パイロットの第1人者だった。趣味を共にする学友がグライダーを設計し、1934年に2人で製作に携わっ

た。その学友こそが、当時RAFの少佐だったマンゴ・バクストンであった。クリスはノーフォークの住所を書き記してくれ、私はすぐ、パレスチナでテストしたバクストン本人と手紙を交換した。彼の航空日誌により、私たちがキューで発見したものは大部分確認されたが、シャンドゥールへの飛行については記載されていなかった。実際には、彼が空輸したという報告書の数週間前に、バクストンはハルツームでの参謀本部の新たな任務に就くためホーカー・ハリケーンでリッダを出発していたのである。

私たちは公文書館で、飛行機のイギリス到着以降の経歴に注目することとした。第1426敵国航空機飛行隊の作戦記録はかなり明確で、日々、詳細に記載されていた。「The Captive Luftwaffe（絶版）」の著者であるケン・ウェストの好意により、指揮官のE・R・リュウエンドン大尉や、ダグ・ガフ中尉の航空日誌によって細部が埋まった。RN228のイギリスでの経歴は、その後わかったように比較的容易に収集できた。

私はまだ、このグスタフのドイツ空軍における経歴はまったく見出せずにいた。有用な糸口になるであろう飛行隊章が機体になかったことが残念であった。わずかなCV◎Vの写真が見つかったときには数年が経過していた。私は機体の復元に集中する必要があり、経歴調査を続ける時間にはわずかしか割けなかった。この時点でアンディ・スチュワートが加わり、さらに調査を行った。彼はコブレンツの連邦公文書館に接触して、Werk Nummer（製造番号）10639の消息がわかる記録が残っていないかを問い合わせた。Bf109G-2 W.Nr.10639は1942年11月11日、ガンブート飛行場で敵との交戦で失われた。そのときのパイロットはハインツ・リューデマン少尉で、戦闘により軽傷を負っている。その後の手紙によって「10639」は、実際に「ブ

ロシアの草原の飛行場で燃料補給を受けるBf109F。

ブラック6に"近親"のPG+QV、W.Nr.10652の参集風景。1942年10月、ミュンヘン-リームにて。この機体はブラック2となった。前方にいるのは、ギュンター・ベーリンク。その後方にロシアから飛来したⅢ./JG77のグスタフが何機かいる。

（左上）正装のハインツ・リューデマン。
（右上）ロシアでの出撃の合間に、静かに読書をするギュンター・ベーリンク（左側）とハインツ・リューデマン（右側）。
（右）チェスの次手を思案しているハインツ・リューデマン。

ラック6」であったことが確認された。ハインツは第77戦闘航空団第8中隊のパイロットであった（ドイツ空軍用語では8 Staffel/Jagdgeschwader 77または8./JG77）。

次の段階はパイロットであった彼を探し当てることであり、ドイツのフルークツォイク誌の編集助手で友人のリック・チャップマンを通じて、リューデマンの甥にあたるハインツ・ランガーと接触した。残念ながらリューデマンは1943年3月10日、チュニジアのクサール・リアネ付近でP-40と交戦、戦死していた。22才であった。1942年10月半ばまで彼はロシア戦線で戦っていた。部隊が砂漠方面への移動のため東部戦線から引き上げられ、彼らはBf109戦闘機でミュンヘンへと飛んだ。何日かの休暇ののちミュンヘン‐リーム飛行場に出頭し、新品のグスタフを受領した。旅の第1段階は、南イタリアにおけるドイツ空軍の大規模補給基地であるバリに飛んだ。数日をかけて各機の無線記号（訳注：工場出荷から部隊配属までの間に使用される無線呼び出し記号。胴体側面と主翼下面に記入された）を消し、新たに中隊記号への書き換えが実施された。

リューデマンは、ついに10月31日の午後に北アフリカに到着した。彼の航空日誌にも日記にも、どの機体でドイツからアフリカに飛んだか明らかではないが、普段の愛機は「ブラック4」であったことがわかっている。しかしながら「ブラック6」も同じ航路を、同じ日に飛行したと推定しても無理はなかろう。通常の機体が使用できなくなり、彼は11月4日にエル・アラメインのすぐ西側のクオタフィヤから「ブラック6」で飛び、P-40と交戦して軽く負傷した。前日、ドイツ軍に退却命令が発令されており、リューデマンは「ブラック6」を残して連合軍の前線

第3中隊が発見したときのブラック6、1942年11月13日。

リッダにて、第451飛行隊分遣隊。機上にはハロルド・オズボーン曹長とビル・フィシャー曹長、地上（左から右）にはヘック・クリスチャン、ドン・バトガー、ブライアン・アーノルド、サム・ジョーダン、ジョー・ブランチ、それにロイド・バリーがいる。

突破によって引き起こされた無秩序状態のなかを陸路で西に向かった。しかし、ご存知のように連邦公文書館の記録には、7日後に200マイル（320km）離れたガンブートで失われたと明記してある。軽度の損傷だったので修理のためそこへ空輸されたのだが、連合軍の進攻が速かったため、重要な機器類を取り外した後に放棄されたのだ。

何年か後の調査で、アンディ・スチュワートはエル・アラメインの戦闘が始まって以降の連合軍の航空作戦記録を長い間、深く調査していた。彼はハインツ・リューデマンの日記からの抜粋を使って、連合軍の11月4日のすべての戦闘記録を念入りに調べた。ハインツは「本日、イギリス軍爆撃機の一団を攻撃している最中に、護衛戦闘機によって頭と体に擦過傷を負わされた。しかし、私は機体を基地まで連れ

カスフェリート到着後、109はプロペラとスピンナーを交換したが、F型用キャノピーはそのままであった。後部の上塗りは雑に手直しされている。

帰った」と書いていた。

連合軍の記録で、日付、時間、戦闘の状況、それにBf109に与えた損害で結びつくのはただひとつであった。211部隊によりファイルされていたものには、以下のように記されていた「第64中隊(アメリカ陸軍航空隊)のP-40戦闘機8機が上空援護にあたり、さらに第64中隊のP-40 8機が、852 297地点の敵集合拠点を8,000フィート(2,438m)上空から爆撃するボルチモア爆撃機を護衛した。赤色信号弾2発が視認された後、4機のMe109と2機のMC202が護衛機を攻撃したので、上空援護機が攻撃のため急降下した。」続く戦闘で、ロイ・ウィッタカー少尉はマッキ戦闘機の1機を撃破し、また109に損害を与えたと申告した。他に109に損害を与えたと申告したのは、同じ中隊のウィーバー少尉だけであった。その日、リューデマンが記述した地点付近での戦闘は他になかった。だから、その後ガンブートで発見されることになった「10639」への損傷は、ウィッタカーとウィーバーのどちらかが与えたと思われる。あいにく、ウィッタカーは1989年に死亡していたが、アンディはいまだにウィーバー少尉を探し求めている。

短期間だが、機体の移送先がはっきりしないままになっていた。もしシャンドゥールに飛んでいなかったとすればどこへ行ったのであろうか？

結局、解答はディック・マーチン中佐からもたらされた。カスフェリートの第107整備部隊の隊付きテスト・パイロットとして、彼はCV◎Vのコードを記入したBf109Gを飛ばしたことがあった。カスフェリートはシャンドゥールからそう遠くはなく、グレート・ビッター湖畔にある広大な飛行場で、主にアメリカ製機材の修理センターで、また工場から到着するそのような機体の受け入れ基地にもなっていた。ディックは「10639」を一度だけ飛ばしたが、そこでは戦術試験のためディックがスピットファイアVで対戦したので、少なくとも、さらに一回飛行が行われていた。彼がシャンドゥールについて覚えていたことから、Bf109がそこへ飛んだ可能性はほとんどない。したがって、この機体はカスフェリートに飛んだが、リッダの作戦記録書の編纂者は誤った情報を受け取ったと、私は推測している。試験が終了した後、機体は分解梱包され、イギリス本国に発送された。

「ブラック6」の経歴は、さらに詳細が解明されるだろう。ともあれ、その全容はおおよそが明らかになっており、詳細は付録Aに掲載した。

1963年、ワティシャムで。"私たちの飛行機"にまるで事実に反した規格で塗装された直後を捉えた写真。

「黄の14」のを捉えた好アングルの1葉。それはある意味で「10639」の悲惨な状態でもあった。

（前ページ上）汚れて不完全なエンジン。頂部のサンプ・トップカバーの前端部が上に曲がっているのがわかる。
（前ページ下）どっしりとした燃料噴射ポンプと、配管のいくつかが取り付けてある。

（上）修復を終えたエンジン。トップ・プレートはすばらしいことに純正品である。
（下）再生され、発送準備を終えたダイムラー‐ベンツ・エンジン。外回りの配管はまだ無い。

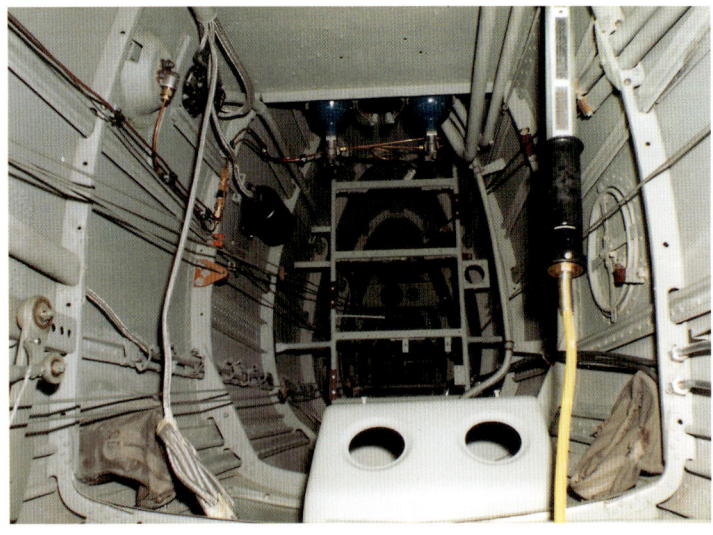

(左上) 燃料タンク取り付け前の後部胴体内部。奥まで見通せるのはこれが最後だ。前方にコンパス検出装置の取り付け台座がある。上方には酸素ボトルが突き出ており、さらに後方には空の無線機用棚が見える。
(上) 風防が取り付けられ、前方隔壁は操作用連結部品や油圧部品で引き立ってきた。
(中) 計器板はBAe社が製作し、復元チームが完成させた。
(下) キャノピーを仮り止めした状態の10639。

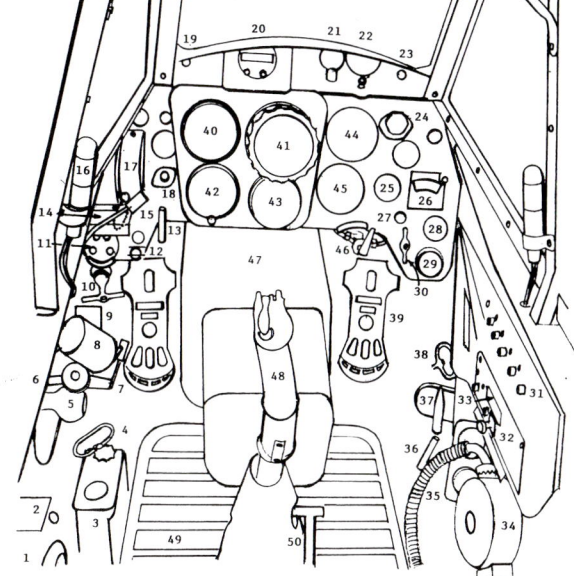

1. 水平尾翼トリム操作輪
2. 水平尾翼迎角指示計
3. プライミング用燃料タンクとポンプ
4. 右翼ラジエーター遮断ハンドル
5. スロットル固さ調節ノブ
6. 燃料コック
7. 燃料噴射遮断レバー
8. スロットル・グリップ（握り）
9. 機械式着陸装置位置表示器
10. 過給器フィルター制御
11. 電気式着陸装置位置表示器
12. 着陸装置操作押しボタン
13. 点火栓清掃ハンドル
14. エンジン始動スイッチ（ガード付き）
15. キャノピー離脱レバー
16. 計器板照明灯
17. マグネトー・スイッチ
18. バッテリー遮断ボタン
19. 発射表示灯−左翼下面装備 MG151 用
20. ベッカー無線機（本来は弾数表示器位置）
21. スタンバイ・コンパス（普通は ReviC/12D 照準器の取り付け場所）
22. 時計
23. 発射表示灯−右翼下面装備 MG151 用
24. Revi 照準器用電源差込口
25. プロペラ・ピッチ指示計
26. 温度計、冷却液および滑油
27. 燃料残量警報灯
28. 燃料計
29. 圧力計、燃料および滑油
30. 着陸装置非常脚下げ用ハンドル
31. サーキット・ブレーカー
32. パネル照明レオスタット（明るさ調整）
33. ピトー管先端ヒーター表示器
34. 酸素レギュレーター（調節器）
35. 酸素パネル、制御と流量調整
36. 外部装着品投棄ハンドル
37. ラジエーター・フラップ操作スイッチ
38. 右翼ラジエーター遮断ハンドル
39. 方向舵ペダル
40. コンパス表示計（親コンパスから信号を受けて表示する）
41. 人工水平儀
42. 高度計
43. 対気速度計
44. ブースト圧力計
45. Rpm（回転）計
46. 風防除氷弁
47. MG151 のカバー
48. 操縦桿
49. ひだ付き床面
50. 操縦桿固定具

（左）電気技師は忙しく働いた。方向舵ペダルの間にあるのは機関砲のカバー。
（下）美しい緑色に塗装された VDM プロペラが取り付けられた。

（次ページ上）どうやって燃料を補給するか思案中。
（次ページ下）初めてエンジンが回り、チームは大いに喜んだ。左から右へ、クリス・スター、ジョン・エルコム、ジョン・ディクソン、ロジャー・デイビス、ポール・ブラッカー、著者、ボブ・キッチェナー、ロジャー・スレード、それにグレーム・スナッデン。

31

もう一度エンジンの試運転を。ポール・ブラッカーがロジャー・スレードのために、クランクの手回しを開始しているところ。

高出力運転中。ラジエーター・フラップが全開になり、排気のしみで翼付け根が汚れ始めている。

メッサーシュミットBf109の復元
The extraordinary restoration of a Messerschmitt Bf 109

苦難の始まり

　私のプランは、戦闘機を復元することだった。しかしながら「復元」とは、特に古典機の世界ではしばしば誤った使いかたをされる言葉である。1973年では「完全に復元した」という言葉は、多くのプロジェクトで使われた婉曲な表現である。実際のところは単に機体をその場しのぎに、よくあるのは不正確な塗装を施すことであった。私が考える復元とはもっと"辞書の表現"に近づけるものであった。

　まず第1に私が決めたことは、分解中にあらゆる塗装や記号を記録し、これを再現できるようにしておくことだった。さらに大部分が損なわれているという前提で、この飛行機の経歴を明るみに出し、できれば写真を発見して復元の手助けとすることにも着手することにした。第2に、復元とはできる限り多く元の構造や装備品をそのままにしておくことだと考えていた。さもないと復元ではなく「複製」になってしまう。これがBf109といっしょにたどろうと考えた道程であった。

　私のプランのもう一つの面、いわば2番目の目標は、飛行機を飛行できる状態にまで戻そうというものだった。何か重大な欠陥が発見されたときには、もともとの構造に改造を加えるつもりはなく、単に飛行させるだけなら「復元」の名にそむくことになるので、その試みは断念するつもりだった。飛行させることを優先すべきとの意見もあろうが、古い飛行機を「復元する」ということが私にとっては非常に重要であった。作業は原則としてパートタイムにより行い、国防省であろうと資金は提供されない。現実問題として、私はこの飛行機を復元できると確信していた。飛行可能にできるかについては、確信はやや薄れていたが。

　最初にそれを見たとき、確信にみちて自分を奮い立たせるようなものはなかった。反対に初対面で、私はぎょっとして、始めなくてはならなくなった仕事の大きさに驚いた。憂鬱がこみ上げて来たが、私はかたわらに立つ妻につとめてなんでもないふりをした。私はやらなくてはならないことがわかっていたが、妻には同じくらいにわかっていないと感じた。私たちの目の前にある胴体は、左右で長さの違う主脚に支えられ、潰れたエンジンカウリングが取り付け部から外されてエンジンに被せてあり、方向舵はかなり曲がってしまっていた。主翼は両方とも同程度に破損していて、外皮は裂けや凹みを生じ、航法灯は紛失、エルロンの羽布は千切れていた。さらに重大なことは、主翼と胴体とのつなぎ目を整形するフェアリング全体が無くなっていることに気付いた。そのかわりにボール紙が付けられていた。

　エルラハウベが取り付けられたコクピットを見つめながら、勇気を奮い立たせるのに数分を要した(このキャノピーは、通称"ガランド・フード"という非公式名をもっているが、コクピットからの視界を改善しようとエルラ工場が遅ればせながら試作したものであった。原設計の重いスチール枠は大部分、投棄式後部風防と一緒に、一体型風防におきかえられた。後期生産型のBf109G-6以降に見られるが、G-2には決して取り付けられることはなかった)。ちょっぴりドキドキしながら胴体に造り付けの足かけでバランスをとりながら、そのありさまを調べてみた。もっともふさわしい言葉は、災害現場だろう。まず目にとびこんできたのは計器板で、むき出しのアルミ合金を切ったものに必要最小限の計器、それも大部分がイギリス製、を並べたものに置き替わっていた。右側壁の複雑な電装機器操作パネルは紛失しており、スロットル・コードラント(訳注：スロットル基部の扇形の機構)には別のレバーが取り付けられるように改造されていた。後にこれはミーティア戦闘機の燃料コックであることがわかった。いたる所に、外れたケーブル、ナットやボルト、それにびっくりするほど厚いほこりが降り積もっていた。

　翌日。一晩ぐっすり眠って(ほどほどに飲んだビールのせいもあって)すっきりし、私は残骸の詳細な調査に取りかかった。興味津々のやじうま

（左）主翼付け根のフェアリングは紙で代用され、スピンナーにはひどい損傷の跡が見える。塗装はおよそ想像の産物といってよい。
（左下）1962年当時のコクピット。破損は著しいがそれなりに原形は留めている。
（右下）左写真の10年後の姿。左側にあるプライミング・タンクの上にスロットルとして使うため取り付けられたミーティアの燃料コックが見える。

数人の助けを借り、外れかかった上部エンジン・カウリングをどけた。ファスナー（覆止め金具）類はほとんどが千切れてしまっていた。その周辺の外板は裂けたりねじ曲がったりしていた。後端のゴム製シールは完全になくなっていた。上面の、かつて機関銃2挺の銃口が突き出ていた楕円形の開口部は、合金板を雑に点溶接して塞いであった。右側上縁の蝶番で連結される下部カウリングは、注意深くファスナーを外して下に降ろした。内蔵される真鍮と銅で出来た潤滑油冷却器の重さ自体が、ひどい損傷の原因となったことは明らかだった。これもファスナーは切断され、蝶番はひどく壊れてしまっていた。冷却器がはまり込んでいるフェアリングにも損傷があり、外板には気になる割れがいくつか見つかった。エンジン自体も「薄汚い」というのがもっともふさわしい表現であった。しかし、幸いにも遠い昔の防錆塗装被膜により今なお保護されていた。エンジン上部カバー（クランク室カバー）前端の取り付けナットがほとんどなくなっていて、どこかの愚か者が、丈夫なパネルを上に曲げてしまっていた。おそらく中を見ようと苦心したあげくの仕業であろう。エンジン前端でプロペラ減速機構を覆い隠している環形の潤滑油タンクは、下面外側に無惨な凹みがあった。その下側には燃料噴射ポンプが取り付けてあったが、配管はエンジン用のそれのほとんどとともに、破損するか紛失していた。その前方には虚ろに空いたクランプが2個あった。もとは電気式プロペラ・ピッチ制御モーターを保持していたものだった。感心するほど大きなダイムラー・ベンツ・エンジンの後部には、端を裸線に剥かれた夥しい数の電線があり、電気プラグやコネクターがなくなっていることは明らかであった。

胴体は、気分の悪くなるような光沢の砂色塗料で塗られていた。これで少しは外板の損傷がごまかされていた。コクピットの側壁を構成するパネルには、一面に傷が見つかった（はじめはわからなかったが、やがてこの損傷は飛行機を路上輸送するときの不適切な取り扱いにより生じたものであることが判明した。主翼主桁に重いスチール製金具がボルト止めしてあり、そこにピンを通して胴体に組み付けるようにしてあった。"クイーン・メアリ"トレイラー上では、主翼は前縁を下にして置かれ胴体で支えるようになっており、外側に張り出した取り付け部分は、大きな重量の大部分が胴体合金外板の小さな区域に加わるようになっていた）。小さな凹みはいたるところに見つかり、尾輪周辺の下面には一面にもっとひどい損傷を受けていることが明らかになった。方向舵はまだ完全に羽布で覆われていたが、大きく変形していた。垂直安定板内に取り付けられた上部ヒンジ（蝶番）も損傷していたが、機体が何か固定された物体に向かって後ろ向きに押しつけられたためのようであった。

次に無線機ハッチを取り外した。こじ開けられたことによる損傷が生じていた。内部には無線装置を示す大きなパラベルが見えた。誰かがこれを取り外そうとしたため、角の一つのリベットのまわりがひどく曲げられていた。前方に管材で作った無線機架台がまだ取り付けてあったが、装置そのものは無くなっていた。なんと、後部胴体には、往年のあらゆるドイツ機内にあった独特のにおいが閉じこめられていた（このカビ臭いにおいについては色々な解説を聞いたが、私はおそらくドイツ空軍が使用していた合成燃料とオイルのせいだと思う）。

内部の検査は私が予想（むしろ希望）したよりもずっと短時間しか要さなかったが、沈んだ気持ちで着陸装置に注意を向けた。尾輪は装着されてはいたが、かなり小さな車輪がついており、紛れもないスピットファイアのものと思われた。主脚には2つとも似て非なる車輪が取り付けられ、どちらも破損していた。タイヤは腐っていて、深いミゾが切ってあることから農業機械用であることがわかった。ブレーキユニットは付いているものの、装置のパイプ類は無くなっていた。主脚の頂部には鉄の切れ端がぞんざいに押し込まれて、間に合わせのダウンロックになっていた。主翼は何のなぐさめにもなってくれなかった。ボール紙のフェアリングを取り付けるため、内側の厚い外板にドリルを通した孔も含め、小さな損傷があちこちに見つかった。後縁では、ラジエーター・フラップがポップ・リベットを使用して閉位置に固定され、プレーン・フラップは両側ともひどい損傷を受けていた。エルロンは構造上無傷なようであるが、着脱可能な翼端部分は両方ともにカキ傷がつき、継ぎ目は引きちぎれていた。パイロット・ヘッド・アッセンブリー（いくつかのコクピット計器用の空気供給源）は無くなり、車輪格納部内面では2枚あるキャンバス・スクリーンのうち1枚が残っていた。これは車輪を引

汚れたエンジンと、ぶら下がっている機首下部カウル。

き込んだときに、飛び散った異物が主翼内部に入り込むのを防ぐためのものである。主脚を動かす油圧作動筒の一つはくすねられていたし、そこらじゅうのパネルが最少限のネジで取り付けてあったが、ほとんどが正規のものでないことは明らかだった。

最後に、程度がよさそうなプロペラを検査したが、ブレード先端は少し曲がり3枚とも小さな損傷が認められた。いっぽうスピンナーは悲しくなるようなありさまだった。後期型Bf109の特有の形状、流線形に整形した先端はエンジンに装備した20mm機関砲の弾丸を発射できるように成形されていた。そこには、大きな雑な出来の皿形の円盤がリベット止めされ、オリジナルの残り部分もほとんどひどい状態になっていた。

全体像はそんな次第で、放置、誤った取り扱い、それに怠慢の結果であった。私はまったく同じ状態の何機かのドイツ機を見ていたので驚かなかったのだと思う。私が心配したのは無くなった装置類であった。これらはみな再度取り付けなくてはならないが、どこで探せばいいか見当がつかなかった。破損については何も恐れてはいな かった。すべてが門外漢が取り扱ったことや注意を欠いていたために生じたものだが、大体において小さなものであったので、5年もあればプロジェクトが完了すると私は見積もった（とりかかって見ると、少し楽観的すぎた）。

ところが、大計画のうち無くてはならない要素が欠けていた。私はパイロットなので航空機を再生するための正規の資格を持っていなかったのである。私は必死で優秀なエンジニア、それも無償のエンジニアを探した。数日以内に最初の男が、技術主任"パディ"・スタンベリーという姿で出現した。

RAF博物館の展示品の仕事をしてから数か月たったばかりで、数か月以内には引退を控えている彼は、さっそくBf109にとりかかった。私が大変気に入っている彼との思い出の一つは、私たちがプロペラを取り外した日の午後の出来事である。適当な吊り上げ機材がないので、彼は長年の経験から"キリン"を使うことに決めた。"キリン"については説明しなくてはならないが、手動ポンプで加圧する油圧によってプラットホーム（足場）を昇降させる背の高い移動式の作業台である。布製のベルト一巻きをつかんで、上を向いている2枚のブレードに巻き付け、それぞれいっぽうの端をプラットホームの桁にしっかりとしばりつけた。重量が台にかかるようにしてからプロペラを軸から外したが、それから愉快な出来事がはじまった。プロペラを格納庫の床に平らに置こうと考えて、私は下側のブレードを手前に引き寄せ、パディはプラットホームを下げた。おそろしい速さで降りはじめ、目標の水平方向にもってゆくにはあまりにも重すぎることがわかった。若い航空兵がかけより手伝おうとしたが、彼の筋力をもってしても事態は好転できなかった。パディはこの方法はスピットファイアで何度もやってのけたとなり気にもかけなかった。ともかくも、私たちはこの貴重な品をそっと床に横たえることができた。パディはその間もずっと、私たちの体力の無さを笑いものにしていた。プロペラ・ハブに大股で歩みよって、簡単に持ち上げられるところを見せてやろう決意した。数秒間、力まかせに死ぬほど息を切らせ顔を真っ赤にしてふんばったが、びくともせず、彼はようやく自分の間違いに気がつきだした。Bf109には、きわめて重いプロペラが取り付けられていたのだ。

パディに続いてすぐ、フランク・ショウ軍曹がやってきた。フランクはパディよりもはるかに若く、その後参加した皆と同様に古典機の仕事をしたことはなかった。よく考えてみれば、正確には彼が手伝う許可を願いでたとはいえない。実際には、機体に関する妙な質問は別として、手伝いたいという意向をほのめかしただけだった。私は元々チームを身近から集めようと望んでいたので、この場合に限って自分のルールを曲げて、彼を少しずつ教育して行く計画を立てた。彼がもう私を許していてくれればよいのだが。

数日以内に、第二次世界大戦以来はじめて、エンジンが機体から下ろされた。その後の始末をどう着けていくか、気がかりだった。ライネムの人間で大型ピストン・エンジン整備の資格を持っているものは誰もおらず、ましてやダイムラー-ベンツDB605Aについての知識がある者などいなかった。外部から援助を見つけなければならなかった。ダイムラー-ベンツ社は1945年以来このクラスのエンジンを製造したことはなかったが、アドバイスくらいは得られそうだった（はかない希望は吹っ飛んでしまったが）。そう遠くないところにロールス-ロイス社となった、ブリストル社のフィルトン工場があったが、私はその方面からの支援を交渉しても成果がないだろうと決めつけていた。

HAPS当時にスヴェンスク・フリークヤンストAB社から、フェアリー・ファイアフライMk.I艦上戦闘機を無償で提供するという申し入れがあった。同社はこの貴重な飛行機を王立スウェーデン空軍のために、標的曳航用に使用していたが、ちょうど使用を取り止め、奇遇にも私が何年か前にアボッツインチで見た、イギリス海軍を前身とするダグラス・スカイレーダーの改造機に取り換えたところだった。イギリスに空輸する前にロールス-ロイス・グリフォン・エンジンの点検が必要であった。スウェーデンの後援者は、手配はできるが技術者への支払いが150ポンドかかると知らせてくれた。私は、RR社（ダービー工場だったが）へ手紙を書き、寄付または検査をしてくれるよう依頼した。こっぴどいひじ鉄をくらったあげく、スウェーデン側の提示した時間に制約され、さらに援助先を探すことをはばまれた。私たちは貴重なファイアフライを失い、機体はその後スクラップにされてしまった。この経験から、私は二度とRRに接触する気が起きなかったし、まして同社が不確実な事態（訳注：RR社は1971年に倒産し再建中だった）にあったので、なおのことであった。

ライネム基地の広報担当将校が、はじめにとりやめていたことを勧めてくれた。彼はテレビ・インタビューを申し込みアピールの形で放送できるように手配した。私はそれで気が楽になり、数日後にBBCブリストル局の一団がやってきた。数時間の撮影が行われ、その夜、インタビューが地方版ニュース番組「ポイント・ウエスト」で放送された。大変驚いたことに迅速な反応があった。それも（私の見解では）もっともありえない方面、ロールス-ロイ

完品だが汚れのひどいDB605エンジン。機首下部カウルは前後逆向きに付けられてしまっている。

ワティシャムにおいてエンジンの部品取り外しが開始された。

マーキング類をすべて剥がされた架台上の10639。

ス・ブリストルから。数日後、代表団が到着し、エンジンの状態を見て喜んでいた。これをフィルトン工場に輸送する支度をしてもよいのであろうか。見習工訓練所ではフィンランド空軍博物館所有のブリストル・ブルドッグ戦闘機のブリストル・ジュピター・エンジンを再生しようという計画があることが、もれ伝わってきたが、話が行き違っていたようで、フィンランド側は飛行可能にする意向をまったく持っていないことが明らかになった時点で計画は崩れ去った。ブリストル社は、ブリストル製エンジンを飛行状態に再生する別の計画を探しあぐねており、訓練所はもっと分野を拡大し代わりに再生を必要としている大型エンジンのプロジェクトを探すことに決めていた。

だから「ポイント・ウエスト」のインタビューは絶好のタイミングであった。一週間後、エンジンはオーバーホールのためライネムを後にした。期限は決めなかったが、RR社はまず3年はかかるかもしれないと見積もった。おもしろいことに何週間か前にハーキュリーズ部隊の航空機関士がエンジンを調べ回っているのを見つけた。私は彼にこれを手がけてくれる会社を探していることを話した。自信満々の態度で彼は、もしまかせてくれるなら6か月以内に始動させてみせると言い返した。仕事の大変さ加減を過少に見積もってしまうという傾向は、どうやら私に限ったことではないようである。

私のちょっとした指図で機体の作業は少しずつ開始された。パディは、仕事のある日でもなんとか時間を見つけては、尾輪の前側に見つかった損傷を修理した。だがフランクは、非常に忙しい構造修理所に配属されていたので、同じやり方で手伝うことができなかった。私たちは日曜日をBf109に捧げることに決め、垂直安定板を胴体から取り外した後、彼の作業場の比較的快適な施設の中で方向舵取付部の修理を始めた。そこで快調に最初の修理が行われた。作業はまず、何層にも塗られた現代の塗料を剥がすことに多くを費やされた。そのときまでに私は1962年にサフォークのワティシャム基地で撮った写真を手に入れていたが、初期の塗装（元のドイツ軍のものも含め）は全部剥がされていたことがはっきりわかり、大いにがっかりした。

そのため今ある塗装をていねいに剥したところで何も得るものはなく、記録する価値のあるものは何も残っていなかった。

　私の計画を仕事仲間に説明していたとき、私は少し熱中できるものを見つけ、修理作業が継続できるように自分で塗装剥がしに取り組もうと決めた。そのとき私が気付いたことは、パディとフランクの関心事はプロジェクトでの技術上の挑戦の方が主であって、調査にも復元にも参画するつもりはないということだった。これは私にとっては打撃で、遠からず興味の対象の衝突が目に見えるようだった。私の失望も長くは続かなかった。私は知らなかったが、機体が到着した日に税関倉庫から機体を引き出した男の中の一人がフランク・ショウに近づいて、どうやって参加できたのかを尋ねた。名前はイアン・メースンといい、そのときはコメットの整備で機体担当の小班に配属された伍長であった。今になって思えば、彼が志願してくれたことは私にとって幸運であった。彼はすぐ、プロジェクトのあらゆる方面になみなみならぬ熱意を示し、長年にわたりプロジェクトの継続に役立つことを実証して見せた。彼は私といっしょに、汚く報われない、単調で骨の折れる塗装剥がしに加わり、たった数回の作業で胴体と両主翼の安っぽいまがいものの迷彩塗装を剥がしてしまった。

　この作業中、勤務日でも私たちは機会を捉えては作業をする傍ら、イアンと私は木曜の夕方を格納庫で過ごすことを決めた。そんなある夕方、私たちは数時間仕事をすると申告した。その日の午後私たちが立ち去ったあとBf109が消え去っていたので探し出すためだった。それは、はるか隅の方で見つかった。そればかりではなく、私たちの洗浄器具も全部消えて無くなっており、そのため夜通しの仕事は取り止めになってしまった。翌朝、私は抗議のため整備隊長の事務所に飛び込んだ。彼は何も知らなかったことを打ち明け部下の軍曹を呼び出したが、彼はあつかましくも自分の"縄張り"を明確にしようと決めたことを認めた。ちょっと頭にきたので彼を徹底的に絞り上げ、私たちの仕事の何たるかを知らず、また彼の行為によってさらに破損が進んだかもしれないことを指摘した。彼が私に相談なく機体にさわることを禁じ、私の仲間が少なくとも一人は立ち会うときに限った。これはしぶしぶ受け入れられたが、この話が整備員仲間に広まったことは彼らの態度からうかがい知れた。

　Bf109の到着以前に、私は自分の上官全員に相談し格納庫内の場所についての認可を得ていたが、整然とした建物内に残骸同然の飛行機が出現したことで、格納庫内に働く整備員の不興を買ったことは明らかであった。さらに彼らの話から推測すると、パイロットが道楽半分に技術畑に手を出していることがあまりおもしろくなかったようである。ありがたいことに逆の見方をする者も大勢いて、プロジェクトの期間中を通して過ごしやすくしてくれ、私たちと大変親しい間柄になるという状況もあった。

　そのあとすぐ、もうひとつおなじみの事態が起きた。フランク・ショウが昇進してノーフォークのスワントン・モーレイ基地へ転属した。この成り行きはまったく予期しなかったことで、きわめて貴重な戦力が減ることになってしまった。それ以前に、パディの奉仕は引退が近づくにつれて先細りになってきていた。もはや、進展状況はイアンと私次第となった。私たちは中心となる仕事を、かなり小さい部分である胴体後部の分解に集中することにした。内部に入る唯一の経路は燃料タンク区画を通るしかないので、まずコクピット後部と下側に装着されたゴム製タンクを取り外すことにした。傷付けないように気をつけて、私たちは細心の注意を払って取り外した。検査の結果、大変良好な状態であったが、取り付けてあるはずのさまざまな部品が不足していることがわかった。少し間をおいて、私たちはそれを南ウェールズのセント・アサン基地に送り、そこで燃料タンクの専門家に検査と試験をしてもらうこととした。

　胴体後部に入るにはまだひとつ障壁が残っていた。それは防弾用の垂直に取り付けられた板であった。2分割された部品で、胴体のストリンガーが通るように切り欠きが設けられ、中心線のところで厚いアルミ合金の板2枚を当てて、たくさんのボルトとナットで結合されている。取り外してみてそれが27枚の合金板を重ねてリベットで止めたもので、厚みの合計が20mmにもなることを知り私たちは驚いた。

　それからは胴体の分解は急速にはかどり、電気配線や油圧、酸素、圧縮空気の配管、それに無線機取付棚の取り外し、またイアンと私はフレームというフレームに長年も降り積もった汚れを取り除くという、長時間かかる仕事にとりかかった。胴体内へは一人だけ

しか入り込めないので、私たちは交代して清掃を行った。退屈きわまりない作業は数か月かかったが、体重をかけるときに十分な注意を払わなければならないため、奥(後ろ)へ進むほど遅くなった。

当然ながらこの時期は、傍目には何も変わっていないように見え、私たちはひたすら進行中の作業を説明し、決して断念したのではないことを主張し続けた。何年か後に、スミソニアン協会のスタッフがメッサーシュミットMe262Aジェット戦闘機の外板をきれいにする目的で採用した装置について読んだが、砕いたクルミの殻を圧縮空気で外板に噴き付けるもので、一点の曇りもなく表面の腐食も取り除くことができた。それこそが私たちにとっての悩みであった。誰に聞いてもこれは楽しい仕事ではないが、イアンと私は二人ともBf109の後部胴体にとじこめられて、刷毛や細目の耐水ペーパー、紙ヤスリを使って、少しずつ指先の皮膚をすり減らしながら過ごした、決して心地よくはない数か月のほうがましだと考えている。そのような装置を使えるようにしてもらったらどんなに迅速に進行できただろうか、などとは考えたくもない。

胴体「床面」の体重をかける場所だけでなく、汚れを落とすシンナーを入れたコップの置き場所にも十分注意しながら、灰緑色のプライマー・ペイント(下塗り塗料)をぬぐい出した。シンナーを刷毛で小面積に塗って剥がすのである。まさに拘禁状態なのですぐに私たちはくたびれてしまった。ある時、イアンが内部にはまり込んでしまった。私は近くにいたが、大きなくぐもった、しかしよく通る罵り声に驚いた。胴体は受け台の上でびっくりするほどに揺れ危険なくらいにグラグラした。コップにたっぷり入ったシンナーがひっくり返り、中身がキールを流れ下りそのうちドレーン孔から落ちてきた。機体の激しい揺れはイアンが流れを避けようと、そのちょっとした巨体を浮かそうとしたためだった。

私たちは昼間働き、そのいっぽうで私は夜の時間を、援助を受けられるところを探すことに費やした。国内外の会社に向け手紙をタイプし始めた。宛先は、ファーンボロウ航空ショーの会社案内から見つけ出した。結局、標準書式の手紙を作り、中身を少しずつ変えて援助を請うた。反応は様々だった。ときには関心を示す返事もあったが、たいていは弁解と詫びを添えたはっきりとした拒否であった。VDMプロペラに関しては、ダウティ-ロートル社

公式検査のために並べられた機体。塗装は全面剥がされている。

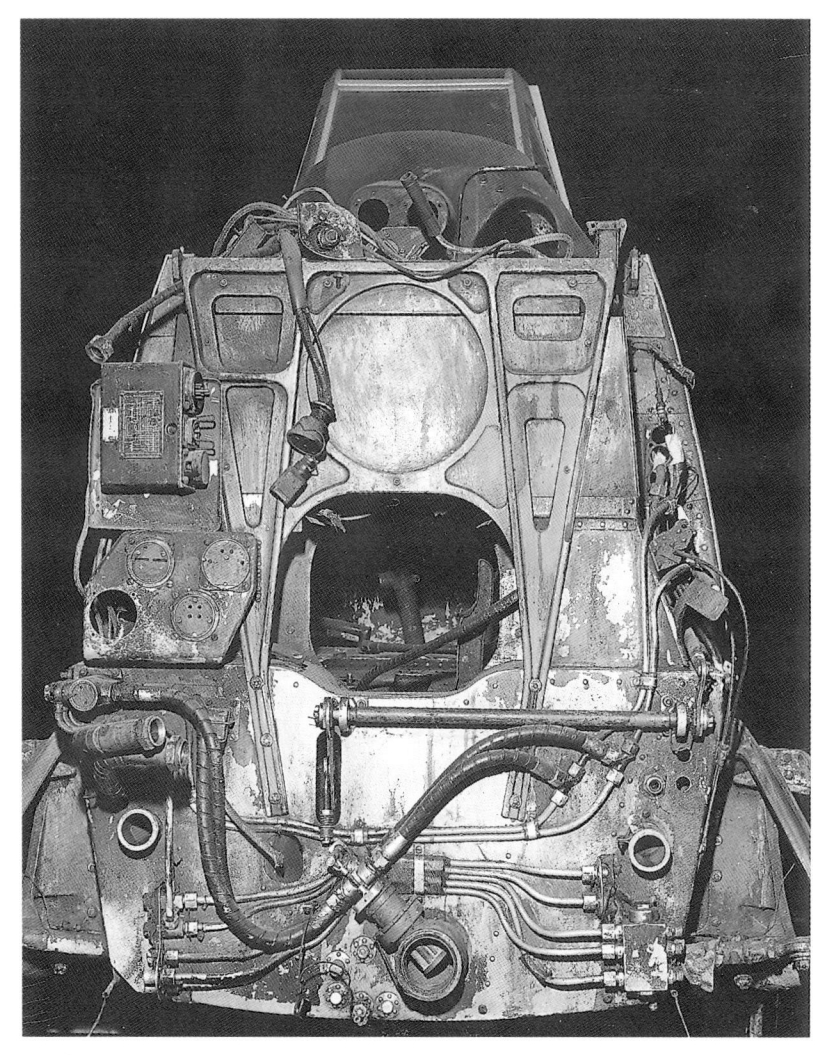

エンジン撤去後の前部胴体正面。底部に冷却液用のサーモスタットが見える。

にあたってみたが援助は断られた。数週間後、ロストックのブリティッシュ・エアロスペース・ダイナミックス社がオーバーホールを引き受けてくれた。

ほぼ同時期に、損傷した防弾ガラスとコクピットのプレキシガラスをバーミンガムに持ってくるよう、トリプレックス社から誘いがあった。私は商用バンを手配し、まずバーミンガムへ行きそれからプロペラをロストックへ運ぶことにした。

その日、早くも最初の問題が発生した。イアンと私はプロペラがバンに全然入らないことがわかった（やっかいな積み荷と格闘している最中に背中の縫い目が裂け、気に入っていた上着を破ってしまった）。プロペラはあきらめて（その後、アヴロ・ランカスターPA474用の4基といっしょに搬送された。訳注：バトル・オブ・ブリテン・メモリアル・フライト所属機）、私たちはバーミンガムに向かった。トリプレックス社の重役が受付で私たちに挨拶し、がやがやと騒がしい場所で話し合いがもたれた。私たちが静かなオフィスに招き入れられるほど重視されていないことは明らかで、やがて風向きが変わってきた。私たちは彼らに防弾ガラスを見せた。彼は、会社が困難な時期にあると説明した。…もう一年はやく来てくれたら可能だったが、部品を再生する時間も人材も割く余裕がない、と。「それなら、ご自身でお作りになったらいかがです？ プレキシガラスを何枚か貼り合わせて整形すればいいだけですよ」とも。それから私たちは、さまざまなプレキシガラスの小さな窓を調べた。ほとんどは縁が欠けていたし、うち3枚にはフランジが付いていた。もう一度自分たちで製造するよう提案を受け、それで私たちの会見は終わりとなった。私たちはこの無遠慮な扱いに非常に驚き、今でもこの出来事を思い出すと心が痛む。ともあれ、バーミンガムへの招待以来、大会社からの援助申し出に私たちが希望を持てなくなったのは、このような事情からであった。

1974年はさらなる国防費削減構想の真っ最中であり、第216飛行隊にも影響が及ぶであろうと思われた。意見はさまざまだったが、絶望的な考えが大勢を占めていた。より大型で経費の高くつくヴィッカースVC-10に代わって、コメットがしばらくは要人輸送を続けられるであろうというのが最良の印象だった。最初におのが振り下ろされるのは、より旧式のブリストル・ブリタニア輸送機であろうと思われた。だが国防費削減を一般公表する前に、私たちが恐れていた最悪の事態が現実のものとなった。数週間以内に第216飛行隊が運航を停止することになった

のだ。

　かなりの経験を積んだ乗員の多くが幻滅を感じ、この機会に収入のいい道に進むべく辞職した。ほとんどはすぐに航空会社に職を見つけたが、そのころの私は、金にひかれてやめるような歳は過ぎており、次の任務に向け待機せざるを得なかった。飛行とは縁のない仕事になることを恐れつつ（残った同僚のほとんどがそうであったように）私の上官は事態に対処していった。運の良いことに、わずか数か月だがコメットの指揮を執っていた私は部隊の任務を適正に遂行していたようで、上官は私が要人輸送の続行を認可されるよう推薦してくれた。私が最後の飛行任務で大西洋横断に出発する直前、彼は私がノーソールト基地でHS125要人用ジェット機を配備する第32飛行隊に配属されることを告げた。それを聞いたときの私の意気込みは帰還したときにしぼんでしまった。イアン・メースンがブライズ・ノートンに転属となることを知ったからである。Bf109はどうなってしまうのか？

ノーソールトへの移動

　第216飛行隊の解隊により今後の事態がはっきりしないので、機体の作業は中断していた。この先どうなるかわからないが、再開できるまでに何か月もかかるであろうことは明らかだった。振り出しに戻ったために最優先でやらなければならないことは、まず配属先の基地の格納庫に場所を確保することだった。特に気がかりだったのは、ノーソールトは小さな飛行場ながら大規模航空機部隊の基幹基地になっていたことだった。しかし、私にまだ運があった。小型の戦闘機ならなんとか押し込めると、電話で確認がとれた。

　イアンと私は大小無数の部品を輸送する準備を始めたが、私たちの気分は何ともいえない絶望感に満ちていた。運命の悪戯で私たちの計画にでかいスパナーがのしかかったような状況で、可能な限り分解を続けながら梱包するというのはただ時間の浪費のようにも思われた。しかし、日ごと部品は次々とプラスチック・シートに包まれ、段ボール箱の中に姿を消していった。梱包材はあり余るほどあった。飛行隊の在庫は備品として分けられ他の部隊に搬送されていた。輸送手段も容易に利用できたのだが、必然的に、飛行機をいつ移動させるかタイミングをはかって決めなくてはならなかった。それまでに私はHS125への機種転換訓練を始めたが、イアンは搭載と移動を指図するために残った。すべてが驚くほど順調に行き、大量の梱包がノーソールト基地に3棟あるうちいちばん小さい格納庫に積み込まれた。しばらくそこに放置されることになった。

　私は、イアンがブライズ・ノートン基地への転属をどう考えているか気がかりであった。彼の新しい仕事は整備から遠のき、待機所で輸送任務に見合った装置や備品を輸送機に装着するための準備計画を立てることだった。彼は見るからに意気消沈していた。彼がBf109にどの程度の関心をもっているか、それとなく尋ねて見た。特に彼がノーソールトへと配属が変わった場合にどう思うかを知りたかったのである。彼がこの申し出に大賛成であったことを喜び、胸をなで下ろした。このときに希望的観測だけでなく、彼は私に可能性をも与えてくれたのである。私は人事部に折衝する要点を予想してみた。軍務ではその年ごとに私の成績が査定され、関連する書類の中には転属願いもあった。私の意向は周到に無視されるといえば十分である。その上、一介の空軍大尉には権限はないが、おそらく、空軍参謀本部にはあるはずだ。

　何か月か前、空軍大将サー・アンドルー・ハンフリーの訪問を受けた。彼は、私たちの作業に大いに関心を示した。帰り際には、もし問題に突き当たったら自分のできることなら何でも援助する（私が思うに、むしろ気まぐれに）と申し出てくれた。この意思表明はありがたかったが、こんな高官から必要な援助が得られるかどうかは疑問だった。迷うよりも物は試しとばかりに私は彼のオフィスに手紙を書いた。何週間かのち、ホワイト・ホールからの何回かの電話という形で反応があった。サー・アンドルーは、イアンのノーソールトへの転属について調べるよう指示を出したが、うまく行きそうにもないと思われた。ともあれ、彼がこのような動きを望んでいたかどうかは知ろうにもできなかった。私は、彼に直訴しないように繰り出されるバカげた質問に答えながら怒りを爆発させないようこらえていた。空軍参謀本部がどんな権限で指示しているのか疑問に思いはじめ、時間を無駄にしていると確信した。だがイアンは審問を受けていて、すぐにブライズ・ノートンでの日々は残り少なくなり、ロンドンの北西（訳注：ノーソールトの場所）に向かうであろうということがわかった。

　私の飛行経歴も必要な技術課程の修了にともない1975年10月に再出発と

なった。楽しい要人用小型ジェット機（要人輸送用として第32飛行隊が運用している）の飛行訓練を受けている間、Bf109の無事を確かめる程度には時間がとれた。イアンの着任でプロジェクトの再開にはずみがついたが、まず機体をもっと大きな格納庫のひとつに移動しなければならなかった。そこで私に宛われた場所は申し分のない角地で、飛行隊の事務所からは数秒で歩いて行けた。だが、最初の問題が浮上した。初め、格納庫のスペースを交渉していたときに、私は部品や工具を置く棚の話をノーソールトの補給将校にもちかけ、ある程度は手に入るだろうと請け合ってもらっていた。だが、いざ私がそれを要求したところ、余分にはないとにべもなく告げられた。いっぽうでは、私の窮状に多少なりとも同情が見られる反面、格納庫内に散乱している薄汚い箱の数々には重大な懸念が表明された。偶然、私は何か月か前に古くなった棚が廃棄されているのを見つけていたが、もしまだあれば回収する許可をとった。イアンと私、それに飛来航空機整備小隊(VASF)の人員とで、何日もかけて分厚くサビに覆われたアングル材を組んだ鉄製の棚を再生した。私たちはそれを塗装し（格納庫を汚くしたと告発されたくないので）くすねてきたボルトで、メカノセット（棚）を組み上げた。あとは飛行機の部品と工具を全部開梱して、プロジェクトを再開するだけだった。9か月以上が失われた。

この間私は、どんな復元にも絶対欠かせない要素、つまり情報収集を無視してはいなかった。Bf109の分解と修理の大部分は、どちらかといえば簡単だった。しかし遅かれ早かれ、作業はマニュアルがないために中断することになるだろう。私はランベスにある帝国戦争博物館資料部に会見を申し入れた。到着するとすぐに私はテーブルをあてがわれたので、調査を開始した。『D.Luft.T.2109 G-2』という表題のマニュアルを見るなり、私はたちまちつまずいてしまった。関係するマイクロフィルムも見てみた。それはまさに私が必要とするBf109用の技術マニュアルであった。運悪く、わずかだが残っていない章があり、他の部分にはまだマイクロフィルム化されていない部分もあったが、それも閲覧は許された。写真複写を注文したが、未処理の受注分が残っているため受け取りは2か月以上先になるだろうと知らされた。もっと悪いことにページあたりの価格は、私の手持ちにくらべてとほうもなく高価なものだった。私は博物館にプロジェクトの援助を訴え、マニュアルは2部必要なのだが、もう1部はどこかで自己負担でコピーを取るので複写をもっと安くしてくれるよう提案した。予想するまでもなく館長はにべもなく拒絶し、私は最初の高額な費用負担を自分で背負い込むことになった。

ついに機体は、指定された場所に組み立てキットのように整然と並べられ、胴体の分解を再開する準備が整った。機体前部にとりかかることになり、イアンと私でていねいに風防を取り外し、次いで前部隔壁からエンジン制御用や電気系統の部品をすべて外した。これで十分とはいえないまでも、防火壁の役目を担うコクピット前方の込み入った構造物を分解できるようになった。取り外してみると、私たちは機体の型式と出所に関する最初の確証を発見した。小さな合金製の銘板では、『ライプツィヒ N.24のエルラ機械工業有限会社で製造されたBf109G-2』であることがはっきりと識別できた。それは分厚く積もったほこりとエンジンオイルですっかり埋まっていた。私は少し胸をときめかしながら、なぜ考古学者がコテと刷毛で尽きることのない苦労に耐えられるのか理解できた。

同時に私たちの機体が、標準生産型ではないのかもしれないと疑う種になるものを発見した。エンジン・スロットル操作のための小さな連接機構の中のレバーに興味深い改造を見つけたのである。連接機構全体はアノダイズ（陽極酸化法：電気的にアルミ合金表面を酸化アルミ被膜化する工程）が施され、すべての他の部品同様にきれいな状態だった。そのときには、機体全体がそのように仕上げられていなかったのは残念だといったものだった。それは別として、このレバーには丸穴が開けてあり、そのそばに『E u N』と刻印されていた。同じような穴が、重ねて取り付けられた2つの部品にも雑に開けてあり、こちらには『A-モーター』と確認できた。これはより初期のBf109FがダイムラーベンツDB601EおよびN（E und N）を動力としていたことを表示したものである。Bf109Gは、その後のDB605Aを装備していた。だからこの部品は、Fシリーズの機体用に造られたがGシリーズのスロットル方式に改造されたものということになる。

イアン・メースン軍曹（ブライズ転属中に昇進した）はプロジェクトへの熱中ぶりをVASFの彼の部下にひろめ

最初に見つかった銘板。右側にあるエルラ工場の検査印に注目。

ていった。3名がやる気になって、私たちを手伝いはじめた。これによって私たちの仕事は大いにはかどった。コクピット内のものはすべて取り外され、ていねいに表示したラベルをつけて梱包した。それから私は、戦後に塗られた塗料を注意深く剥がして行くという、ゆっくりやらざるをえない作業にかかった。どこもかしこも汚かった。大量の塗料が何層も重ねて刷毛で塗りたくられていた。実際、あまりにも塗膜が厚いので、機体左側面にある大きいものを含むさまざまな金属製の銘板を、場所を特定してから"掘り出す"のに時間がかかってしまった。私たちは機体側面の銘板があることを知らなかった。それは全面を黒い塗料で塗り潰されていた。手書きの尾輪固定の説明とバッテリー・スイッチのデカールが表れたので、ぬぐい去る前に写真に撮って記録した。この作業は、すべてを再現できるようにするために行うもので重要である。この作業を終わらせるのにはたっぷり数週間かけ、そしてまたコクピットの床からとてつもない深さにたまったほこりや砂を取り除いた。

この時点では、翻訳に取り組んでくれる人物を探しあぐねていたので、私たちにはまだ分解の手引きにするドイツ機のマニュアルがなかった。床面の上下にある操作用のリンク機構を引き出そうといろいろ試したが、難しいことがわかった。スパナやドライバーが滑ったり、小さな作業孔にさし込んだ手や腕を擦りむいたりして、たっぷりと血を流してしまった。ドイツ技術は悪評さくさくであった。私たちは皆、言語への興味を見いだしたと思う。私は誰がなんと云おうとウェストモーランド訛りを、イアンのスコットランド訛り以上に学んだと言い張れる。年が経つに連れてややごちゃまぜになっていったけれども。悪態にはいつも「俺の飛行機に血をたらさないでくれる？」という叫び声が付き物だった。血はかなり腐食性のある液体なのである。

複雑でぶかっこうな方向舵ペダル一式と、エンジン内装備機関砲カバーの台座を構成する"盆"を取り外すと、コクピットの前方床面のボルトが外せるようになり、分解と清掃が劇的に加速した。いっぽう、新しいメンバーのケビン・トーマス、ピート・ヘイワード、トニー・リークは自分の時間を部品清掃に費やし、またイアンを手伝って"ボックス・フレーム"（コクピット前方の構造として知られる）の広範囲にわたる損傷を修理した。電気技師が本職のピートは現存する部品の整備に注意を向け、無くなっているもののリストを作成した。それらはおそろしく厖大で、私たちは数か月後に問題の本当の数量を知ることとなった。

私は無くなっている機器の長たらしいリストをざっと見て、不安になった。それは私が初期の調査で感じていたよりもはるかに深刻であった。ヘンロウのイギリス空軍博物館倉庫から2～3個の計器とムッターコンパス（方位探知装置）を提供してくれたが、もっと多くが必要で予備部品の供給源を探し始めた。もっとも確実なのは、Bf109Gを最後まで運用していたフィンランド空軍である。最終的には1953年に退役し、2機がフィンランドで展示されている。RAF博物館のジャック・ブルースが、以前に一度だけフィンランド空軍と折衝したことがあったが、うまく行かなかった。しかし私は幸運に恵まれ、古典機の分野では著名なブッカー飛行場のパーソナル・プレーン・サービス社の故ダグ・ビアンキ氏を通じて連絡経路を手にすることができた。彼を訪問した際には、格納庫内を自由に見て歩くことを許してくれ、話をする時間もとってくれた。私が予備部品を探していることや、フィンランドに接触したい旨を話すと、彼は即座にカウコ・ラサネン少佐を紹介してくれた。彼は、このたい

へん協力的な将校と、ヴリマ複葉練習機を手に入れたときに知り合った。その結果、私はティッカコスキのフィンランド空軍司令部にいる彼に手紙を書き、うれしいことにすぐに返事を受け取った。驚くにはあたらないが、フィンランド空軍博物館向け部品の"お買い物リスト"が同封されていた。彼らは私がリストアップした部品のうち20％ほどの手持ちがあると知らせてくれたので、大急ぎで何か交換可能な品を探すことにした。要請の中で最大のものはホーカー・ハリケーン用のロールス-ロイス・マーリンMk.25エンジンだったので、私は何か月間かかけてあらゆる保存協会、博物館、会社それに個人にかけあったが成功しなかった。

最後の望みはバトル・オブ・ブリテン・メモリアル・フライト（BBMF）であった。彼らが支援してくれるかどうか疑問だったが、すばらしいことにそのものズバリの型式のマーリンを所有していた。そればかりか経歴が怪しげだったためにBBMFでは実用に供さず、使用できる部品をすべて取り外していた。もれ聞いたところでは、フォードの見習工が訓練実習として、いろいろな出所の部品からそのエンジンを組み立て、最終的にBBMFへと寄贈したということだった。Bf109のために必要なものたくさん入手しなければならないのだと事情を説明し、すぐマーリンを提供してもらえないだろうか、と提案した。私への譲渡を正式に書面にしてくれるよう要請したが、官僚手続きによる遅れのおそれや可能性のため、それは止めておいた。これは大失敗だった。しかしながらフィンランドとの交換は承認されたので、私はいくつかの計器類、予備のキャノピー、主翼付け根のフィレット、それに胴体下面のパネル類が手に入るのではないか期待した。だが成り行きは私のフィンランド往還の輸送手配次第となった。私は運輸会社の何社かに当たってみたが、さわやかな熱心さで援助を引き受けてくれたマン・アンド・サン社のフィリップ・マン氏と話すまでは答えはノーばかりだった。彼は無償で、ボア・スチームシップ会社を通して、次々と自身でエンジンをフィンランドに発送する手配をしただけでなく、交換部品を帰路に乗せてくるようにしてくれた。

それから先は、きわめて高くついた。マーリンの輸送用梱包を入手できなかったので、残念ながらRAF空軍博物館に支援を要請した。いつもの愛想のよさで、きわめて高価な容器がヘンドンで作られた。準備がすべて整い、私はそのままになっていた連絡先を探すだけのためにBBMFに電話したが、エンジンを持ち出しできそうな人物を見つけだすことができなかった。私は戦闘航空団司令部に電話をかけ、BBMFの整備技術に全権を持つ少佐と話し合った。私はすぐ、彼がまったく好意などかけらも持ち合わせていないことを察し、数分もしないうちに露骨に敵意を示していることに気付いた。臆することなく"不要な"エンジンを放出してもらいたいという、私の目的を訴えたが、この士官は私が電話で説得した事情説明を受け入れるどころか、聞く耳すらもたなかった。数日後、他方面に折衝することもできなかったので、また彼に電話した。このときは途中で少し激論になり、彼はエンジンはもう廃棄してしまったと言った。彼が私を詐欺呼ばわりしたので、私は直ちに電話を切った。ともあれ、エンジンをうまく引き取るには彼を迂回するしかなかった。私はジャック・ブルースに、フィンランドとの接触はBf109だけでなく博物館にとっても利益をもたらすと考えられるので、戦闘航空軍団のもっと上級の士官にこの件への協力を訴える手紙を書いてくれるよう依頼した。その後私は不承不承ながらもエンジンを手放すことを承認するという手紙を受け取った。

私の"策謀"が功を奏したので大いに喜びつつも、彼（大佐）は自分の部下の誰かがエンジン譲渡に同意したなどとは信じていないと断言する手紙の露骨な記述に腹立ち以上のものを感じた。私は激怒し謝罪を要求しようとした。しかし、これが問題だった。まずエンジン移管の申し出は書面になっておらず、おそらく彼に多くの問題をもたらした、激しい言い合いになった私とのはじめの頃の折衝を、もう一度繰り返さなければ、実現にこぎつけることはできないし、私も、もうそんなことはまっぴらだった。（彼がどうやって階級の特権を利用して、この事を切り抜けたかはわからない）しかしながら、私は、この二人の将校による非難で大変傷つき、今日も、私は彼らの階級にそぐわない態度を許す気にはとうていなれない。心の痛みはともあれ、個人的な利益ではなく、国防省の持ち物である飛行機の状態を向上させるために、私は、この辱めに甘んじなくてはならない。だが、私は「敵」として扱われたのであった。

フィンランドとの取り引きは何の問題もなく完了した。私と彼らとの交流は良好に進展した。職員の一人、ペルッチ・バータネンはその年の9月にファーンボロウ航空ショーを訪れる計画があり、私たちの「愛し子」を見たいと要請した。イアンと私はロンドンのホテルで彼に会い、少々骨は折れたが実り多いものになった。ペルッチは英語が話せなかったし、とにかく私もフィンランド語の学習には縁がなかった。彼の大使館が秘書の一人を即席の通訳として出席させてくれたので何とか会話はできたが、私たちは航空用語の通訳が彼女の専門外だということを知ることになった。彼は、Bf109F-1～4およびBf109G-1～4の『予備部品マニュアル』を持ってきていて、彼が機体を調査している間にイアンと私はぱらぱらと拾い読みしていた。このような大冊は私たちの作業には余計なものであると考えていたが、多くのページを調べるにつれそんな考えはぐらついた。それは、きわめて詳細で、有益だった。本の長期貸与は認められなかったが、コピーのために一晩借りることはできた。夜通し何時間もかけて私たち二人は、増えるいっぽうのライブラリーでもっとも貴重だとわかることになる何巻かを複写した。もう白状してもいいと思うが、そうしていた間にコピー機2台を使えなくしてしまい、翌日には少なくとも2カ所の事務所に少なからぬ迷惑をかけてしまったはずだ。

　その後数か月間、私の新チームは作業方法を確立し、重労働には違いないが、クリーニングや修理方法を著しく向上させた、そこで私は組み立ての再開を想定し始めた。同じころ(1977年初頭)ノーソールトでは、再舗装のために滑走路を数か月間閉鎖することが計画された。駐屯している部隊は、ヒースロウ空港の近くで運航しているHS125もその間、他の飛行場に展開することになると知らされた。私はこの決定により、プロジェクトのためにもっと自由な時間がとれるのではと期待した。私の楽観はすぐ消えた。ある日、格納庫で作業しているとある伍長が何気なく、いつ飛行機を移動するのかとたずねた。私は否定したが、彼は上官が移動を決定済みだと言い張った。私は、相談もされていないし通知も受けていないので、彼の主張は噂にすぎないと決めつけた。2週間後、基地の技術士官がふいに移動の念押しに現れ、2日以内に完了させなくてはならないと告げた。特に、彼が格納庫内で勤務している全員に前もって知らせなくてはならない役目のはずなので、私は面食らった。

　さらに悪いことが続いた。私たちの新しい作業場は荒れ果てたカマボコ兵舎の片隅にされたことだった。移動は大勢の整備員の助けを借りて1日で行われ、飛行機は屋内だが小屋の片隅に置かれた。私は飛行場に飛行機がいなくなっている間に格納庫の工事が計画されているので移動が必要なのだと考えていた。実際には、私たちがうす暗い倉庫でくたびれはてている間、何か月も格納庫はすべて空のままだった。いうまでもなく私は激怒した。

　私が関わった出来事によって、隊の技術士官らに対する私の評価が汚されなかったとは、正直いって、認めることはできない。しかしながら、ライネムでのようにそれがあけすけでなかったら、私たちがかなり自分たちの力だけでやれただろうとわかっていた。

フリードリッヒかグスタフか

　私はドイツ語という手ごわい障壁を乗り越えなくてはならなかった。私に限らずチームの誰もが初歩的な理解力以上は持ちあわせていなかったし、私たちの中の誰ひとり、全部品を網羅したサービス・マニュアルの翻訳版を作成できる見込みはなかった。常に楽天家の私は、技術ドイツ語のプロの翻訳家に接触した。料金の交渉は要領がわからないが、援助を訴えればうまく行くはずだと望みをかけていた。これでおしまいというわけではないが、私はがっかりさせられた。1,000ワードあたりの翻訳料は私のRAFからの月給とほとんど同じくらいかかることがわかった。

　思い直して、何カ所かのRAF基地を含めイギリス軍基地が多く存在するドイツ連邦に目を転じた。私は、教育部隊の将校に伝えるためのアピールを作成した。悲しいかな、返ってきた答は否定的なもので、私の手紙のコピーに標的となった何人かによると読みとれる筆跡が記入されていた。「スナッデンに、プロの翻訳家を探すよう勧めろ」、「スナッデンは、このての翻訳がいくらするかわかっているのか?」云々!

　幸いことに救いの神は近くにいた。フライト・インターナショナル誌に部品の寄贈を含めた手紙が掲載されてから、ブレーメンのペーター・ノルテから手紙を受け取った。その何か月か後に彼と会うことができ、プロジェクト

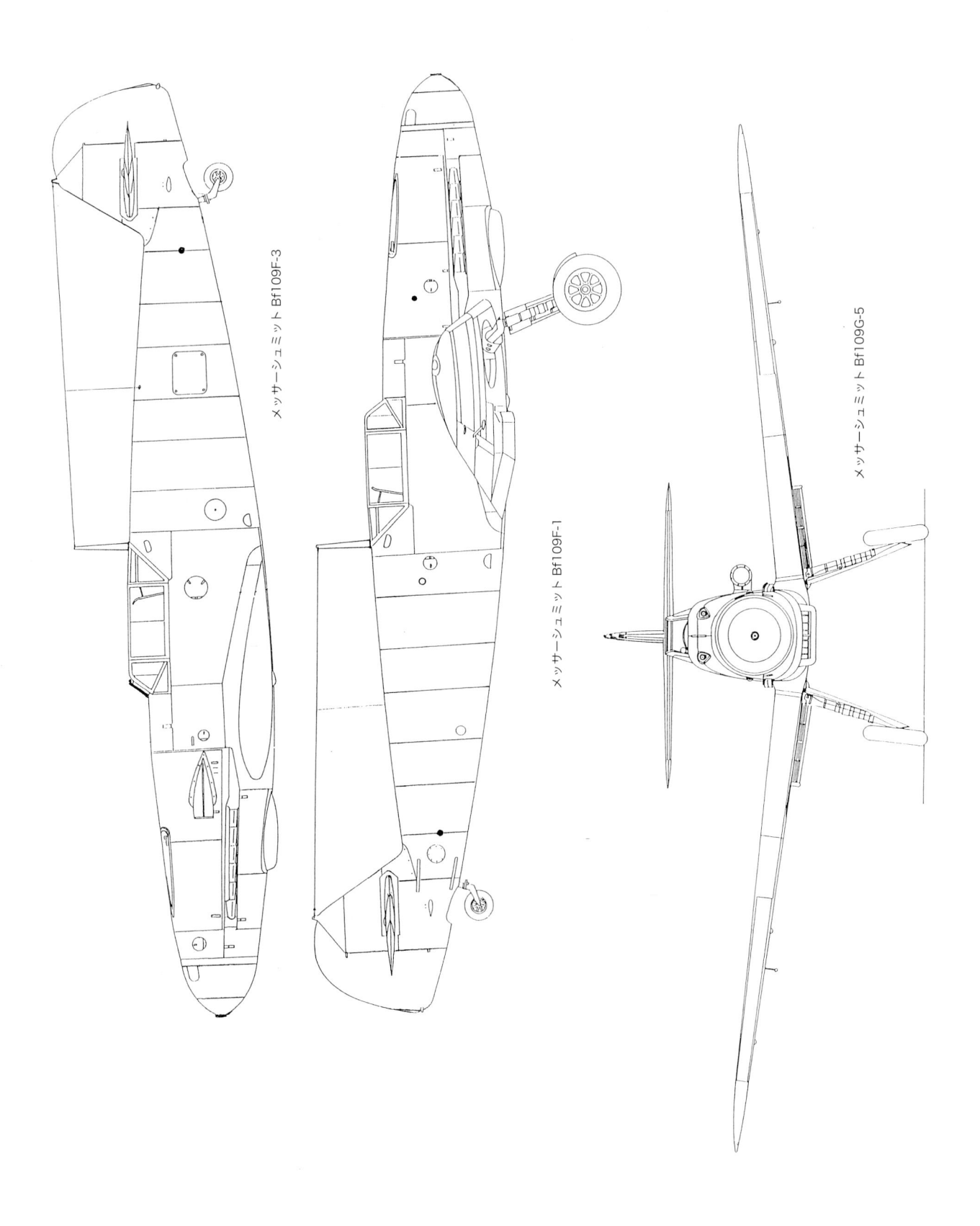

メッサーシュミット Bf109F-3

メッサーシュミット Bf109F-1

メッサーシュミット Bf109G-5

48

メッサーシュミット Bf109G-5

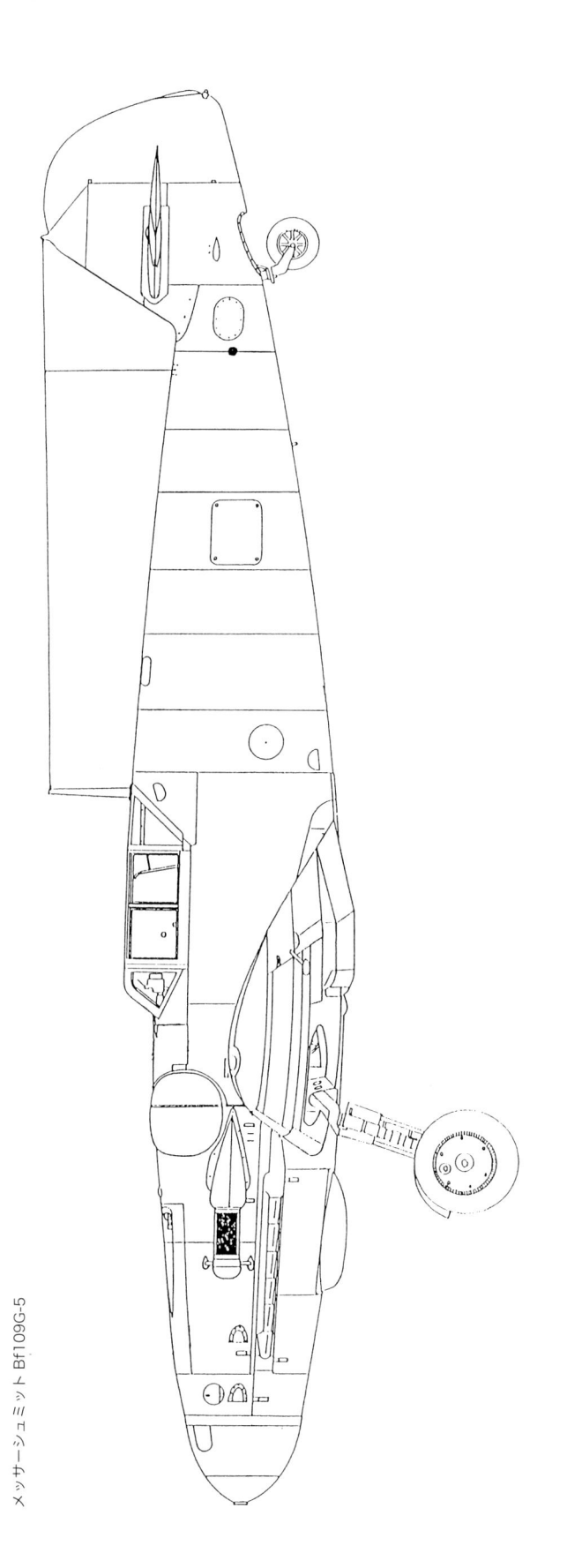

に必要なことを話し合った。そのとき は私のペースで話せたので翻訳の問題 を切り出すと、うれしいことに即座に 彼が自分でやると申し出てくれた。ハ ンドブックでいちばん必要な箇所を選 んで彼に送った。彼は、余暇を潰し、 取り組み始めて何か月かで、ほぼすべ ての資料を英語にして提供してくれ た。ペーターは復元にとって本当の宝 であることがわかった。私に数多くの 装備品を見つけてくれ、ドイツからの 支援を取りはからってくれた。

そのときまでにイアンと私は、 Bf109について書かれたあらゆる書物 を読み終えたところだった。さまざま な記述の違いを見つけたが、どの著者 が正しいのかわからなかった。特に、 写真が事態を余計にわかりにくくして いた。どれほど誤った識別がなされた (ている)かは、驚くばかりである。ハ ンドブックから情報を得て図面でかな り解明することができたので、予備部 品マニュアルの何ページもの図面を夢 中で調べた。

たとえば写真ではBf109FをBf109G であると、あるいはその逆に誤認す ることはよくあることだ。両型式は 非常に似ているのでよくある間違い ではあるが、知識のほこりを払えば 容易に避けられる誤りでもある。当時 のドイツ語のフォネティックアルファ ベット（編注：無線通信などの音声伝 達時に文字の確認のためあらかじめ決 められたアルファベット一式の標準単 語を用いるが、このワンセットをこう 呼ぶ。日本語ならば「サクラのサ」など と同じ）から、しばしば『フリードリッ ヒ』と呼ばれるFシリーズは、バトル・ オブ・ブリテンのほんの数週間後、

49

1940年の終わりに初めて戦争に投入された。それ以前のBf109Eを徹底的に改良したものである。特に『エミール』の角張ったエンジン・カウルは簡潔なパネルに変更された。新機首の外観は美的にも非常に洗練され、空力的にもかなり向上した。プロペラ・スピンナーは前の型よりも大きくなったが、完全に調和がとれている。尾翼は初めて支柱が無くなり、尾輪は引き込み式として作られた。主翼は設計し直され、小型化した前縁スラットが組み込まれ、改良したフラップが取り付けられた。もっとも目立つのは、翼内に武器を装備していないこと、丸くなった翼端が取り付けられたことだ。

『フリードリッヒ』は6種の生産型が作られたが、実際に量産されたのは3種類だけだった。写真でサブタイプを見分けることは難しい。最初の新型機体はBf109F-0先行生産型だったが、製造されたのは10機のみである。前型Bf109Eを連想させる角張った過給器空気取入口が見えるので見分けやすい。武装は風防前方のMG17機関銃2挺とスピンナーを通して発射するエリコンMGFF20mm機関砲1門である。

最初の生産型Bf109F-1は過給器取入口以外はF-0と同一で、すぼめた"唇"のようなもっと形のよい円筒形の取入口に改良された。尾翼部分が構造破壊事故を起こした後、その部分は水平尾翼下側、胴体の第9フレームに外部から帯板4枚を当てて補強された。

紛らわしいことに、初期生産型のBf109F-2も同様にテイルコーンが補強されていたが、後期生産の機体では内側から補強するよう改善された。機関砲は発射速度を上げたMG151/15（口径15mm）となっており、機首の写真によっては比較的大きめのスピンナーの銃眼の中に、小さめの外径の砲口がはっきり認められることもある。さらにわかりにくいことに、後期生産のF-2では、MG151/15がより効果的なMG151/20に換装されてしまった。そのため初期のBf109F-1（尾部外部補強板なし）は、後期生産のBf109F-2と識別しにくいのである。

何か月か後にBf109F-3が出現した。装備機関砲は旧式のMGFFに戻された。おそらく後発のモーゼル機関砲の生産数が限られていたためであろう。この機体を、それ以前の型と識別する助けになるものがわずかながらある。手がかりは1つだけしか示すことが出来ない。ダイムラー-ベンツDB601Nに換えて、より強力なDB601Eとなった。このエンジンは87オクタン燃料を使用しコクピットのキャノピーの下、胴体左側面の燃料注入口近くの黄色い三角形内に数字で87と記入されている。F-1と-2はいずれもC3と呼ばれる96オクタンの燃料を使用しており、この数字は同じように三角形内に表示されている。

私たちの調査では、Bf109F-3はごく少数しか生産されず、これは戦線で使用されたという報告がほとんどないことによっても裏付けられる。MGFFの装備はやっかいで、この武装の故障により、かなり軽量化できたという威力をほとんど無効にした。F-3の生産は、同じエンジンを装備しFシリーズ中最多数を占め、主武装をMG151/20に戻したBf109F-4生産のために取り止めになったようだ。火力増強の実施の遅れから、このサブタイプには、さらにMG151を両翼下面のゴンドラに装備した。Fシリーズでは唯一この能力を持っている。最後に、もしかすると明確ではないが、パイロットの頭部の防弾板が、F-3では標準装備のほぼ垂直の板の頂部に曲面をつけたパネルを追加して強化された。

さらに2型式が、どちらも戦術偵察機としてごく少数生産された。Bf109F-5および-6は、カメラ（代表的なものではRb30/50）を搭載、コクピット後部の無線機架台の前方に設置される。カメラは真下に向けられ、雨やエンジンから漏れるオイル等からレンズを保護するために主翼後縁の後方、胴体下面に設けられた流線形のフェアリングによって、カメラが存在するのがわかる。詳細な情報はほとんど無いが、どちらの型式もエンジン内装備の機関砲は取り外されたと考えられる。ある情報源によると、F-6では武装がまったく無いといわれている。個人的には、低空偵察任務の航空機が、完全に無防備であるとは、必要性あるいは理論上にも信じがたいと思う。おそらくどちらも新たに生産したというよりも、むしろBf109F-3や-4の機体を使用して改造されたのであろう。

北アフリカの砂漠における作戦に投入する前に、環境に合わせるための改修が実施された。過給器空気取入口にサンド・フィルターをボルト止めするため補強された。これはフィルター取り付け用に8個の埋め込みナットを組み込み縁の丸みを増した入り口となり、従来のほっそりした型と識別できる。砂漠用としてBf109F-2に取り付けられ、F-4では標準装備となるが、有効な識別点になった。さらにF-4に

は砂漠の高い外気温に見合うよう、より大型の滑油冷却器が採用された。その結果、機首下面にはより深くて大きな空気取入口が備えられた。もう一つの熱帯化の特徴は白色タイヤの使用であったが、戦場では必ずしも標準装備ではなかった。この装備になれば、機体はBf109F-4/Tropとなり、完全に装備されていなくても(たとえば深い滑油冷却器を備えなかった)Bf109F-2/Tropと識別された。

読者をさらに混乱させる危険を冒すことになるが、作業手順書によれば、MG151/15を/20と交換、あるいはその逆が可能である。だから現場では、Bf109F-2には大口径の武装を、F-4には小口径の機関砲を取り付けることもできた。

私が言いたいのは、あるF型のサブタイプを他のF型と識別するのは難しいということである。たいていの写真では細部がわからないため、不可能であるというのがもっと正確な表現であろう。戦闘記録等から収集した背景となる情報がなければ、識別はせいぜい推測の域を出ないというのが率直な意見であると私は考える。

Bf109FとBf109G、または初期の『グスタフ』各型を識別するのは、むしろ簡単である。膨大な機数が製造されたBf109Gは一段と強力なDB605エンジンを導入し、『フリードリッヒ』の機体に何点かの改良を施した。しかし新型エンジン開発計画の遅れから、12機の先行生産型Bf109G-0はDB601Eを動力として製造された。外見上の唯一の顕著な違いで、『グスタフ』と『フリードリッヒ』を識別するためのもっとも重要な特徴は、新型風防とコクピット・キャノピーである。前者は、防弾ガラスが造り付けになっており、見るからにもろそうな前型式と比べてかなり太い外枠が付いている。またキャノピー自体も太い外枠からなっている。

最初に生産型が出現したのは1942年で、さまざまな新しい特徴が明らかになった。これらは型式ごとに、またBf109Fから改修された初期型とも識別するのに役立つ。第1にDB605エンジンと組み合わせたVDMプロペラは増加した出力を吸収するようコード(翼弦)が大きくなった(外見上幅広)。上部エンジン・カウリングでは、Bf109F-4で採用された容積を大きくした過給器空気取入口がそのまま使われたので、すべてのG型のカウリングには、すでに説明したサンド・フィルターを取り付けることができた。下部カウリングも大型化した滑油冷却器と深くなったフェアリングはそのままであった。だが、テスト中にオーバーヒートしたことがあり、このためプロペラの直後のカウリングには、環形潤滑油タンクの上半分を冷やすように小さな空気吸入口が切られた。そのすぐ後方、上部カウリング前端にも同じスクープ(導風覆い)が取り付けられている。

後方に目を移すと、前型式ではコクピット後方左側にあった燃料注入口ハッチが、『グスタフ』では胴体背面に移動、そのパネルは第3・第4フレーム間の左側に見られる。尾部には大きな楕円形の点検パネル(小さい後部胴体と内部装置類に近づきやすくするため)が、第8・第9フレーム間左側面に見える。同区画に付く尾輪は引き込み式ではなくなり、『F』のときの収納孔は車輪がまきあげる土埃などが入らないように、マグネシウム合金のフレームにフェアリングをネジ止めすることができた。できたといったのは、これが無いほうがかなり一般的でフレームがむきだしになっているのが目立つ。

主翼は外見上はほぼ前の型と同じであった。内側フラップと冷却液ラジエーターの配置が変更されたが、閉めたときにだけはっきりわかる。翼端の航法灯は、以前は翼端の切り欠き部に取り付けられていたが、プレキシガラスのフェアリングで覆われるようになった。下面から見ると、顕著な新しい特徴は車輪格納部で、F型では丸かった外翼側が直線になっていることである。

これらは、どちらかというと機体が『F』ではなくBf109Gであることを示す特徴である。今度はG型をそれぞれ識別する特徴を取り上げる。G型が導入されたとき、高々度で戦うパイロットのことを考慮してコクピット与圧機構が用意された。与圧型と非与圧型とは同時に製造されている。前者はBf109G-1、-3あるいは-5といった奇数の型式番号が付けられた。したがって最初の2型式は容易に識別できる。Bf109G-1は前述したすべての特徴をそなえているが、Bf109G-2には固定風防の左下側に小さなエア・スクープがあり、さらにコクピット左右側壁に内側に開く換気扉を備え、これはどちらも非与圧コクピットであることを示す。

G-3とG-4は、それぞれG-1とG-2にきわめてよく似ている。だが搭載無線機が、1935年のテレフンケン社設計による旧式のFuG7aからFuG16

51

に変更、設置場所も尾部付近に移動した。したがってアンテナ導線が新しい場所、すなわち垂直安定板のすぐ前で胴体に引き込まれるようになった。もっと簡単に見分けるには、時期的に新しい機体ほど新型車輪と大型化したタイヤを履いている点に着目すればよい。鋳造スポーク付き車輪とタイヤ(サイズ650×150㎜)は、プレス成形の平らな外観の車輪と大型タイヤ(660×160㎜)に換えられた。主翼は大きくなったタイヤを収納するため、車輪格納室外翼側の両主翼上面外板に、プレス成形による半円形のふくらみが付けられた。尾輪も大型化され一見してかなり大きいことがわかる。

グスタフが実戦配備されるようになってからものの数か月で、もっとも重要な型式が実用化された。それはBf109G-6と、やや数は少なくなるがBf109G-5であった。G-6は最終的に驚くほどのバリエーションが製造され、熱心な研究者ですら要覧を作ろうとして失敗に終わった。初期生産型の識別はたやすい。事実上、G-5と-6は、G-3と-4の武装強化型である。風防前方に装備したライフル銃なみの口径であったMG17機関銃2挺に換えて、口径13㎜のMG131機関銃2挺を装備した。大型化した武装のため上面カウリングの改造が必要となり、後端に突出したほぼ円形の大きなフェアリングで、初期のパネルのなめらかなラインを損なってしまった。

旧型同様、グスタフも戦場の状況に応じて改修することができた。「熱帯化」改修は補充部品目録(Ersatzteilliste)に明記されている。機体内部でいえばパイロット後方の荷物区画にサバイバル・パックが取り付けられた。後部胴体内右側壁面にはモーゼルK98ライフルが固縛される。油圧作動筒のピストン・ロッドには砂や泥をよけるためにレザークロスの覆いが被せられ、それに一般に尾輪に取り付けられていたことだけは明らかなのだが、おそらく白タイヤが装着されていたと思われる。もちろん、過給器吸入口にフィルターも取り付けられていたが、面白いのはもうひとつあげられた(非与圧機への)「熱帯化」改造で、四角い換気扉がコクピット左右側壁にあった。私はこれが無い非与圧型Bf109Gの写真をまだ見たことがない。思うに、過給器フィルターの取り付け同様、これも標準装備になったのであろう。ばかげたことだが、機体が完全に熱帯化されたという唯一の証拠はコクピット左側の風防の枠の下方に、上下に2つ取り付けられた水滴形にふくらんだ部品である。この目的は、砂漠の太陽にさらされないよう小さなコクピットに日陰をつくるため、大きなパラソルを取り付けるものである。

ここに私が書き連ねた情報のほとんどは、プロジェクトの間に収集した文献から引用したものである。多少あやしい話もあるが、いずれもメッサーシュミットを研究するつもりなら手に入るものであった。ただ次の2点については結論が出たと私は思う。第1に、Bf109G-1の機首上部武装はMG131であったとしばしば述べられているが、そうではない。Bf109G-2、-3および-4と同武装であった。第2に、Bf109G-2は多くの著者が述べているような偵察戦闘機ではなく、標準的前線用戦闘機である。

小屋での作業

格納庫内の絶好のいつもの場所から、私たちは明確な理由も無いままに突然の通告で追い出された。以前いた場所が空いたままになっているのを見るにつけとりわけ胸が痛んだ。しかしライネムからの移動で貴重な時を何か月か失ってしまっていた私は、できるだけ速やかなプロジェクト再開を切望していたので、怒りを抑えた。

新しい住処はトタン葺き屋根の大きな建物で、不要な機器や資材の集積場として何年も使用されていた。めったに、というよりもまったく掃除はされていなかった。窓は一切無く、開いたドアから薄暗がりに日光がサーチライトのように射し込んでいた。小屋の奥へ行くに連れ道を辿るよすがになったのはそれだけだった。戦時中に使われた貧弱な照明が2つ、アーチ型の天井近くに付いていたが、両方とも点かなかった。夏でも中の空気は湿っぽかった(訳注：イギリスの気候は、夏でも湿度は低い)。暖房も適切な換気設備もなく、さらに悪いことには夥しい雨漏りの跡がはっきりわかった。最小限の照明用電源以外は電力も供給されていなかった。120号棟は仕事場とするにはディケンズ風悪夢であった。私はすぐ上官に、なにもかもが受け入れ難いと上申したが、必ず改善すると丸め込まれてしまった。

見たところ、このハードルはこえたが、作業再開までにはまだ多くの苦難が横たわっていた。Bf109は建物の中に置かれたが、割り当てられた作業スペースは反対側だった。いちばんいい場所は、重い資材用鉄骨の山と相当量

の湿った砂に埋まっていたため、すべての物を30ヤード(27.4m)移動させるのは一筋縄では行かなかった。鉄骨は屑鉄より少しはましであったが、砂に至っては時代もののトタン屋根がどれほど役に立っているかを示す極め付きの証拠で、両者は余計者と考えられつつも、ノーソールトの集積場を理不尽に占拠していた。吊り上げたりすくい上げたりするのに取りかかるれる機材は何も無かった。清掃作業は、有り難いことに基地の作業場の何人かの民間人スタッフの助けをかりて、数日で終了した。コンクリートの床が現れるとすぐ、劣悪な状態であることがわかった。腐朽は湿った堆積物が積もることにより促進されたことは疑いない。機体がコンクリートのほこりで覆われることは望ましくないので、私はていねいに床を掃き浮いたかけらを取り除き、その後でシーラントを塗布した。数日後、チームはかなり片づいた角地にあらゆるものを押し込み、作業は再開された。

イアンと私が胴体の部品取り外しと清掃を終えるかたわら、トニー・レックは新入りのケビン・トーマスの助けを借りて尾部端部分に取りかかっていた。このとき、時折り関心を集めたのは、コクピット風防の組み立てであった。相当雑に組み立てられた粗い仕上げの鋼の外枠は簡単に取り外すことができた。サビ落としを行ってから、基地の作業場でひじょうに協力的なスタッフの一人であったドン・シルバーが、灰緑色のプライマー（訳注：下塗り塗料）を2層、手際よく塗装した。

私は機体を現代の材料、たとえばもっと防食にすぐれたエッチ・プライマー（訳注：金属表面処理用塗料）のようなもので塗装しないことを批判されてきた。議論は議論として私が考えていたのは、機体を「復元」することが目的であり、プライマー程度でさえも正確に仕上げることが私の意向であった。事実上これは機体に残っていた唯一のオリジナル塗料であり、胴体内の大部分の内面、特に燃料タンク区画に見ることができた。あちこちに浮き上がった塗膜片があり、ドイツ空軍の塗装マニュアルL.Dv.521に示された塗装サンプルと完全に一致した（後年、私はドイツ空軍用語RLM02のようなプライマーにさまざまな色調の差異があることを発見した。一例としては、オスロのガルダーメーンできれいに再生されたハインケルHe111P爆撃機の内部に見つけたものである。これは、もっと暗い色でイギリス産業界で使われているものによく似ていた）。この証拠に力を得て、私はブリストル市のバーガー塗料に援助を求め、折衝した。驚いたことに同社の棚に廃棄予定の古い在庫品の灰緑色のジンククロメート・プライマー（訳注：航空機で広く使用されるサビ止め下塗り塗料）が3缶残っていた。ドイツ空軍の色調に近いもののそのものずばりではなかったが、バーガー社は親切にも私たちに提供してくれる前に、研究員に指示して余剰在庫の色相を調整してくれた。かなり濃厚な液だったので、塗布する前に大幅に薄める必要があった。したがって機体全体を塗装する以上に入手することができた結果となり、胸をなで下ろしたものである。

胴体そのものの「清掃と修理」は1月の終わりに完了、そしてある気持ちのいい日の午後いっぱいをかけて、ドンがスプレー・ガンでプライマーを塗った。仕上がりは私たちの眼にも美しく、全員の意気が大いに高まった。同時にこれは、完全な復元を行うという私の決定が完全に正しかったことを（もし、それが必要だというのなら）証明したものであった。

その後すぐ尾部端部分にも同じ処理を行い、胴体にボルトで取り付けた。たまたま、何列かのナットを締めて新しい割ピンを狭い空間内で手探りで差し込むという作業のせいで時間を要してしまった。なにはともあれ、再組み立ては始まった。私たちは、一時、原始的な環境や、大小さまざまの、細かく面倒を見なくてはならない無数の部品を忘れた。私は、尾翼の作業に数週間専念した。胴体に取り付けるのは数分しかかからないが、手が入れられる部分が非常に限られるため、きわめて清掃が困難だった。垂直安定板はかなり簡単なもので、それが取り付けられると、機体の後部は5年目にして初めてBf109の見間違いようもない形を現すこととなった。

この段階のある日、私は作業をしに来てイアンとケビン・トーマスが歩き回っているのを見つけた。彼らといっしょにいた青年を、ジョン・エルコムだと紹介した。ジョンは、ノーソールト基地の「ゲート・ガーディアン」（訳注：基地営門の飾り物）となっていたスピットファイアⅩⅥの撮影許可を基地司令に求めに来ていたところだった。偶然、この機体はイアンの担当だった。ある日、彼はジョンにそれを見せるためつれて行き、許可が下りているのを知らないまま、ぶらぶら歩き回り、

胴体の清掃が終わり、イアン・メースンと著者が一息入れているところのスナップ。

　それから自己紹介して「これから何をしたい？」あるいは、そんな言葉で、たずねた。ことはすぐきまり、イアンは興味深い飛行機を見せるために彼をさそった。この偶然だが、思いがけない出会いから、チームは、もう一人のメンバーを獲得した。ブリティッシュ・テレコムの技師であるジョンは、航空機整備の資格を持たないが、もっとも困難で、一般的に退屈な仕事に、純粋な奉仕の精神で、献身的に働いた。私が思うに、彼は文句の付けようがなく、しかも仕事ぶりは第1級であった。彼は写真狂でもあったので、その後何年もの間、私たちの進行の様子を記録した彼の活動ぶりは、この本の多くの頁で明らかになっている。

　私たちが仕事にいそしんでいる間、過酷な冬が始まった。風が吹くと、私たちの頭上の屋根板が浮き上がり、剥がれてきたのには驚いた。幸い、吹き飛びはしなかったが、私たちは、洞窟のような小屋の特性から、さらに大きく周り中に響きわたるガタピシいう音に、いつもさらされることになった。室内の温度が氷点近くに下がるので、私たちには、凍える隙間風が侵入しそうなあらゆる隙間に何枚も詰め込んだ古新聞が頼りだった。ありがたいことに、小屋の天井の電球は、蛍光灯に取り替えられ、ついに私たちは、ドアを閉めて作業できるようになった！

　私たちは、電源が必要になったときは、思い切った手を打たざるをえなかった。唯一の配電盤は、機体から数百フィートの所にあった（100フィートは約30ｍ）。それに合う端子をつなぎ、小屋までの長さのケーブルを引いた。避けられないことだが、パワーは末端では大幅に低下し、ケーブルはいつもきわめて熱くなったが、すくなくとも、私たちは、電動工具を使用し、湯を沸かし、あるいは小型のファン付き暖房機を使うことができた。私は裸の電気接点への、かなり湿った空気の影響が非常に気がかりだったので、私たちはいつもヒーターを胴体の下に置き、暖めた空気を燃料タンク区画に向け、そこから他の部分に流れるようにした。しかしながら、ほとんど日常的にひどく寒いので、かわりに、極度にかじかんだ私たち自身を暖めるのに向けられた。

　もちろん、私は、基地司令に暖房の話を切り出した。彼は、次にこの問題を「施設局」の地区事務員と話し合った。結論は完全に予測できた。小屋の暖房は経費を理由に、問題外であった。だが、私はこのことを予測し、かわりに109の周囲に壁と平行についたてを立て、あいている前方は適当な材料の垂れ幕で仕切って、囲いの内部を、却下された経費の一部で暖房するよう申し入れた。プランは認可され、危険な位私たちの貴重な飛行機の近くに、太い材木の枠に繊維板を張った、驚くよ

かなりきれいになった状態のBf109G。だが辛い作業は始まったばかりだ。

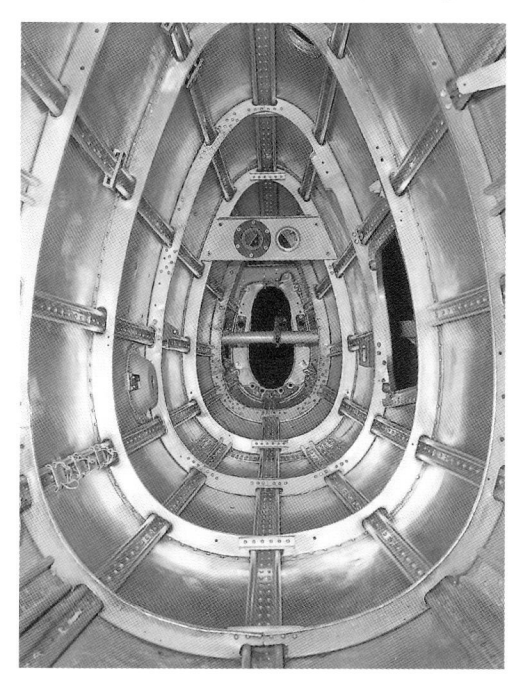

染みひとつない後部胴体内側。後ろに向かうほど窮屈になっている。上部にある丸い孔の左側はサバイバル用のモーゼル・カービン銃を収納するためにあることが判明した。

うな仕切が実現した。小屋の壁には、電気工が、電線を通す管と暖房用の配線を取り付けたが、それっきり何も無しであった！数週間、何も行われれないことに当惑したあげく、私は、工事を完成させるための金がもうないことを知らされた！もはや、要請した改善策を完成するためには、何も行われなかった。

　コクピットは暗灰色、RLM66に塗装され「新品同様」の外観になり、様々な金属表示板が、そこを美しく際だたせていた。次の段取りは、私一人の責任となった。左側壁面に、尾輪固定機構の操作を表示する3つの単語を、白色塗料の手書きで再現しなければなら

55

なかった。私は、操縦席に入る前に、メッサーシュミット社の従業員のような字体で書ける自信が付くまで、しばらく練習した。想像できるかもしれないが、押し込まれた状態では、良い姿勢をとるのは不可能である。一筆でも滑らしたら、災難だとわかっていた。そんなわけで、私は、最初に筆で塗ることからして心配であった！すべてうまくいったが、私が、非常にほっとしたのは、最後に塗り終えたときだった。

反対側の壁面にNetzeinschaltung（バッテリー・スイッチ）という単語と矢印が見つかった。しかし、これは、デカールで表示したものであった。私は専門家に折衝したところ、そのようなデカールを1，2枚、見本として作ると、価格は手が出ないほど高くなると告げられた。しかし、彼は私の求めを引き受けた。数週間後、リッチフィールドのイーグル・トランスファー社から、すばらしいデカールが2枚、無償で、送られてきた。私は大喜びで受け取り、その1枚を機体に貼り付けた。それ自体は小さいが、部品を作る手間と時間は相当なものであり、好意は非常に有り難かった。対照的なのは、何年か後、別のデカール会社（残念ながら、イーグル社は倒産した）が、エンジンに取り付けてあるタンク用に何枚かデカールを制作したときのことである。製造には何か月もかかり、その間、私の注文の説明書を、少なくとも2度紛失した。最初に出来たものは要求の2倍の大きさだった！結局、正確な寸法のものはできたが、スペルが間違っていた。苦情の末、3度目に、満足なものが送られてきたが、かなりの金額の請求書も一緒に添えられていた！

私たちが、胴体にシステムの組み込みを開始したとき、まずスタビライザー・トリム（水平安定板調節装置）から始めた。これは、コクピット内の大きな手回しホイールに、「自転車チェーン」とケーブルとで連結しているスクリュージャッキから構成されている。木製のホイールは、作業場で、新しい合板を用い、元の形状に合うよう同じ製法で復元された。大変うれしいことに、マニュアルの説明どおり作動し、調整する必要がなかった。

援助を求める私の手紙は、実を結び始めた。私がタイプした大部分は、ある様式のものを、それぞれの訴えに応じて少し変えただけだった。実際私は、施しを乞う手紙の達人にになってしまった。操縦装置のコントロール・チューブの多くは、曲がったり折れたりしており、いくつかは、エンド・フィッティング（二股の形をした接合部品）が無くなっていた。私の親書に答えて、ハットフィールドのブリティッシュ・エアロスペース社の訓練部が援助を申し出て、問題を話し合うために、ケン・ウィーラーがノーソールトを訪れてきた。彼は、チューブの修理だけでなく、主脚2本も引き受けた！

早くも、油圧装置をふたたび組み込むときがせまってきた。テュークスベリーのダウティー・シール社と折衝したところ、いくつか残っていた元の部品を分光分析機で検査した上で、親切にも交換用のシールを提供してくれた。その間も、ペーター・ノルテを通じて、リューベックのドレーガーヴェルク社と再び接触した。私は見たところすばらしい状態の純正の酸素操作盤を入手したので、ペーターに送り、彼から、本来の製造会社であったドレーガー社に渡した。検査の結果は意外にも、元通りの正常な状態に戻せないというものであった。だが、そのかわりに、1942年の装置の直系である現代の代替品を勧めてくれた。私は喜んで了承し、まったく新品の酸素装置を送ってもらうよう手配した、しかも無償で。私がそれを取り付ける少し前に間に合った。

部品取り外しが完了したあとに、さまざまな装備品が再取り付けされた。スロットル・コードラントは、ミーティアの燃料コックを取り外し、損傷の修理を行った後、ていねいに洗浄したが、できるだけ元の記号の痕跡は残ったままにした。スロットル位置や修復した燃料コックの記号も含めて、すべて再塗装され、コクピット左側面の「支柱」の所定の位置に取り付けられた。連接リンク機構は、ぴかぴかの状態であることがわかった。これもまた、アノダイズの効果を証明するものであった。興味をひかれたのは、ロッドの一つに'He177'と押印されていたことである。ハインケルHe177は、複雑な機構をもった4発爆撃機であった。私に推測できるのは、コントロール・ロッドは、10639号機が英国に送られることになった後で交換された、ということだけである。

実際、あれこれさまざまな言葉が、機体のいたるところで発見された。主に、これらは数や種類がおどろくほどある検査印であった。部品が重要であればあるほど、スタンプの数も多かった。繊細な装置は、記号が印刷文字に

前部胴体。底部にはきわめて重要な「D」フレーム、頂部にエンジン架の受け金具、側面には主翼の取り付け部が見える。

され、丈夫なものは関連する説明書きが表面に刻印された。機体の洗浄が進んで行くにしたがい、そのような検査の形跡が見つかるのを予想した。なにも見つからない所では、部品が本物かどうか疑うこととし、ごく少数の例外だが、私たちの疑念が正しいとわかった。さらに、主要構造はすべて、合金製の識別票が取り付けられており、その上にも検査印が押されていたが、おそらく完成した機体が要求基準に合っていることを表示したものであろう。

チーム全員が、再組立に参加できたことは大いに喜ばしいことだった。何か月間もの退屈きわまりない洗浄作業は、気力をすり減らしていった。最高の士気をもってしても、氷点近くの、原始的な環境の中での、そんな仕事は、おすすめできるものではない。最初の部品を一緒に取り付けたときに私たち全員が感じた満足感は、作業の合間に飛び交う冗談の度合いによって、すべてが物語られた。

進展

風防と尾翼を取り付けた胴体は、まさに戦時中の生産ライン上の機体のようであった。私はしばしの間、自分だけの祝賀気分にひたっていた。祝いの言葉をたくさん受けたが、これは関係者全員にとって新鮮な体験だった。私たちは事実上、ノーソールト基地の奥深い一隅に隠されていたも同然だったので、これは意外なことに感じた（作業の邪魔をされることがないので、隔離されていることは大歓迎だったが）。しかし、作業進展のニュースによって私たちは、訪問者の必須見学コースに加えられてしまったようだ。基地では以前よりも頻繁に公務時間中に、将官級の将校の接待役に励んでいた。突然の来客は、私たちにはいささか苦痛だった。基地司令に伴われて高級将校が小屋に入ってくるのに私たちは慣れっこになってしまい、彼らとの会話を楽しむのが通例になっていった。

公式訪問は、いわば水槽の中の金魚のようなものだった。たいていはイアンといっしょに、私は行事の数週間前に小屋の中を案内するよう命令を受けた。私たちは、周囲を何時間もかけて掃除し片付けた。おわかりだと思うが、普段は混沌とした状態なのである。小屋はもともと埃っぽかったので、私が要求したように覆いをしないと、あらゆる機器類の上にまたたくまに埃が厚く積もってしまう。こんなわけで、あらゆるものに覆いをかぶせておかなくてはならなかった。訪問者の誰もが第二次大戦機に精通しているわけではなく、ある空軍中将などは私たちの仕事ぶりを数分間視察した後で基地司令に尋ねているのが聞こえた。「すばらしい……だが、なんじゃね？　これは」。このような行事を設けたのは、上司が訪問者に軽い息抜きを用意したのであろうと推測した。無情な考えだが、たぶん、基地の他の部分から注意を逸そうとする気まぐれな思い付きであったかも知れないということが私を打ちのめした。

ある著名なゲストが午後いっぱいすべての作業を止めてしまったことがあったが、そのときは一分たりとも惜しいとは思わなかった。その人物はオーストラリア空軍のロバート・ヘンリー・ギブス退役中佐（DSO、DFCおよび線章）であった。後のことではあるが、ボビー（ギブス中佐）あるいは彼の飛行隊がこのW.Nr.10639を捕獲したことがわかったのだ。トップクラスのオーストラリア人エースのひとりであった彼は、アフリカの砂漠でカー

チスP-40キティホークを飛ばしている間に公認撃墜10機、不確実撃墜14機を記録した。戦後はニューギニアでオースター軽飛行機を使っての輸送業に手を染めた。後に、もっと大型のノースマンとさらに大きいユンカースJu52輸送機に替わっている。それから彼はシドニーに定住した。彼の友人である"ビング"クロス中将が、ボビーの定例となっているヨーロッパ訪問の折に一度Bf109を見ることができるかどうかを尋ねてきたとき、私は大喜びだった。彼が昔なじみの飛行機を調べて言った言葉がいつまでも忘れられない。「まるで、新品のようだ」と。彼は、自分のかつての戦利品が立派に健在で、ていねいな愛情に満ちた惜しみない手入れを施されているのを見て圧倒されたと言ってもいいだろう。だが私は彼の一つの頼み、飛行機を彼に返すことはお断りしなくてはならなかった。

こうした訪問の合間、胴体の復元について週ごとに何回かを打ち合わせに充てたが、結局、私たちは部品不足のため、おおむねあらゆる方面で中止を余儀なくされてしまった。私は代替品を捜し続けたが、航空出版業界に出した訴えからは何も得られなかった。驚いたことに、長年の復元を通して私の努力が結実したのはただ一度だけだった。私は、極めて重要性の高いドイツの装備品は、記念品として家に持ち帰られ屋根裏に埃をかぶっているものと信じている。簡単な部品なら、もちろん複製は可能なのでノーソールトの熟練工やさまざまな会社に依頼してきた。カーディントン（訳註：ベッドフォードシャーのRAF基地でRAF博物館の所蔵品保管および復元整備部門がある）のRAF博物館部門のスタッフが自分たちにできる支援を申し出てくれた。主任技術者のジョン・ワダムは、自身の羽布張り技術で5品目の動翼をドイツ方式に従って再被覆することを自ら引き受けてくれたが、この作業の優先度は低く、博物館側は仕上げるべき飛行機を絶やすようなことはなかった。その結果、メッサーシュミットの部品に彼が取り掛かるまで2年を要することとなってしまった。

紛失している装備品、たとえば各種計器、スイッチ類、電気系統のプラグ、メートル法の航空規格によるナットやボルトにいたるまで、見つけだすか手に入れるかしなければならなかった。障害をのりこえる手っ取り早い方法は代替品を取り付けることだが、これでは復元を"贋作"にしてしまう。修理のため個人や会社に依頼した装置は基本的に無償で引き受けてもらっていた。資金が無いので納期を早めるよう強く迫ることはできなかった。だから私は、直接管理下におくことができるものは何もなく、心底困り果ててしまった。

腹立たしいことだが、作業のいくつかは未完成のまま放置され、そのうえ主翼には多くの作業が控えていた。チーム全員が120号棟に閉じ籠もって以来横たえたまま顧みることのなかった左主翼の手入れに方向を転換した。訂正するが、翼はまる1日かけて徹底的な精密検査を受けたことがあった。両主翼と尾翼は桁部材と重要な取り付け金具について、ブライズ・ノートンから派遣された専門家グループの手で非破壊検査法（NDT）で検査が行われた。彼らはまた胴体のDフレーム（既述した通りに極めて重要な部分）と中央桁、それに主翼取り付け部をすべて点検したことがある。全部が飛行可能の基準に合格した。欠陥はまったく無かった。私たちがライネムにいる間に胴体合金外板の試験片をヘアフィールドの研究所に送り、時効硬化試験をしてもらった。私たちはもっとも状態の悪い金属片を送ったが正常であるとの判定であった。

仲間たちはそれぞれに、刷毛と合成シンナーの入ったコップを手に、主翼の分担区画を決めて作業に取り掛かった。Bf109のあちこちに取り付いていっしょに働く彼らを見ていると、最近の進行状況にもかかわらず、その熱中ぶりに元気付けられた。もし彼らが援助を申し出てくれていなかったら、プロジェクトはあきらめることになっていただろうと痛感した。私はただ自分の運の良さに驚くばかりであった。主翼の大部分は容易に手が届くので、清掃の大部分と表面のわずかな腐食の除去にはわずかな時間を要しただけだった。その後、ジョン・エルコム、ケビン・トーマスと私が、陰になっている部分に立ち向かった。最悪なのは、主桁、翼付け根付近、それにMG151機関砲区画であった。とても手が届きにくく、それに当然ながら40年も経ってからイギリスで掃除しやいように設計されているはずもなかった。何カ所かは孔のひとつから腕をのばして手探りで作業を行うか、懐中電灯で照らし鏡で見ながら行うしかなかった。私たちはそれぞれに難所に挑戦していたが、ケビンだけは小さな手と細い手首（彼はメンバー中いちばん痩せていた）で困難な部分にも手が届いた。それが

（左）イアン・メースンがボビー・ギブスに飛行機を見せているところ。彼にとってはこの機体との40年ぶりの再会だった。彼には気の毒だが、機を持ち帰ることは許されなかった。
（下）復元されたスロットル・コードラント。小さなレバーは燃料コック。

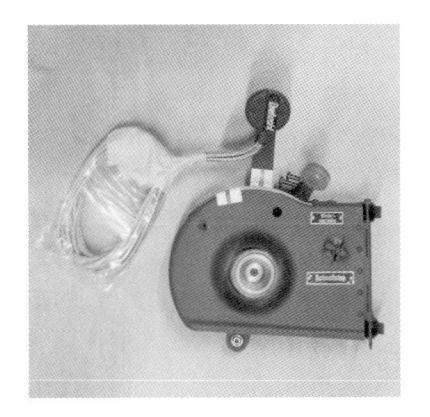

再組み立てが開始された。尾翼と前方隔壁が再取り付けされ、胴体にプライマーを塗布。

できるために彼はもっともみっともない姿勢をとらざるをえない作業にかり出されることになってしまった。

彼が、裏返しにした翼の上いっぱいに寝そべり、構造物の中に片腕を肩まで突っ込み、遠い片隅に届くよう悪戦苦闘していた姿が忘れられない。舌を精一杯突き出し、隠れて見えない腕の動きに合わせてまるで見えない部分を舐め清めるかのように動かしていた。その姿勢のまま苦闘が長引くと動きが荒くなった。彼の舌は笑顔に戻ったときにすぐ引っ込んだ。それは彼の手が作業を終えたことの晴れやかな印であった。このような囲われた区画は作業がひじょうに困難であることがわかり、私たちは何週間かを忙しく過ごし、ただ間からのぞき込んでいるだけなら、時々役割を交替した。とがった角や、リベットの先で、指や、関節を引っかけることはたびたびであった。同情を引くにはほど遠い罵り声に続くのは、いつもイアンの応答だった、「血を垂らすなら自分の飛行機にしろ」と。

滑油冷却器と冷却液ラジエーター2個は、ノーソールトから数マイルにあるデラニー・ギャレイ社が手入れしていた。ちょうどいい頃合いを見計らって、私は検査結果を知ろうと電話した。報告はややこしいものだった。真ちゅうの滑油冷却器は使用可能と思われたが、圧抜き弁が無くなっていたので、完全な試験ができないことがわかった。ラジエーターはアルミ合金の本体が修理限度を越えていた。これにはがっかりしたが、事態はまだ絶望的というわけではなかった。フィンランドとの交換取り引き品目中にさらに2

左主翼。内部部品を取り外す前の状態。

個のラジエーターが含まれていた。しかしこれらは来歴が不明であり、内部に腐食による損傷のある可能性もあった。このため、品物が到着するとすぐに詳細な検査を行った。2個ともかなり良い状態であることが明らかになったものの、厳密には元通りではなかったので、私はもう一度デラニー社に依頼した。このときの回答は、修理費用が私の意図するものでは不可能とわかった。次に私は支援要請の手紙の一通を、ラジエーターの分野での名声で

は並ぶもののないサーク社に送った。数日後電話が鳴り、私は事態を詳細に話し合うことができた。まず簡単な検査をこちらで行うように申し入れがあった。ラジエーターを直立させ、ホワイトスピリット（編注：石油精製留分の揮発油として分類されるもののうち沸点140〜180℃の成分。ミネラルスピリット、あるいはペトロール。絵画用溶剤等に使用される）で満たし観察した。これを4個全部に実施したところ、オリジナルの2個については

簡潔な構造の主翼。手入れのしやすさがうかがえる。

劣化が進行していることが、ただちにはっきりした。ペトロールは注ぎ込むよりも流れ出るほうが速かった。実際、それらは飾り付きの噴水のようなありさまだった。

フィンランド組はもう少し楽観できそうだった。24時間後、1個に3カ所の湿った点がはっきりわかったが、もう1個は完全に乾いていた。この知らせに勇気を得たのか、サーク社は姉妹会社であるベーアに話を通してくれ、その後、シュトゥットガルトまで送ればオーバーホールを引き受けてもらえることになった。数週間後、英国航空がヒースローから無償で空輸してくれた。これもまた私の手紙の成果である。ベーア社は偶然にも、ラジエーターの製造元であった。私はまだ会社が存続していたなどとは夢にも思っていなかった。

運が良ければスイス空軍博物館の倉庫にメッサーシュミット用の部品が見つかるのではないかと思い、私はそこに手紙を書いた。折しも、ピラタスP-2練習機が引退時期にきていた。この古典的な機体は経費を理由に、スイスがかつて使用していたBf109Eから備品が流用できるように設計されていた。たとえば、降着装置はBf109から流用されるが、練習機に広い車輪間隔を与えるため内側に引き込めるようになっていた。スイス側は、メッサーシュミット用の全備品に加えてレヴィC/12D射撃照準器を含む他の部品の提供を提示したが、これは稀少なエンジンとの交換が条件だった。私はそのような取り引きをうまく納めることはあまり望みがないと予想したものの、こんな場合に絶対欠くべからざる人物であるジャック・ブルースに話をもちかけた。さまざまな半端物に混じってヘンドンはそうしたエンジンを所有しているが、展示目的のためカットされてはいるが余剰品があるので私に提供しても構わないとのことだった。最初に知らせを聞いたときは小躍りしたが、そのうちに私は、デューベンドルフの申し出にあった部品が、大型エンジンと交換するだけの値打ちがあるかどうか迷った。ヘンドンは以前の取り引きでデハヴィランド・ヴェノム戦闘機を入手したが、交換に提供したものはわずかなもので、いずれスイス側に相応の穴埋めをするつもりであったと聞き、懸念は解消した。だから、Bf109を救済することが借りを精算することになるともいえるのであった。またもやエンジンを梱包するために大きな出費が生じた。

その年のクリスマスはいつもより早く来た。2つの荷物がノーソールトに届いたのである。装備類といっしょに詰め込まれていた主脚が、特に私たちの注目を集めた。ピラタス社の手で改修されてはいたけれども、それらは後々とても役に立った。尾脚柱はすぐにでも取り付け可能だった。私たちはすぐ脇にきれいな主車輪2個と尾輪を見つけた。私たちのところにあった主車輪は朽ちており、スピットファイアの尾輪では使い物になろうはずもなかったので、その3つがぜひとも欲しかったのである。それに加えて、スイスで完全に手入れされて新品同様になったホイール・ブレーキが2個入っていた。唯一がっかりしたことは約束の射撃照準器が無かったことだったが、別送されてくることがわかった（それは結局、私たちの手元には届かなかった。ヘンドンのスタッフがそれと知らずにBf109Eに取り付けてしまい、結果的に横取りしたことになったのである）。それでもプロジェクトにとっては、まさに思いがけない贈り物であった。

この段階での進展はもっとも勇気づけられるものであり、問題こそある

ものの着実に事態は進行していた。そのいっぽうでRAFにおける私の任務は終了することとなった。私は自宅をノーサンプトンシャーのブラックレーに構え、航空会社で第2の経歴を開始することになった。Bf109の作業をするために徒歩数分という日々は終わり、1時間半のドライブとなったのだ。私はイアンと週1回の打ち合わせを設けるよう計画し、ときには2回行うこともあった。私がいない間にもチームはかなりの作業をこなしていたので、進捗状況は心配するほどのことはなかったが、私が抱える作業人員とその行く末は軍の人事システムの気紛れに左右されるため、偶発事態に備えて考えを巡らせ始めていた。だからエンジンを手配してくれたロールス-ロイス社業務課長のジョン・デーンズからある話をもちかけられたとき、私にとって嬉しい驚きであった。彼はプロジェクトをフィルトンに移動するよう勧めてくれ、その上彼は格納庫内に場所を確保する許可をとりつけ、大勢の協力的なボランティアを見つけてくれていたのである。それは、すばらしい解決策となるように思えたが、私が恐れていた最悪の事態が現実のものとなるのである。

迷惑な関心

RAFコニングスビー基地の下級技術将校の出現で、あまり歓迎できない事態が発生した。電話が鳴り、私はうわべは好意的な聞き手にプロジェクトの詳細を説明していた。数分後に警戒信号が鳴り響き、バトル・オブ・ブリテン・メモリアル・フライト(BBMF)関係者である彼がなぜ電話してきたか、私はその理由を尋ねた。彼の返答はぶっきらぼうで、驚くほどの傲慢さを露わにしたものだった。「つまり私は、貴下がプロジェクトを完遂できる能力があるかどうか疑問に思っている。我々はそちらで必要としている専門技術を有しており、当方としてはBf109を引き取りたいと思っているのだが、この件については誰と話せばいいのかね?」と。

私の答はここであえて述べるまでもないだろう(この機体のことなど何も知らない生意気な男が、なぜ乗っ取りを口にしたのか疑問に思った。とにもかくにも不思議だった)。彼が個人的に引き取りの申し入れをしてきたのであれば心配する必要もないが、上官に代わって探りを入れている可能性は強かった。私はこの事件をヘンドンの仕事で手一杯になっているジャック・ブルースにすぐさま電話し、私と私の活動を支援してくれるように頼んだ。ちょうどそのとき、それが明らかになった。ジャックは「電話を置く間も惜しんで」(後で手紙で明らかになった)、Bf109および国防省所有の歴史的航空機の責任者であるホワイト・ホールのオレイリー中佐を呼び出した。話の最中に親切な中佐は、コニングスビー基地の少佐と別の電話で連絡を取った。幸いホワイト・ホールは私の仕事に信頼を抱いており、正体不明の将校もうまく説明したものの引き下がるよう告げられた。私は、この事件の成り行きには、特に、いずれにせよBBMFが結局は109を受け継ぐことになりそうだったことにひどくうんざりさせられた。復元をはかどらせるどころか、BBMFの干渉は危険に陥ることになりかねないことをわかってくれるよう願って、私は怒りをBBMF指揮官"ジャコー"ジャクソン(私がRAFゲイドン基地勤務だったときのヴァーシティ輸送機の試験教官でもあった)に伝えた。彼の答でわかったことはもう二度と介入はあり得ないが、飛行機には今後も絶えずトップクラスの関心を持ち続けるというものであった。なんとこの警告が利いたことか。

同じく、腹立たしくいらいらさせられたのは、ノーソールトの新任の技術将校が邪魔立てする兆しを見せたことだった。1981年後期になって、彼はイアン・メースンに命じてプロジェクトの将来計画を添えた詳細な状況報告書を提出させた。これを利用して彼は最後の章を「ノーソールトは……航空機運航整備隊とともに、さらに正式な支援を提供できるか検討している」と書き換えた。そのような助力は受け入れられるような形式で、公式に提示されるのであれば歓迎である。しかしながら私が知ったのは、その写しがヘンドンに訴えの形で配布された後であったので、私がこの秘密めいた動きを好感が持てなかったのは不自然ではない。

ほぼ同じ頃、同じ技術将校が少将に飛行機を見せたことをイアンが報告してきた。照会したところ、彼は傘下にBBMFを擁する航空参謀部第11飛行連隊にいたことが明らかになった。私は彼の訪問理由を聞き出すことはできなかったが、後にイアンの抜け目ない捜索によって、彼の参謀将校のひとりが歴史的航空機委員会に折衝して、機体をBBMFに移管する可能性があるか調査したことを見出した。この折衝も

また拒絶された。

なぜ、BBMFと第11飛行連隊がことさらこの時期にそのようないらざる関心を示したのか、私にはわからなかったが、ノーソールトの技術者が送ったアピールと同時期に起きたことから、関係があったことは明らかだ。Bf109をコニングスビー基地に移動することを要請するかたわら、第11飛行連隊の参謀将校はそこの整備施設を格上げしたが、同じ手紙の中で彼は、BBMFには「収容能力」の無いことも認めていた（同じ施設はノーソールトにも存在するが、もちろん私は公式にそれを使用する認可を受けてはいなかった）。私は適正な資金（相当な資金）をもってすれば、BBMFは飛行機を再生できたであろうことは疑わないが、しかし膨大な調査を行った後でのみである。正確に復元するつもり（私はその方面には関心がないと察知していた）がないにせよ、調査は必要となったであろう。とどのつまり私は飛行機がBBMFの手中にあったら、どんなに進み具合が加速されたかは見そびれた。この全く悲しい出来事は私の考えでは、関わったノーソールトの将校も、航空参謀部第11飛行連隊も、知っているにもかかわらず飛行機の責任者である人物、私と話したほうがよいとは思わなかったということだった。私は、彼らが行ったすべての行為の隠し立てするやり方を許すことができない。それに、彼らが私にもたらした不安や苦悩は、10年後の今でさえ私の記憶に生々しい。

1982年は全体として、記憶に残るような年ではなかった。私たちは除隊によりピート・ヘイワードを失い、すぐその後にトニー・リークがセント・アサンに転属になった。悪いことはさらに続いた。4月にIMIマーストンに燃料システムを届けるため、ウォルヴァーハンプトンに行く途中、イアンと私はアルゼンチンがフォークランド諸島に侵攻したことを知った。私たちは2人ともすぐに反攻が私たちに大きく影響することになるだろうとわかったが、それがどれほどひどいものかわかるまでにそう長くはかからなかった。あらゆる軍務はアビンドン基地に設置され、他の基地は任務が戦況によって決まるまでそのまま待機させられた。

チームは今や優先度最下位とされ、このような縮小された環境のもとで継続できるかどうか心配した。私たちは数か月間根気強くやりぬき、左主翼に以前の胴体のように灰緑色のプライマーを塗布し、すばらしい外観に仕上げた。広範囲にわたり損傷したプレーン・フラップはしっかりと修復され、ラジエーター・フラップも修理された。

私の悪夢は9月に現実になった。イアンが南大西洋のアセンション島の分遣隊に6か月間派遣されることを知らされた。アセンションは唯一、奪回したフォークランドを支援する航空機の行動拠点としてRAFにとってきわめて重要となっており、飛行場とそれを運営するための人員からなる膨大な兵力を必要としていた。ガリチエリ将軍に大きなお返しをするために。私にとって唯一かすかな望みは、彼が任務を終えたあとノーソールトでの地位に復帰できることが確約されていたことであった。

そのため冬中かけてケビン・トーマス、ジョン・エルコム、それに私は週末に私たちでできることはなんでもやったが、現実には洗浄作業に限定された。私たちは最後の主要な部品、右主翼を手入れすることにした。これはおなじみの領域であり、私たち全員が取り組まなくてはならない難しい区画を知っていた。だが不思議なことに、この翼の内部は他方とは異なる仕上げが施されていた。左翼ではボルトが合金製のリブ（小骨）を通る場所のような異なる金属が接触する部分の腐食発生を軽減するため、プライマーが雑に刷毛塗りされているだけだったのに対し、全体にスプレー塗装が施されていた。その結果、すばらしい状態であることがわかった。リブにはドイツの製造会社のマークが見つかったが、私たちがその意義をわかろうとつとめている単調な洗浄作業の興味深い気晴らしになった。書き足したほうがよいだろうが、私たちは行き詰まった。よくない時勢下にさらにもっと悪い事態が生じた。

何か月か前に私は、現在の建物を再利用する計画があり、おそらく飛行機をまた移動することになるだろうという警告を受けていた。しかも今度は、代わりの収容場所は提示されていなかった。メッサーシュミットはノーソールトから追い出されるのだ。しかしながらフォークランド紛争が何か月もそのような計画をわきに押しやっていた。私は国防予算がもっと重要な事柄にあてられていると推測していた。しかし、そのおそれは決して遠ざかってはいなかった。

新任の技術将校はすでに知られている見解を述べた。「格納庫は雪氷清掃器機の格納用として、およびその他

の作業用として活用するので、私はプロジェクトがそっくり120号棟およびノーソールトから退去するのを見たい」と。少しの思いやりも手助けすらも、その方面からは来ないことは明らかだった。数週間後、建物内を整理したため雪かき機は容易に収納できたが、まだ私たちへの最後通告は受けていなかった。

イアンが3月に原隊復帰したが、アセンション駐留中に主任技術者の階級まで昇進していた。これはいい知らせではあるが、昇進にともなう転属は実に見通しをわびしくするものだった。彼は7月半ばにドイツのギュタースローの第230飛行隊で新たな任務に就くよう命令されていた。興味深い転属であったが、私は介入しないことにした。私たちは3か月間メースンを獲得しチームは4人に回復したが、ほんの一時しのぎであった。そのすぐ後、ケビン・トーマスがオルディハム基地に行くことになるのがわかった。

プロジェクトは疑問の余地無くジョン・エルコムと私の労働力で継続するしかなかった。新任の基地司令の事務所を通して家屋を空け渡すよう、絶えずノーソールト基地の整備中隊からかかる圧力は耐えられないものであり、私は新たな家屋を探し始めることに決心した。危機は6月の終わりにやってきた。大佐の前に呼び出され、翌月末までに荷作りして退去するよう申し渡された。この時の理由は、エンジン・オーバーホール施設として私たちの小屋を開発する計画があるとのことであった。彼と同席していた技術将校は、私の滞在延期申し入れを拒んだ。私は自分をおだやかな人間だと思っているが、私は激怒して憤然と事務所を飛び出した。

フィルトンのジョン・デーンからは、プロジェクトをそこに移すようすすめられていた。運悪く計画は悲しい結末で崩れてしまった。ジョンは大手術のため入院し、一時は快方にむかっていた。そのうち軽い仕事に戻ったがその後すぐ亡くなってしまった。私たちはプロジェクトの熱心な支持者でエンジン再生の大黒柱を失ってしまった。ジョンは個人レベルで格納庫内の場所を取り決めていたが、管理部長との正式な取り決めができていなかったので、消滅してしまった。もはやブリストルには復元を陰ながら支援しようという意志を持つ人物はいなかった。

私の責任で新しい住処を探さなくてはならなかった。特に私の家の近くには、活動しているRAFの飛行場は無く、もっとも近いのはオックスフォードシャーであった。したがって私は、それらのひとつに避難所として受け入れられる見込みを探り始めた。アビンドンは私が期待したよりも見込みが無いとわかり、がっかりしたのはブライズ・ノートンで、支援能力がないと考えられた。クイーンズ・フライト（王室専用航空隊）の母基地であるベンソン基地は私のプロジェクトが入るのを歓迎しそうにもないと思ったが、大変驚いたことに、私にそこの整備中隊指揮官であることがわかったピート・ソウデン空軍少佐から電話を受けた。彼は私の苦境を聞き、助けることができないかと考えていた。「君が必要なら、私の格納庫に君用の空きがある。君はノーソールトから追い立てをくっているようだ。だから、私が手を差しのべようと思っている。」彼の友好的な姿勢は、落胆の境地に差し込んだ一条の日の光であった。

ついに、ノーソールトにそのひどい小屋をしまうと告げることができるのに有頂天になって、私は移動のためクイーン・メアリー輸送車を要求した。私は返答を聞いてびっくり仰天した。何も提供できないというものだった。かわりに3トン・トラックとトレーラーを提供するというものであった。私はもちろん抗議したが、途中で怒りを押さえきれなくなるのではないかと恐れた。私は再び、あらゆる物をビニールシートやボール箱に梱包し始めた。ブリティッシュ・エアロスペース社には、胴体を移動できるように主脚の返送を早めてくれるよう要請しなくてはならなかった。

ある晴天の日、私たちは機体を不適当な輸送車に押し込み始めた。私たちがまず試みた胴体の吊り上げは、見物人にはあきらかに滑稽であったろう。私たちは重量配分をかなり低めに見積もったため、最初に吊り上げたとき尾部は天を指し、かたや前部はしっかりと地面にへばりついたままだった。うまく水平に近く吊り上げるまでに、吊り具を数回調節する必要があった。トラックは短すぎて胴体の長さ分を収納することはできなかった。尾部を運転席のすぐ後に位置させていくらかましにしなくてはならなかった。それでも、機体の前部はテイル・ゲートを越えて突き出ていた。そのため構造物は絨毯やフェルトで覆った梁のうえに置かねばならず、主脚はトラックの後ろにぶら下がっていた。主翼はトレーラーに積まれ、空いている隙間にはすべて部

移転作業風景。最初に吊り上げたときは、完全な失敗を演じてしまった。

品の箱が詰め込まれた。

　ベンソンへの旅は、機体にわずかな損傷を生じただけで達成された。注意深い輸送要員の優れた仕事ぶりであり、私のもっとも楽観的な予測をはるかに上回る成功であった。ノーソールトは最後の一撃を加えてきた。私たちの棚はトラックに積めなかったので、私は後で移送することに決めた。手配はしたが、私は大佐からの手紙を受け取った。部下の技術者が「ひどく足りない」と云っているので残念ながら棚の移送を認めることはできないと……。私たちの棚は、捨ててあった廃品から組み立てたものであり取り返さねばならない。

　ふりかえると、私はひどい環境の中で行ってきた、見たところ終わりのない、退屈きわまりないつぎはぎ仕事にもかかわらず、仲間の間に育ててきた友情を十二分に楽しんだ。私は、そんな普通は報われることのない苦難に喜んで取り組む人間を他にも見つけることができるか疑わしい。離ればなれとなり、私は孤独で、ベンソン基地でのさだかでない行く手に直面していた。それにもかかわらず、私はノーソールトと120号棟から逃れることができて非常に嬉しかった。

非標準型グスタフ

　プロジェクト最初の年の最中、特にパーツカタログや、ペーター・ノルテによるハンドブックの翻訳文を手に入れた後、イアンと私は10639が標準型のBf109G-2ではないことに気が付いた。はじめ、装備品が違うのでかなり混乱がおき、生産ラインがどこだったのか考え巡らす始末であった。多くの疑問点は私がこれを書いている今でもまだ残っている。いずれ正しい説明ができるかどうかさえ疑問である。この話の段階では、機体が、まだベンソン基地で梱包されたままなので、たぶん機会を見て、私たちが発見したことについて述べねばならないであろう。

　すべてがそうなっているとはかぎらないという疑いは、私がライネムで最初に検査を行っている最中にわき出したが、私が見つけだしたものの重要性は、後に続々現れるまでは、はっきりしなかった。後部胴体の内部で、無線ハッチを取り外したときに見えたのは、テレフンケン社製の合金の銘板で、FuG7a無線機が取り付けてあったことを示していた。その右上隅には、機体がMe109Fであることが明記され

ていたが、Fに×印のスタンプが押され、その隣にGという字が記入されていた。はじめ私は、この方法が単に古い在庫品を使い切るためだと憶測したが、取り外しが進むにつれて、もっと沢山出現してきた。すぐ近くに2本の油圧配管が、胴体の長さ分だけ取り付けられ、末端には閉栓継手が取り付けられていた。これらは、明らかに尾輪の引き込み機能をもつ作動筒に供給するものであるが、マニュアルによれば、Bf109Gでは引き込まないことになっている（私はその後、初期のグスタフのあるものは作動筒を取り付けていた証拠を見たことがあるが、これらは例外であった）。もちろん、Fシリーズの機体には、すべて標準装備であった。

好奇心をそそられただけだが、無線ハッチの近くに、合金製のチューブが胴体を横切る向きにボルト止めされていた。これはバッテリー置棚の前側を保持するためのものだが、別の役目もあった。下に、右側のハッチから充填されることになっている、圧縮空気のボトルを吊り下げていた。目的は、機関砲の作動に用いられるものであった。グスタフは、そのようなボトルを2個持ち、MG17機関銃にそれぞれ1個ずつ装備されているが、MG 151には圧縮空気は必要ない。しかしながら、私たちの棒には'MG1、MG2'、間に'MGFF'と、ペイントで注記されていることで明らかになったように、ボトルを3個ぶら下げていた。　目につく変則を、前部に見つけることができる。荷物区画の後ろに、Bf109Gは特徴のある酸素装置を持ち、4列に連結した球形のもので、3個は、隔壁に、後ろ向きで垂直に取り付けられ、いっぽう4番目はすぐ近くの右側の壁面に、水平に帯で止めてあった。10639では、逆に伝統的な円筒形の従来の装置3本が装着されている。

コクピットに進むと、床の下には、それぞれの舵に操縦装置の動きを伝える、複雑な連結機構が走っている。私たちがはじめに機構を取り外したときは、ほとんど知識がなかったが、ハンドブックが来てはじめて私たちは、それが説明図に描かれているものとはまったく違っていることを知ってびっくりしてしまった。私は後で改修されたものだろうと推定したが、それを実証する証拠はなかった。真相は、フリードリッヒ用のパーツリストに同じ装置が描かれていたことで明らかになった。

すべての事実を考えてみると、私は、10639号機は、Bf109F‐3（MG FF用の圧縮空気がサブ・シリーズを示す）として製造を開始したが、おそらく完成前に、Bf109G‐2規格に部分的に改造された、との結論に達せざるをえなかった。改造で、もっともこみいった部分は、コクピット右側壁面だったに違いない。ご存知のようにFのコクピット側面外板には燃料タンク注入口の基部と円形のハッチがあるが、Gでは後部胴体の背面に移設されている。この10639では、この区画の外板が完全に張り替えられていた。新たな燃料タンク注入口パネルと関連の配管を除けば後部胴体はBf109Fのままだったが、不要となった何点かの装備品は取り外されていた。外観上、本来の型式の唯一の手掛かりは後部胴体の後端右側に見ることができる（むしろ見えないというべきだが）。グスタフで導入されたはずの楕円形の整備用パネルが、10639のその部分には無いのだ。

いっぽう主翼は初期のGのものだが、構造材に興味あるものが付け加えられていた。両翼に、対になった油圧ホースが主翼付け根から主桁の前方を通り主車輪格納部に通じているのが発見された。不思議なことに左右のホースは互いにつながれ、閉回路とされていた。言い換えれば何の機能も果たしていないが、そのまま前方隔壁に取り付けてある油圧システムの分流ブロックに結合されたままになっていた。この型式では、開発の初期段階で脚格納部外翼側に小さな車輪覆扉を取り付け、脚を引込むと脚柱に取り付けた長い扉と合わさり、主脚・車輪全体を完全に覆ってしまうような試作が行われた。これらは機体の性能向上に関してさほど役に立たなかったので、生産型のグスタフでは車輪覆扉は装着されなかった（これは大戦末期になってBf109Kに再導入された）。したがって、この不要なホースは扉の作動筒に順序調節弁を通じて油圧を供給するのが本来の目的であった。この弁はもちろん、脚を引き込んでから扉が閉まり、主脚のアップロック（訳註：脚を引き込み位置で固定しておく機構）が解除される前に開かなくてはならないので、必ず必要なものであった。この弁は取り付けられたままで、接合部は間に合わせの布カバーで保護されており作動筒の取り付け部もはっきりとわかる（ついでながら、車輪覆扉を取り付けようとしたことは、格納部が円形のF型とは異なり、主車輪格納部外翼側の縁が直線になっていることで説明できる）。

以上が装備の解明だが、なぜ10639

に取り付けられたのか簡単には推定できない。それらしい結論のひとつは、前生産バッチに戻して試作に使用されたのかも知れないということである。前生産型機の試験がまだ進行中(あるいは直後)ではあるが、できるだけ速やかに新型機を戦線に送り出すため、ごく近い同時期のものと同様、機体が"G"仕様に変更され、主翼は主車輪扉も含め新たに製造されたのではないかと思われる。それ以前の胴体と同様に主翼も、この場合は扉とその作動筒を取り外して改造されたのであろう。

Bf109G-0の機体は製造番号14001から14012が割り振られていたことを述べておいたほうがよいだろう。新たに製造された"G"機体は、すべてそれ以降の番号が付けられた。1000番台の数字を付けた(Bf109G-1同様にG-2も含め)これら初期の機体は、大部分が余剰のF型胴体を使用して組み立てられたのはほぼ間違いない。これらの機体はすべて「10639」と同じ方法で装備が施されたであろうというのが私の考えである。話が脇に逸れるが、興味深いことに前生産型機中の1機で、Bf109G-3 (W.Nr.14003) は、以前Bf109F-4であったが、その後V尾翼に改造されている。

修理を早めて稼働可能にするためよく行われることだが、「10639」は就役中に構造の一部を他の機体から共食いにより交換されていた。そのいい例が水平尾翼に見出せる。すでに述べたように最初の検査で、機体はライプツィヒで製造されてたことがわかっている。しかしながら水平安定板と昇降舵はウィーンで作られていた。それぞれの合金製の銘板には「ヴィーナー・ノイシュタット航空機工場(Wiener Neustädter Flugzeugwerke)」と表示されていた。事実これらは、元のものが破損したために1942年11月、替わりに取り付けらたものである(付録A参照)。垂直安定板のフェアリングには製造番号が9678と記入されており、尾翼にはそのような記載がないが、それらは同一の飛行機、Bf109Fから移植されたことはかなり確度が高い。

私はすでに両主翼内側のプライマー仕上げが異なっていることを述べたが、それと同様に少なくともいっぽうは、オリジナルのものではないだろう。何年か後に説明がついた。機体は戦争終結の年にランカシャーのコリーウェストン基地の第1426敵国航空機飛行隊にあり、試験や展示飛行に供されていた。私は飛行隊の前隊員何人かと会うことになっていたが、そのなかに元伍長で2A級組み立て工であったジョン・ウエストウッドがいた。"ロフティー"(ノッポという意味。文字通り彼は背が高い)は機体が到着したときのことを覚えており、当時彼らはBf109の翼を数枚所有し、「10639」に取り付けるため最良の2枚を選ぶため、すべての主翼を並べて検査した。右翼は上面にいくつかの損傷があったので私はオリジナルのものであるとわかっていた(付録A参照)。したがって、左翼が他の捕獲機からのものということになるのだが、前述の油圧機構装備という点からほぼ同時期に生産された機体の主翼に違いない。

機体の細かな部分にも一致しない製造番号があり、もっとも目についたのはプロペラ直後にあるエンジン・オイル・タンクを覆う2個の小さなカウリングであった。両方の外板にはスタンプで7232という数字が見つかった。これらは1942年5月にビーチィ・ヘッドに胴体着陸したBf109F-4/Bから流用された。この機体は修理を受け飛行したが、北ウェールズのシーランドが最後の場所となった。「10639」もそこに保管されていたので、おそらく自機のものを紛失したときにちょっと年上の同居人から受け継いだものなのであろう。

さらに垂直安定板基部の、水平尾翼用スクリュージャッキを覆う小さなマグネシウム合金製フェアリングもまた、他から来たものであることがわかった。W.Nr.14249という番号は初期生産型グスタフから取り外されたものであることが確認された。

最後に大きな過給器空気取り入れ口もオリジナルではない部品である。純正のBf109G用部品ではあるが、後期型、おそらくBf109G-6のものであろう。断定の理由は、部品の上側フランジ部分がG-2用の場合、実際には直線でなくてはならない。現在取り付けられているものは半円形にえぐれた形になっているのだ。後期型ではMG131機関銃を収納するため取り入れ口のすぐ上に大きなバルジ(出っ張り。いわゆるボイレ)を取り付けたため、それに合わせる必要から変更した。

付録Aを読んでいただければ明らかなように、エンジンを含むさまざまな部品が交換されている。したがって現在の機体は、もっとひどい損傷をうけた機体から外した実に多くの装置・装備類の混合体である。いずれにせよ、少々運悪く修理限度を超えて損傷したものの生き残った、前線の戦闘機を代

表するものであった。10639号機を描いた図で、Bf109G-2の識別上の特徴のいくつかを示したものが、153頁に見られる。

ベンソン基地での再出発

話を元に戻そう。ホーカー・シドレー・アンドーヴァー輸送機とウェストランド・ウェセックス・ヘリコプターの分解整備責任者であるピーター・ソウデンが、プロジェクトのためにウェセックス用の作業場が手狭になりそうなのに私をベンソン基地に招き入れてくれた。移動前日、彼から私に電話があり、あまりよくない知らせが告げられた。放置されていたウェセックスが送られてきて長期間にわたる修理作業を命じられてしまったというのだ。作業場が消えてなくなった。だが彼は私を見捨てるつもりはなく移転は決行し、その間に機体の一時的保管場所を探すことにすると告げた。このあと10年間いることになる3番目の基地に到着したとき、Bf109は大きなガレージ2区画分にていねいに置かれた。そこは自動車輸送分隊が急きょ立ち退いてくれた場所であった。

滞りなく輸送が済みほっとしたのも束の間、先き行きの心配で心の安らぐことはなかった。作業員数という観点から、私は有力な援助をあちこちから集めなくてはならなかった。関心を集めてボランティアを見つける唯一の方法は、機体を皆に見えるように並べてじっと待つということだけだった。ガレージに埋もれたままでは、新しいチームを惹き付ける望みはほとんどなかった。週を重ねるに連れベンソンにはますますウェセックスが集結してくるようで、減ることはなかった。私は定期的に機体を点検していたが、何もできず欲求不満がつのるばかりだった。ある日、私はガレージの中が少し変わっているのに気がついた。誰かが成形した合板の桁を作り、架台にボルト止めして、翼を乗せて保持してくれていた。すぐ近くの作業場の士官が名案を思いつき、部下に命じて作らせたことがわかった。私はベンソンが好きになり始めた。

ピート・ソウデンは、ウェセックスでの仕事が減ることなく続くだろうという結論に達せざるを得なかったが、彼は格納庫内を少しずつ整理し直すことで、小さな戦闘機に充分な床面積をうまい具合に明け渡してくれた。11月のある晴れた日、私はA格納庫への短距離移転を開始した。大勢の整備関係者が手伝ってくれ、誰もが参加したことを喜んでいるようだった。彼らはもちろん気付いてはいないだろうが、私が今まで受けたなかで、もっとも心温まる歓迎であった。まるまる3か月の空白の後、再び幕開けを迎えたわけだ。あるいは少なくとも私はそう望んでいた。移転は大忙しで何時間かを要し、さらに数時間が梱包を解くのに費やされたが、その値打ちは充分にあった。何年か過ごしたなかで初めて照明、暖房、電力、圧縮空気、電話それにトイレまでついた、本物の格納庫に腰を据えることができた……なんとすばらしい。信じられないほどの環境改善であり、産業革命に匹敵するものだった。人生がバラ色に見えてきた。

私の次の仕事は、新チームのメンバーを募ることだったが、これについてもすぐ幸運を射止めた。ごちゃごちゃのポンコツ飛行機や部品を収拾しようと奮闘する私に同情した親切な下士官2名が加わり、私が知らない間に胴体を支持架に据え付け、翼を架台に載せて、格納庫のあちらこちらから集めた棚やロッカー2本に大量の部品をきちんと並べておいてくれた。Bf109を置いた場所の外側にある油圧作業場を管理する職長のジョン・ディクソンがそのうちのひとりで、彼は主脚が「底突き」（訳注：圧力が抜けてピストンが完全に引っ込んでしまっていること）しているので至急原因を調べたほうがよいと進言してくれた。彼に手伝ってはくれないかと聞いたところ、彼らは30分もかからないうちに主脚を取り外し作業台の上に載せた。BAe社は、大至急私あてにハットフィールド工場から荷物を発送したので分解整備を完了する時間が無かったようだ。しかし新品のシールが取り付けてあったので、まず油圧作動油を注入して加圧してみたのだがうまくゆかなかった。私たちが作動油を上部から注入すると、すぐ下から流れ出した。分解してみるしかなかった。分解の結果、新しいシールは違う部品であることが明らかになった。また、シールパックが正しく組み立てられておらず、ある部品は上下逆に取り付けられているのがわかり、笑ってしまった。本来のシールをヨーロッパで見つけることができなかったので、ジョンはピラタス練習機の主脚を分解し、取り出したパーツを使うことに決めた（これらは、発送される直前まで使用されていたもので、したがって状態は最良であった）。内部が多少違うことがわかったが、2つのシールパックを組み込んでみて、

主脚をすぐに検査装置で調べた。この不慣れな場所で、私はできる限り手助けをしようと努めたが、ときどき仕事を中断させるだけになってしまった。

片脚に少々問題が生じ、ジョンはもう一度分解することを決めた。隣の作業場に持って行かなくてはならなかった。かなり重いので、私は掴みかたを変えようと床で支えた。愚かにも私は、脚の圧力が抜かれていたのを忘れ外筒とピストンを連結する鋏のようになっているトルク・リンクの間に手を入れていた。それは電光のような速さで縮み、私の指を挟んだ。あまりの痛みで動けば苦痛が増すだけだった。私の叫び声を聞いて、ジョンはすぐ助けにきた。彼は私のありさまを信じられぬ様子で見つめた。指の１本は、一週間感覚がないままだったが(今でもいちばん力の加わった部分がわかる痕が残っている)、良い教訓になった。整備の仕事に加わることになっても、私はもっと慎重になるに違いない。何にせよ、機体を損傷することになっていたかもしれないのだから。

主脚は２本とも作業を再開してから数週間の内に取り付けられたが、尾輪を再度取り付けるまでには数か月を要した。両方の脚ができあがった直後に点検をしたが、取り付けに必要な新品のボルトが数本、フィルトンで製造中であった。スイスから受け取った主車輪はすばらしい状態だったが、タイヤはすり切れており、私はさらに適当な代替品を探さなくてはならなかった。

油圧作業場のジョンの代理、デーブ・ワトソン軍曹は、その間にドレーガーヴェルク社から提供された新しい酸素システムを調査することにした。装置一式は部品の形で提供されたので、コクピット内の限られた区画に新型の装置を配列するための設計が必要であった。重要なことは、本物らしく見えるような方法で行わなくてはならないことである。レギュレーター、容量計、それに流量計はそれぞれ違う形の頑丈な合金板に取り付けられ、右下側壁面の目立つ特徴になっている。生きた酸素供給装置を取り付ける、もっともな理由を説明しなくてはならない。伝えられるところでは、一酸化炭素がコクピット内に侵入するという事態がかなり多く、「10639」自体もそうした可能性のある機体のひとつと考えられていた。本来の使えない装置を取り付けるよりもむしろ、私は機体を適正に艤装しなければならないと決意した。これは、私が明言した正確な復元にもとることは認めるが、Bf109の飛行経歴の最終時点では真正の装備を取り付けるつもりである。

ジョンは熱心に残りの油圧部品を棚からひとつひとつ取り出しては整備し、さらにウェセックスの作業の合間に部下も参加させた。これは、いくつかの部品その他を大急ぎで製作する要求が発令され、たびたび中断させられた。こんないらいらさせられる日には、私は、自分の職務である"一等掃除士"に戻ることにした。

私は賑わう格納庫の真ん中にいたので、通りすがりの興味を持った人たちと雑談するのが常となった。このような交歓はいつも数分で終わった。だがひとつはさらに日常の出来事に発展した。ある若い伍長が構造修理作業場の要員だと自己紹介したが、そこは都合のよいことに機体の近くに位置していた。彼が何か手伝えることはないかと尋ねたので、私は棚の上の手入れが必要な大量の部品類を調べてみてくれるよう提案した。彼が棚からラジエーター・フェアリングを選んだことに私は感心した。どちらもひどい状態で、腐蝕が深く進行し、構造はひじょうに複雑であった。イアン・メースンと私は適当な施設に恵まれなかったノーソールトでこれに取り組もうとしたが手を出せなかったのである。数週間後、最初の品が、オリジナル部品を組み込んだ実に精巧な複製品とでもいうべきものが私の元に返されてきた。それはすばらしい仕上がりで、ポール・ブラッカー伍長の手による数々の傑作の第１号となった。

自分の幸運が信じられなかった。ごく短い期間で私は２人のとても熱心な熟練工と、たびたび支援を受けることができ、何でも揃う親切な格納庫を手に入れたのだ。加えてある日曜日のこと、私はジョン・エルコムが入り口から歩いてくるのを見て大喜びした。ベンソン基地と彼のハロウの家との距離から、彼が作業を続けてくれようとは思いもよらなかったが、紛れもない彼本人がいて右主翼の仕上げを手伝おうとしていた。大歓迎であった。私は独力でやっかいなものに立ち向かい続けてきたが、少しばかりうんざりしていた。もうひとりの歓迎すべき帰還者はケビン・トーマスであった。３人が揃えば、ずっと以前に始めた作業を軽減することができた。残念ながら、ケビンはオルディハム基地での交替勤務と交通の問題で作業を続けることができなくなった。彼の車はBf109よりも手を掛けてやる必要がある代物だった。

A格納庫での最初の数か月はいろいろな出来事があり満足のゆくものだった。私が続けている援助要請の手紙の結果として、さまざまなゴムやゴムを貼り付けた材料が、前年に無線架台を作ってくれたダンロップ社から送られてきた。この援助で、私たちは間もなくシュトゥットガルトから送られてくるラジエーターを搭載できることになった。一通の手紙ではマルコム・タウズが、ピン、ケーブル・フック、それに補助翼のボルトを含む一連の複雑な小部品の製造を引き受けていることを紹介してくれた。

　ある晩、ランカシャーから家に電話があった。かけてきたのはブリティシュ・エアロスペース社ウォートン工場のアンディー・スチュワートで、私が雑誌に出したBf109の部品を求める訴えを読んだというものだった。雑誌のリストにあったものは何も提供できないが、手助けできることはないかと聞いてきた。恥ずかしいことに私が口にした言葉は、私はなんでも揃っているがとにかくありがとう、であった。私は、それから数日のうちに支援を求める電話をかけたが、彼はしっかりと支援してくれ、そしてなおも続けてくれている。

　私はロチェスターのマルコーニ社（すぐにGEC社となった）にコクピット計器類を送ったところ、使用できる状態にできるかどうか、あらゆる点で予備検査すると申し出てくれた。問題はそれらを取り付ける計器板がないことだった。私はアーヘンのエルマー・ヴィルチェクからもらった設計図を持っていた。アンディの手を煩わせてよいものか悩んだ。これはささい

ひどく腐食したラジエーター・フェアリング内部。

ブラッカーの手で再生されたフェアリングに新しいラジエーターが組み込まれた。

な頼みというような代物ではない。少し前に私は、この手の製品を専門とするシェフィールドのある会社に、計器板2個と配電盤およびカバーの製造を依頼するつもりで折衝したことがあった。最初は進んでエルマーの図面を見てくれたが、実際に作るとなると1983年当時で1,400ポンドの費用がかかることがわかった。この会社は申し訳なさそうに辞退したのである。

私はアンディからも同じ答が返ってくるであろうと予想したが、白状すると彼の粘り強さと技量を計算に入れていた。自信を持って彼は、私のために計器板の製作を開始した。アンディの助けを借り大きな問題を凌ぐことができたが、問題のすべてを避けることはできなかった。

22年前、Bf109がワティシャム基地に到着したときには計器板類は完備していた。私はライネム基地で、すべて無くなっていることを見て驚き、調査を開始した。ついに当時、機体の仕事に携わっていた人間のひとりを突き止めた。何が起きたかを尋ねたところ、彼は当時、ドイツの計器を取り付けるつもりはなく「われわれはそれをゴミ箱行きとした。みな、ゴミ捨て場に捨てた。」と告げた。私は答を聞いて引き下がった。イアン・メースンが電話中に私といっしょにいたが、彼は私の顔に怒りと不信が入り混じっていたのを思い出すことができるという。その後、ワティシャムに探してくれるよう頼んだが、残念ながら何も見つからなかった。私にはこの不幸な出来事に加わった人々の感覚が理解できない。希少な飛行機の管理を任されて、その装備品を破棄することに何ら良心の呵責を感じなかったことは明らかだった。安全に保存できたにもかかわらず……本当に簡単な仕事なのに。

計器板の製造に長くかかることはわかっていたが、アンディと私はどれだけかかるかは想定できなかった。すぐに作業は開始されたが、私たちはBAe社がBBMF向けにスピットファイアPR19を飛行状態に再生することを引き受けたことを知った。その機がウォートン工場に到着したとき、私の小部品(その他諸々)の作業は終わりとなった。それが手に入るまでに、まるまる3年かかった。この期間、スピットファイアの話題は避けるようになってしまっていた。

いっぽう、私はついに、主翼取り付けピン用に合ったベアリングを見つけた。サイズの合うものはもう製造されておらず、これらは、主桁の中心部の耳状の突出部と、桁を受ける部分に圧入されている。主翼はそれぞれ、これら外郭ベアリングを通る太い2本のピンでしっかりと取り付けられる。左主翼は、ピトー・システムと補助翼が取り付けられ、完成し、私は、取り付けを行うときがきたと決断した。ジョンは、ある日の午後、数人の参加者を編成し、私たちは重い主翼を、胴体に注意深く運んで行った。はじめ、私は翼の上反角(前方から見たときの翼が上に反りあがった角度)を少な目に見積もっていた。数分間、文句も言わず、動かしてみたがうまく行かず、みんなの力も尽きかけていたので、このままでは、事故になる危険があった。やっかいな荷物はすぐ架台に戻された。主ピンが差し込まれるまでに、さらに数回ためす必要があった。私はまだ翼を取り付けた機体を見たことがなかったので、私にとっては、すばらしい瞬間であった。

右翼は、そのときには、取り付けできるまで十分に、はかどってはいなかった。一例をあげれば、ジョンとポールは、下面のパネルの一つをかき傷のため交換しなければならないと決定した。再製作するにはもっとも難しい部品だったが、彼らは余暇時間を費やして最善の努力をした。新しい外板をリベット止めしているのを見ていると、清掃に過ごした日々が思い出された。その同じ小さな片隅は、同じような小さな孔からしか届かなかった。そのパネルは、実際には、両翼のうち唯一交換された外板で、いくつかの小さな修理をのぞけば、全体に最良の状態だったことを証明している。その後、プライマーを塗布し、私たちは2枚目の翼を手こずりながら取り付けた。

メッサーシュミット機は、急速に形になってきており、私たちのプロジェクトが成功裡に終結の方向に歩みつつあることに、私は満足と確信を感じていた。その上私は、イアン・メースンが古巣に戻りつつあることを聞き幸せであった。伝統的に、軍人は、退役前に最後の任地を選ぶことを許されており、イアンはベンソン行きを願い出た。これが認可されただけでなく、新たな任務は彼を私たちの格納庫内の、機体からわずか数フィート先に配属した。着任した日に彼は、新しい圧力計器の配管を取り付けようとして、胴体の下に腹ばいになっている私を見つけた。彼の挨拶は、おなじみの手厳しい指摘であった。彼が戻ったことはすばらしいことだった。

71

彼はすぐ仕事にかかった。ラジエーター・フラップを右翼に取り付けた後で、問題が見つかった。それをプレーン・フラップに合わせようと調整を試みたがすべて失敗だった。再製作した上半分は不正確で、私たちはもう一度作り直すことにした。それだけではなく、プレーン・フラップ自体も、プロジェクト以前に再生されたことが明らかで、ひどく変形していた。初めてではないが、私たちは一歩前進二歩後退といったような、気の滅入る事柄を見つけてしまった。くじけることなくチームは両方ともリベットを打ち直した。ラジエーター・フラップは、外板を少々手直しする必要があり、かなりてこずらされた。プレーン・フラップの方は、かなり容易であった。剥いで見ると、以前の仕事は、素人じみたものであることがわかった。特にポールは、彼の同業が、こんなひどいへまをしでかしていたことにいらだっていた。

グスタフは、また、飛行機らしく見えるようになった。私は、なしとげた進み具合を、誇らしく思った。私は、プロペラが、いつドイツから戻ってくるのか気がかりであった。私がそれを見たのは10年前で、ランカシャーのロストックにある、ブリティッシュ・エアロスペース・ダイナミックス社から発送されたときが最後だった。機体の、他のあらゆる部品同様、私は適切なマニュアル(この場合L.Dv.514)を探さなくてはならなかった。プロペラをオーバーホールできるようにするには、必要不可欠な文書であった。運悪く、それを探し出すことができないでいたので、長い間BAe社に、このことを告げ続けなくてはならなかった。私はどうにか、それ自体ドイツから手に入れた、VDMプロペラのフィンランド語訳の書類を手配できたが、これも、戦時中のファーンボロウの報告書も、充分に詳細な情報は盛られていなかった。何年もの間、私はプロペラの状態に関する矛盾する報告を、明らかに異なる人たちから受け取っていた。最初の検査では、各ブレードには、明らかに少し腐食による損傷があり、ベアリングがいくつか、ハブからなくなって

大部分が再組み立てされた状態。右翼端部と尾翼各舵面がまだ取り付けられていない（もちろん機首も）。

いることがわかっていた。分解した後で、これら検査結果は確認された他、各ブレードの先端がやや曲がっていることもわかった。それでもなお、適切な技術情報から読みとれたのは、プロペラは使用可能にできるとの感触であった。

その後の手紙で、厳しい運用限度を適用した場合、使用に耐えるプロペラを送り返せるかどうか疑いが深まったことを知らされ、私はかわりを探すよう促された。国内で、他のものといえば、ヘンドンのBf110G-4に装着されているだけだが、状態が悪いことを知っていたので、私は、この面からも、修復にわずかな望みをつなげた。一通の手紙を受け取ってから、送られた後プロペラがどうなったのか不審に思いはじめた。それには、工場ではブレードをほとんど奇跡的にまっすぐにし、「広範囲にわたる腐食」を取り除いたが、飛行できるまでに戻す望みはない、と述べていた。手紙には、かなりの曲がりと、腐食のあるブレード3枚の大きな写真が添えてあった。胴体着陸、むしろ不時着水した機体にふさわしい壊れ具合であることは明白であった。私は、勿論、これらは、私が送ったブレードではないと抗議したが、本物の安否が気がかりだった。その直後、長たらしい文書がおりかえし届き、英国航空局に合った基準で作業できるように、詳細な技術情報を要求してきた。また、BAe社は、英国と米国のものには経験があるが、ドイツ製をオーバーホールしたことはない。だから、もうこれ以上支援できそうにもないと告げてきた。

私はドイツに方向転換した。ホフマン・プロペラ工業は、複合木材ブレードの専門業者であった。それらのいくつかはBBMFが使用しており、さらに興味深いのは、メッサーシュミット・ベルコウ・ブローム社が飛行させている、イスパノHA1112/Me109Gハイブリッド機に搭載されていることである。(基本的には、ロールス-ロイス・マーリンを動力とする、スペイン製のBf109に、MBB社は、DB605Dを組み込んで再生するよう委託された。新たに製作した部品のほとんどは、正確な形状ではなく、できのいい改造とは思えないと言わざるをえない。1982年4月に初飛行したが、翌年の7月に、劇的な様相で経歴を閉じた。離陸中に、機体が横にそれ、トラクターとブラスト・フェンスにぶつかって停止した。同機は登録抹消となったが、他のイスパノ機がフランスから購入され、今度は、私が見ても正確であり、元がスペイン製とわかるものはわずかしかない)。

私は、ドイツなら、VDM製品を救うのに必要な専門技術を持っていると期待していたが、丁寧な返事には、営業部長が、私に複合材ブレード3枚を依頼することを考えてはどうかと提案してきた。定価(当時で)は、ブレード一枚につき、1,000ポンドであった。私がそんな金額を集められるチャンスはほとんどなかった。

まず浮かんだアイデアは、またダウティ・ロートルだったが、私は正直いって、なにも同社が援助できないことを再確認することはないと思った。ところが、返事は、警戒してはいたが、否定的ではなく、検査が終わっているのかをたずね、彼らの技師がロストックでプロペラを検査する許可を求めるものであった。数日後、検査は終了し、チェルトナムに輸送するよう手配され、使用可能に戻す見通しがついた。

何か月か後、アンディ・スチュワートから、MBB社の仲間の一人が、ローゼンハイムのホフマン社を訪れたとき、私のプロペラが作業中だったのを見たと知らされ好奇心をそそられた。チェルトナムに電話したところ、非常に驚いたことに実際にドイツにあることがわかった。ダウティ社は、ホフマン社と提携しており、プロペラはそのまま彼らの手に渡されたのだった。

何か月か後、作業が終わり、ロールス-ロイス社が、同社のドイツとのトラック定期便で回収することを引き受けてくれた。私たちは、大きな三角形の箱を卸し、ふたを開けてみた。そこに現れたのは、完璧としかいいようのないプロペラそのものであった。ホフマン社はその上、正しくドイツ空軍規格のシュヴァルツグリュン(黒緑色)に塗装していた。よく考えてみると、私は感謝の気持ちを十分に表すことができたとは思えないが、親切で思いやりあふれる会社が授けてくれた奉仕の最高の手本であった。

その反対の例は、コクピット用に、色分けした小さなノブ2個の製作を引き受けた、マンスフィールドのある会社を引き合いに出すことができる。数年たってから(!)「会社の再編成のため」やはり、手伝えないと告げられ、色あせてしまった、私の図面が送り返されてきた。

プロペラは、エンジンが手に入るまで、特製の箱にしまったままにすることになった。だが、その間にも、私た

ちには、やらなくてはならない仕事が山ほどあった。ジョンは、驚くような進みようで、油圧システムをほとんど全部取り付けるほどにまでなしとげていた。胴体の前方隔壁下側に、エンジン冷却システムに挿入された大きなハウジングがあった。この中に、主に真鍮でできた、サーモスタットがあった。私たちはそれを検査し、機能していないことを見つけた。分解しなくてはならなかった。言うのは簡単だが、簡単というにはほど遠いとわかった。

私たちは目にしたかぎりのスクリューと位置決めキーを取り外したが、まだボディーを切り離すことができなかった。残りの障害はあきらかにハンダであったので、基地の作業場を通り抜けて行き、職長に、炎であぶって溶かしてくれるよう頼んだ。一分ぐらいしたとき、ものすごい爆発音とともにサーモスタットが分離し、作業場中に飛び散ったのだ。運良く、誰もか怪我しなかったが、部品を全部拾い集めるのに時間がかかった。爆発の原因は、内部を調べて明らかになった。さしこみ部分の底に、少量の透明な液体が残っていた。明らかに不燃性だが、急激に加えられた熱にはなじまなかったようだ。作動しなかった原因は、ステンレス・スチールの細い軸のひどい錆だった。マルコム・タウズにもう一つ仕事ができた。

またもや、請願の手紙を英国の会社に送るはめになったが、この場合は、ヘメル・ハンプシュテッドのネグレッティ・アビエーション社にであった。引退直前の、アーサー・グラッディングが虐待されたサーモスタットを直すのに無償奉仕してくれた。(その作動

吹き飛んだサーモスタットを分解。小さく複雑な装置であった。

には欠かせない)適当なカプセルが見つかり、組み立てた後、返却される前にテストが行なわれた。新しい細軸を取り付けて、サーモスタットがハウジングに差し込まれ、油圧システムが完成した。

フォークランド戦争のおかげで、私たちの燃料システムの仕事は、ウォルバーハンプトンでまだ棚上げになったままだった。イアンと私がそれを送り届けてから2年経過し、胴体は、防弾板を取り付けて、タンク区画壁のまわりに合板を張ったあと、取り付けできる状態になったので、私はそれを取り戻すことに決めた。

残念ながら、いなくなっていた間、ほとんどなにも行われていなかった。私が、破損するおそれがあるので、タンクをしっかり保持しておかなくてはならないと、はっきり説明していたにもかかわらず、私たちは、自重でつぶれるままになっていたのには驚いた。その上さらに、ゴムの基部が濡れた場所に置かれていた形跡が明らかだった。感心しないが、私たちは、配管が取り付けられてしまってはいたものの、内部を点検することにした。それが間違って組み立てられ、継ぎ手もまったく安全線が取り付けられていな

いことも見つかった。もっとひどいことに、タンクの底は、金属屑で覆われ、折れたドリルの先まで発見された。2年間、放置されていたのだった。

2週間以内に、タンクは取り付けるばかりになったが、もう一つ問題が残されていた。私たちは、それを正しい形状に回復できなかったので、その結果、長い燃料ポンプ、計量棒、それに油量送信器を取り付けることができなかった。したがって、私たちは、タンクを不完全なまま取り付け、重量をかけることによって、形状が回復するよう望みを託すしかなかった。ある程度うまくいったが、完璧に仕上げるには、もう少し、しっかりと手を加える必要があった。タンクの両側にホースを取り付けるのは、まさに技量と粘り強さをためされるものであった。ポールは、彼がいつもそうしていたように、妙な叫び声を上げそうになったし、ジョン、イアンそれに私は、ほとんど身動きができなくなった！その後で、プレッシー社により、立派にオーバーホールされた燃料ポンプや、他の装備品が取り付けられた。機体の燃料システムは完成した。

燃料タンクが設置されたので、チームは胴体下面のパネルに取りかかっ

ベンソンで組み立てた後のゴム製燃料タンク。まだ正しい形状に戻っていない。頂部のポンプは未取り付けである。

腹側下面。冷却液遮断弁2個と燃料フィルターが、かなり密集した場所に取り付けられている。

た。前述のとおり、私が手配したフィンランドとの間の交換取り引きにより、大戦以後紛失した数枚のパネルを取得した。それらは、ティッカコスキで展示してあるBf109G-6のものを複製したものだった。パネルの1枚は、10639号機に取り付けできなかったので、完全に作り直しとなったが、フィンランドの友人が提供できなかったため、ザズ・ファスナー（訳注：1/4回転するだけで着脱できるネジ、整備用脱着式パネルに使用する）2個がなかった。すばらしい運命の気まぐれによって、私は、古い知り合いのディック・メルトンに、数週間前、グスタフのフラップ作動機構を調べさせてくれるよう頼まれていた。彼は、当時イスパノ機を再生中であったが、何らかの理由で、システム全体がなくなってしまっていた。何時間か観察し、計測し、質問をした後、彼は何かおかえしができるかとたずねた。ポールが、行き詰まっていたファスナーのことを話したところ、ディックは後でいくつかを提供してくれた。あきらかに、他の109の部品ではではないが、ピラタスP-2に使われていたもので、彼はそのようなマシンの1機を維持するために、予備品を持っていたのだった。

　フィンランドから届くはずの最後のパネルは、2枚の長い板片で、主翼と胴体との間の上面を整形するものだった。これを提供してもらうことは、マーリン・エンジンとの交換で取り決められていた。私は、フィンランド空軍内部の人事異動のため、交換取り決めなど何も知らない、ある将校と通信連絡するようになったことを知った。何か月にもわたり、沢山の手紙をやりとり

した後、彼はついに私の申し立てが正当であることを確認することができ、フェアリングの製作を始めさせた。博物館で作るには複雑すぎたので、彼は、国有航空機製造会社ヴァルメの助けを借りた。完成したパネルは、まるで純正品のように見えた。

エンジンが戻った

1987年の秋になって、私はジョン・ランベロウからエンジンが間もなく完成するという知らせをひっきりなしに受けるようになり、ベンソン・チームはカウリングに注意を向けるようになった。上側の2枚はノーソールト時代のチームによってすでに修理を完了していたが、キャッチ(止め金)は、長年手荒く扱われていた形跡があり、さらに手を加える必要があった。新しいヒンジ・ピン(蝶番の心棒)が手に入り、両方のパネルには耐熱耐油性のゴムシールが取り付けられた。

下側のカウルも数年前に手入れされていた。このときは、RAFバイスター基地の第17整備部隊員によって、潤滑油冷却器を内蔵するフェアリング外皮に生じた裂け目が溶接された。これを完成するには、ダンロップ社が私たちのために製造した張り合わせゴムを所定の長さに切って取り付けるだけだったが、ゴールにはほど遠かった。重い冷却器を抱える大きなカウルは右縁がヒンジ(蝶番)になっており、そのヒンジの片方には、品質のよくない鋼でできた長いチャンネル材(訳註：断面をコの字形折り曲げて作った部材)が造り付けになっている。これが、排気管を固定する24本のスタッド(植え込みボルト)にはめ込まれ、エンジンに取り付けられる。このチャンネル材とその組み合せ部品とは、錆が強度部材にまで進行し質が低下していた。ジョン・エルコムと私は、こびりついた汚れをきれいにし(たくさんあった)、それから紙ヤスリで細部の錆を取り除いた。もっとも劣化した部分をきっちり割り出すと、ジョン・ディクソンは修理方法を決め、悪い場所を切り取って取り替え用部品を作った。次は通いなれた通路を通って基地の作業場に行き、ていねいに溶接してくれるよう依頼することだった。私には援助を要求する権限がないので、またもや正規の作業の空きを待たねばならず、私たちのパネルは何週間も棚で寝ることになった。次にそこの責任者の曹長に会ったとき、私は心からそれが急いで必要であることを告げる理由ができた。エンジンが到着したのだ。

1988年2月の初め、ロールス-ロイスのトラックが巨大な黄色い箱を積んで到着した。DB605は大きなエンジンだが、私の記憶ではそれほどまでに大きくはなかった。事の真相は、フィルトンではもっと小さな輸送箱が見つからなかったので、やむをえずベクタード・スラスト方式のペガサス・エンジン用(編注：ハリアーに使用されるもの)に設計されたものを使用したからである。フォークリフトで格納庫に運び入れ、すぐ掛け金を懸命になって外し蓋を持ち上げた。箱の中ではポリエチレンで包まれたエンジンが輝きをはなっていた。新品以上にすばらしく、本当に息を呑む眺めであった。

私はジョンやロジャー・スレードと、彼らがベンソン基地を訪れることができるようになるまで、私たちはエンジンを取り付けないことに同意した。当日の日曜日、息子のグレームとともに約束の時間に到着すると、驚いたことに、ジョン、ロジャー、それに数人の軍・民の物見高い見物人を交えてチームはもう待ちかまえていた。彼らの何人が、苦難にみちた私たちのめざす仕事がどんなものかわかっていただろうか。私はべつに、観客がいなくても作業はできたのに。エンジンはもう包みを解かれており、私たちはそれを機体に組み込む準備を整えた。整理してもスペースが限られるために、エンジンを動かす方法は格納庫の天井付近に組み込んだウインチを使うしかなかった。そのため、私たちは機体のほうを動かして近づけ、さらに尾部を持ち上げてちょうどいい姿勢にもっていった。あるいは、私たちは尾部をちょうどいい姿勢にしようとしたといったほうが正確かもしれない。

機体はエンジンが付いていないので、主脚で立った状態ではひじょうにテイル・ヘビーとなる。そればかりではなく、ダイムラー-ベンツ倒立エンジンの低い推力線は、水平飛行時に機首にくらべて尾部が高くなることを意味する。格納庫内で水平状態を再現するため、私たちは危険な状態になるまで尾部を高く持ち上げなくてはならなかった。その間に他方では、ジョンとポールがエンジン後部区画に、MG151機関砲装備用の機構をもつ重いフレームをボルト止めしていた。するとどうだろう。フレームが付くと途端に重心位置は驚くほど変わり、全体に尾部を低くできた。そのとき私たちは、尾部を持ち上げようととほうもなく時間を無駄にしていたことに気が付い

フィルトン工場で復元完成間近のDB605A。ツイン・カムシャフトが見えている。

た。ひとしきり、私たちみんなの必要なかった努力をなぐさめあう苦笑いと悪態が続いたが、私たちはついに、私たちのすてきなエンジンを取り付ける用意ができた。

驚くほどのことではないが、エンジン架は検査のため分解されていたので、私たちは、耳金具が間違って調節されていたことを見つけた。重いかたまりを押し引きして、何度か調整を行った。壊さないように、その都度極端にゆっくりと、慎重に動かした。終わるまでに、何時間もかかったので、その最中に野次馬はほとんど消えてしまったが、おそらく退屈してしまったのであろう。個人的には、気の毒と思わなかったが。

ようやく午後遅くなって、4本のピン全部がさし込まれて固定され、私たちはへとへとになってホイスト（起重機）をどけた。私たちは胴体後部に重しを乗せておいたが、重さが十分ではないかもしれないと心配であった。胴体が「尾部上げ」姿勢では（最初ほど高くはないが）エンジンの重量が大きすぎることがわかり、私はひどい事故を避けることができるか疑問であった。しかし、計算が妥当であったので機体はそのまましっかりとふんばっていた。15年目にして初めて、エンジンはあるべき場所に戻った。

イアンと私だけは1972年当時の機体と、様子の変わり具合を見くらべることができた。ライネムではエンジンは薄汚くてオイルと保存油の汚い混合物に覆われ、胴体は傷だらけで塗装が雑に塗りたくられていた。私たちの目の前の光景は、1942年当時のメッサーシュミット社の生産ラインから持ってきたもののように思われた。意外ではないが、DB605が突然加わったことにより外観は著しく変わり、飛行機は何日もの間注目の的となった。私は、格納庫のスタッフの反応から、彼らがプロジェクトの成功を疑っているという印象を受けていたが、エンジンがそのすべてを変えた。

ロジャー・スレードとラッセル・ストークス（彼のフィルトンの助手）は何か月もの間、エンジンを小さな小屋からどけるよう迫られていた。経費削減対策としてロールス社は、暖房費等を減らすため作業場を閉鎖したがっていたと思われる。その結果、本業外の仕事の多くは完成しないままであった。もっとも目立ったのは、外部配管のほとんどが紛失していたことである。多種多様な太さのゴムホースと合金のチューブから構成されるが、ホースそれぞれに合った材料が、さまざまな供給源から寄贈を受けていたのであまり問題はなかった。簡単なことで、予備部品マニュアルに書いてある長さに切り合金製の継ぎ手を端末に取り付けるだけだった。だが、場合によっては試行錯誤もあった。いくつかは記載されている長さでは短すぎたし、極端な場合はとてつもなく長すぎた。まったく別の話なのは合金チューブであった。ずっと以前に私は、ヘメル・ハンプシュテッドのアビカ社を説得して、主翼の

非常に美しいできばえのDB605。吊り上げ用具が取り付けられ、機体への装着を待つ。

数時間かけてエンジンが取り付けられた。

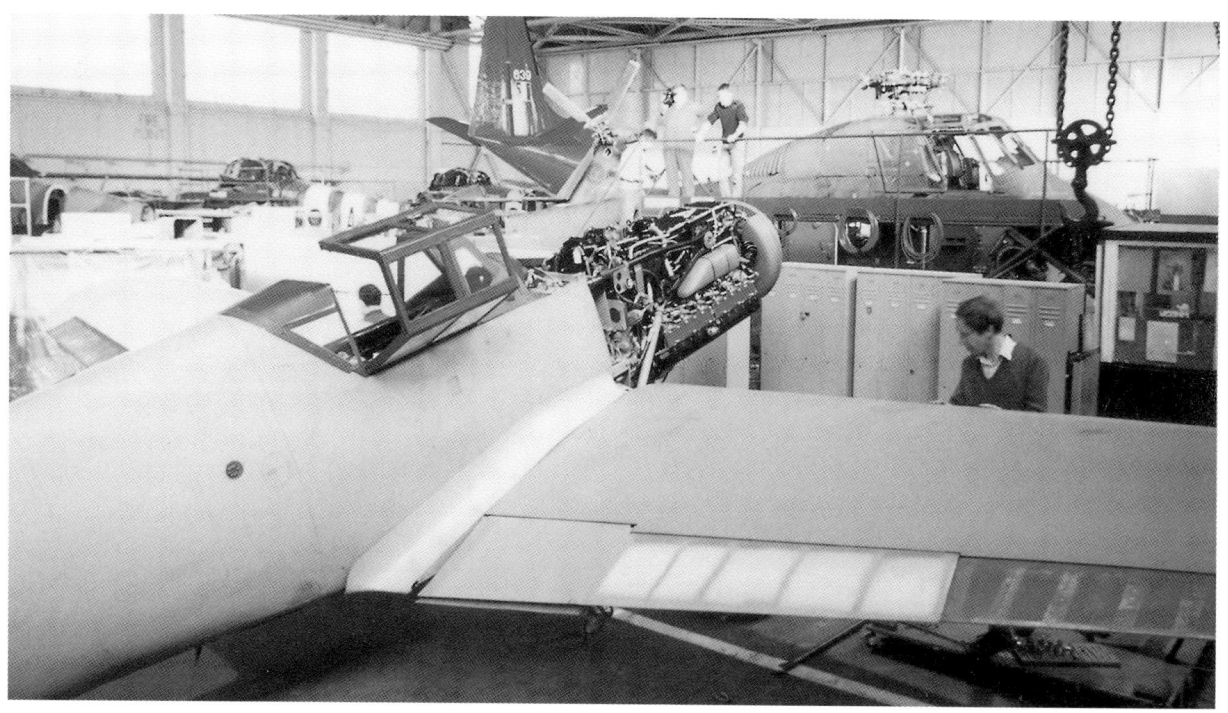

ラジエーター用の大きな内径のパイプを数本製造してもらった。元の部品は紛失していたり、何年もの間繰り返し行われた分解作業により破損していたのだった。彼らを2度もあてにするのは厚かましいし、またむこうとしてもこれ以上援助できそうもなかった。

この分野で積極的に支援してくれそうな専門家を見つけることができなかったので、もう一度アンディ・スチュワートに頼むことにした。新しいパイプは正確な位置に収まらなくてはならない。どんなピストン・エンジンでも同じだが、カウリングが寸法ぎりぎりのためクリアランスはわずかしかない。したがって私が少しでも間違いを犯せば、アンディの仕事がさらに増えることになる。何週間もかけてエンジンの写真を徹底的に研究し、個々のパイプの取り付け方を検討した。私は太い銅線を使って、それぞれの配管経路を写し取ることに決めた。かなりの成功率で成果は得られたが、難しい手法だった。銅線の片端がほんのわずかねじれただけでも、反対側の端では大きな狂いが生じてしまう。場合によっては短い銅線一本を整形するために数人の手が必要になることさえあった。エンジン前部の複雑なパイプの何本かは、満足に取り付けができるまで、ベンソン基地とブリストルのロジャー・スレードの作業台との間を数往復した。

私が新たに合金パイプ配管の「設計」を行っている間に、ゴムホースは手早く組み立てられ、仲間の手で取り付けられていった。いささか不公平のように思えた。私は何時間もかけて銅線を曲げているというのに、かたや他のメンバーはまるで最初から棚に置いてあったかのようにホースを取り付けていた。アンディの迅速な骨折りはありがたかった。エンジンにはすぐに足りなかった外部装備品が取り付けられ、私たちはカウリングの取り付けを開始した。まず、重い冷却器を内蔵した下部カウルが取り付けられ、次いで環状オイル・タンクを覆う、上下半分ずつになっている前部カウルが取り付けられた。物事は実に順調に進行したが、それもRAFの人事システムの邪魔が入るまでだった。新任の曹長が格納庫に着任し、いつものことだがすぐに編成替えを発令した。最初の移動はかなりショックだった。彼は格納庫内の先任下士官であるジョンを油圧作業場からお払い箱にし、ウェセックス・ヘリの分解整備班のひとつに監督として、除隊前の数週間従事していたイアンとの交替として移動させた。彼は夜勤でヘリコプターにひどく手を取られることになり、Bf109は後回しにせざるを得なくなった。2番目の変化は私たち自身におよんだが、これは格納庫自体の大幅な模様替えであった。機体は隅のほうに移動させられたが、唯一の利点はジョンにより近づいたことだった。2度あることは3度あるといわれている。そのときの私たちの3度目は、ポールがバリー・シーン（訳注：1970〜80年代の英国のオートバイGPレーサー。2度の大事故から復帰した）もどきを演じてしまったことだ。愛車のオートバイでコーナーを回っていたとき、道路の荒れた補修部に当たり愛車から離れ、かなりのスピードで飛ばされた。彼は片腕を4カ所折ってしまった。

ジョンは、勤務日のほとんどが新しい仕事で占められていることがわかった。私には、使い古しのウェセックスを分解整備するのに課せられた期限にしては、ばかげた短さに思えた。彼の

エンジンを下から捉えたもの。この写真は復元時に大いに役立った。

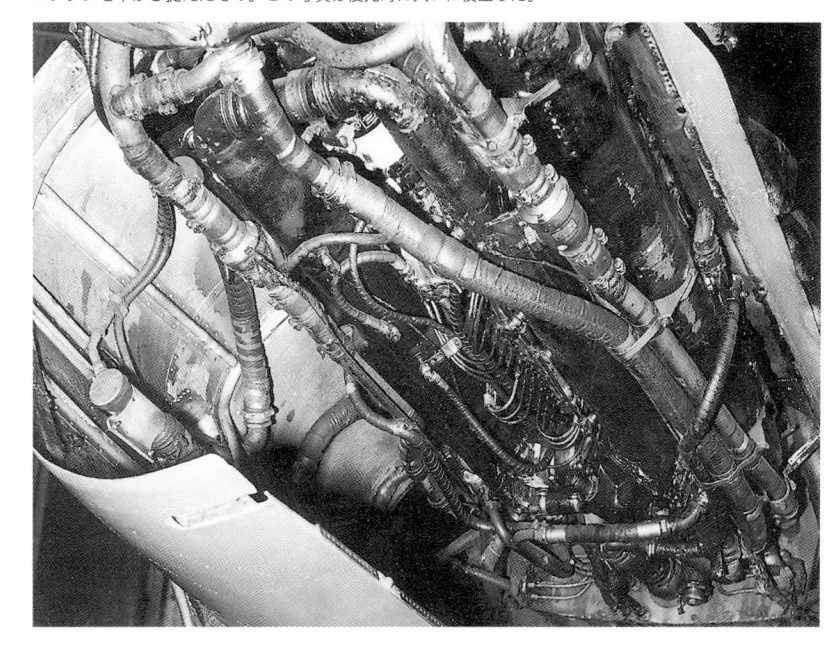

油圧ホースが何本か取り付けられる。エンジンを完成させるための作業は続く。

仕事は時間との闘いに終始した。私がベンソン基地に行ける日に、彼が参加してくれるあてはもう無かった。事実、私が彼に会うのは短い休憩時間と昼食時だけになった。何かRAFの機嫌を損ねるようなことをしたのだろうかと私はいぶかった。これに加えて、怪我が回復するまでポールを失うことになった。彼は時折り姿を見せてはいるが、事故の初日にうちひしがれた弱々しい様子を見てびっくりしたものだった。

ともあれ、コクピット内の仕事を進めるにはいい時期だった。何年にもわたりプロジェクトでもっとも足りない「日用品」の一つは、気の置けない電気技術者の助っ人であった。ノーソールトでは、ピート・ヘイワードが引き受けてくれたが除隊して民間人になる前であり、復元の手伝いはできなかった。私たちの大部分にとっては電気は神秘そのものであった。専門家を探さなくてはならなかった。幸運にもエリック・フェイスフルという名の男が、可能な限り手伝うと申し出てくれた。彼ははやくから、支援してくれるよう丸め込まれていた。私たちは右翼にピトー・システム、ペーター・ノルテがドイツで入手してくれたピトー・ヘッドを組み込み、差し込んだ。彼だけが格納庫内でそれを試験できる資格をもつ人間であったため、私はやむを得ず彼に時間を作ってくれるよう頼み込んだが、快く引き受けてくれた。システムは取り付けたときから、漏れのひどいことが判明し、エンジンで進行中の作業が優先するためしばらく中断することになった。

コクピット内に取り付けられた電線類は、エンジンや計器用のものだった。それらはすべてコクピット右内側壁に位置する配電盤のターミナルからそれぞれ配線されていた。元の部品は、前述の通りワティシャム基地で「廃棄」されていたが、かなり複雑な装置であり、私はそれを複製できると楽観してはいなかった。私はその写真をたくさん持っていたが、ほとんどは目的にかなうものでなかった。明快な解決策は配電盤を借りて複製することだが、現実的ではなかった。機体から取り外すのは大仕事なので、博物館がそのような

（上）サンプ・カバーが外され、クランクシャフトやバランス・ウエイトが見て取れる。
（下）一部分解したエンジン。右シリンダー・バンクが外され、大きなピストンが見えている。

81

（左上）ポール・ブラッカーがエンジン底部の作業中。プロペラ減速機構は取り外されている。
（右上）プロペラ減速機構の内側。歯車が見えている。
（下）偉大なDB605のすばらしいながめ。車輪サイズの注意書きが主翼前縁にはっきりと読みとれる。

（上）スターターを回すポール。左側でイアン・メースンが車輪止めを外すために待機。
（左下）力強い VDM プロペラ。夕日を浴びている。
（右下）プロペラを取り付けるポール・ブラッカーとイアン・メースン。一部後ろで見えないのはハワード・クック。

写真撮影のため陽光の下に押し出された真新しい Bf109G。

マーキングをすべて描いた胴体右側。ブラック6だけの規格外部分も慎重に配慮して作業した。

離陸。飛行機はゆるんだ芝生を巻き上げ、左へそれつつある。方向舵が右へいっぱいに切られている。

Bf109Gの珍しいアングル。非対称になった方向舵が見える。

離陸経路の空中からの眺め。機は写真の上から下に通過した。滑り跡は右車輪によるが完全にロックしていたことを示し、いっぽう草の切れ跡はプロペラが地面を叩いた場所を示している。上側左に着地地点が見えるかもしれないが、くらべると、離陸進路の逸れは明瞭である。

敷き直された芝生。車輪がどれだけ深くめり込んだかがわかる。

レジは着陸帯を点検するため、低空航過を行った。

(上) 最高の日を終えて。左から右へ：ロジャー・スレード、グレーム・スナッデン、ボブ・キッチェナー、著者、イアン・メースン、レジ・ハラム、ポール・ブラッカー、ジョン・エルコム、ジョン・ディクソン、そしてクリス・スター。

(下) 黄色塗装の機首カウル下面によって、地上観測員からの識別は容易になった。

排気の汚れが右主翼付け根を一面に覆っている。
イギリス特有の靄の中でロジャーがエンジンを点検。3つの人影が尾翼で機体の重りを務めている。

きれいに仕上がった配電盤。サーキット・ブレーカー（電気回路遮断器）が見える。

支援を嫌がるのはわかっていた。しかし、おそらく図面や部品計測で手助けしてくれるよう依頼することはできたであろう。私がごく最近文通したフィンランド空軍博物館は、もはや協力を期待できないことははっきりわかっていた。彼らは、ハリケーンの備品を探しており、私が何か見つけてやれば交換条件ができるが、おそらくそのような希少な部品を見つけうる望みは無かった。

もうひとつの交渉先からは、助力を得られるかもしれないと感じられた。リチャード・ルッツは、カリフォルニア州チノにある、プレーンズ・オブ・フェーム博物館のエド・マロニーの航空機のいくつかの復元にかかわっていた。彼は以前、主にBf109G-10、W.Nr.611943の仕事から得られた情報を提供することで手助けしてくれた。この機体は、おそらくプロペラとスピナーを取り付けることができたら、いとも簡単に飛行可能に復元できたであろう。マロニーが飛行させたがってはいたものの、あまりにも多くの飛行機を手当しなくてはならないので、いつの日かの夢になってしまったと私は思っている。また脇道にそれてしまった。

チノの機体には配電盤があったので、私はリチャードに何カ所かの計測と情報提供を依頼した。できれば現物を借用したかったが、それは問題外であった。そのかわり、私は判明した詳細すべてをもとに配電盤を新造することに決めた。いつも通りにリチャードは頼みを聞き入れてくれたが、アーヘンの技術大学のエルマー・ヴィルチェクが完全な図面一式を貸してくれたので、依頼した細部情報は使われなかった。配電盤のすべてを描写するのに20平方フィート（1.9㎡）の大きさになる何枚もの図面が必要で、全部私のまわりの床に広げ、何時間もかけて理解しようとした。私は、以前支援してくれたいろいろな会社や人々に頼んでまわったが、実際にこれを応援してくれるほど血迷った人間を見つけることができなかった。アンディ・スチュワートが、フライト・リフューエリング社のジャック・グリーンなら取り組んでくれるかもしれないと教えてくれた。私は、もし彼が何を引き受けることになるかを知ったらどうだろうと不安になった。そうであろうとなかろうと、彼は作業に取りかかってくれた。彼の心意気に幸いあれ。

配電盤は、一連のサーキット・ブレーカー（回路遮断機）とターミナル・ブロック（端子盤）を取り付けた基盤からなっている。もっと小さい中央制御盤は他のサーキット・ブレーカー、照明用のレオスタット（加減抵抗器）それにピトー温度計を備えていた。上側には特徴のある形のカバーがあり、それを通してブレーカーのボタンがつき出ている。図面やジャック・グリーンが到着する以前に、私はヘンロウのRAF博物館倉庫でサーキット・ブレーカーを2本見つけていた。残りは、これもペーター・ノルテから届けられ、そのなかには戦時中のボール紙の箱に入っているものもあった。彼はまた未使用のレオスタットとピトー温度計もくれた。ターミナル・ブロックはカーディントンから届いた。ある日誰かが門の所にやってきて「誰かこれを利用してはくれまいか」と言って小さなボール箱いっぱいのドイツの電気部品を置いていったらしい。貴方様がどなたであれ、大いに感謝します。もっとあなたのような人がいればいいのに。

Bf109のサーキット・ブレーカー

は、ヒューズであると同時にスイッチの働きもする。必要な機能の電力を入れたり切ったりする。それらを適切に検査し試験してみることはきわめて重要だった。私は電子機器作業場を歩き回って協力者を探した。数週間後、電話でほとんどのものが使用可能であることを知らされた。驚くほどではなかったが、新しいパネルが出来上がるのに何か月もかかったが、配線する時が来たときに手に入った。しかしエリックはジョンのように、格納庫ではひじょうに必要とされる人物であったので、いつも数分間しか作業できなかった。複雑なドイツの配線図を理解しようとするなら集中して専念するべきである。私は、初めて公式に応援を受けることになった。

ありがたいことにRAFアビンドン基地が、2人の電気技術者を1週間派遣してくれた。この間に、ほとんどの配電盤は完了したが、完全にすべてではなかった。私はエリックの仕事の合間を待ち、そのときに専門家がやり残した配線を彼に完成してもらわねばならなくなった。ほとんどは正しかったが、少し間違いが見つかり、またもや全体をダブルチェックする間、一歩前進、二歩後退となった。エリックが配線図を詳細に調べている間、コクピットから洩れてくるぶつぶついう声は、ありがたいことによく聞き取れなかったが、おどろくほどイアン・メースンが仕事に没頭していたときを思い出させられた。だが、ボリュームは絞られていた。

私たちが、配電盤に行く配線の本数、長さ、種類を正しく挿入していたことを知り、ほっとした。コクピットの前方に向かうものを交換するのはあまり問題なかったが、コンパス（羅針儀）、無線、それにバッテリーに接続する後方からの配線は、燃料タンク区画を通っていた。このうちのどれかを交換するとなると、その都度、燃料タンクを取り外すはめになってしまうのだ。

あらゆる物事が、がっかりするほどゆっくりと進行した。この何か月かの間、メッサーシュミットは確実に再生されており、コクピットだけに細かな作業が残っていた。しかし突然、新チームは事実上、手を引かされてしまった。そのときの私のもうひとつの気がかりは、国防省が飛行機の将来を決めるにあたり混乱をきたしていることだった。もちろん私は、飛行可能にする目的でプロジェクトを開始したが、「所有者」が飛行を許可するという保証はなかった。私が思うに、ロンドンでは誰も私が成功するだろうとは思っていなかったが、最近の進み具合によって見解が変わったのであろう。

かけ引き

1989年は、プロジェクト全体を通じてもっとも不愉快な年だったが、哀れな話を述べる前に私がベンソン基地に到着した直後に起きた事件について語らねばなるまい。

私は、ホワイト・ホールの歴史的航空機委員会（HAC）委員長に、作業の進捗状況を綴った手紙を送った。数週間後、私に足枷をはめる返事を受け取った。それによれば、委員会の総会で討議が行われ機体を再び飛行可能にできないかもしれないことに失望した、と書いてあった。明らかなことは、ケント州のある会社がすでにスピットファイアの入っているマンストンの展示用の建物を拡張し、Bf109を収納したいと提案していたのだった。そのため、私が何らかの完成予定日を提示することができるかを求めていた。私は注意深く、自分の送った手紙を読んだが、どこにも作業を完成できないとは書いていなかった。すぐさま私は反論の手紙をタイプしたが、それ以上何の反応もなかった（実際には前述のHAC委員長はそんな計画が話し合われたことを否定した）。それにしても、誰が意地の悪い噂の出所だったのであろうか。

この突然の出来事のすぐあと、私は委員会の援助を再確認し、将来計画、特に耐空証明に合致させるための必要事項について話し合うためベンソンで会合をもつよう申し入れた。私たちは常にBf109はRAFが運航するとの前提で作業してきており、私たちの作業記録は軍の作業カードに記入してきたが、いっぽう、飛行許可証を英国民間航空局から求めなくてはならなくなる可能性も常にあった。理由はともかく、会合は実現しなかった。

時折送る報告書と国防省の受領通知以外に、公式にはこの2年間というも、大したことは起きなかった。非公式には、夥しい噂が立っていた。さまざまな筋から私たちの「愛し子」は売却されることになると聞いた。そのうえさらに、ある晩ポール・ブラッカーがなじみの宿屋を利用しようと立ち寄ったとき、古典機関係者と親戚筋にあたる婦人からBf109の入札が行われたらしいことを聞いた。これはなににも増して気のもめることであり、真偽を確かめるべきなのであろうが、単なる噂なの

か、あるいはこのとき山ほどあった他の何かなのか、私は真相を知ることができなかった。

新HAC委員長としてアプリヤード大佐が就任し、前任者の勧めにより会談を求めてきた。1987年初めに、私は彼を案内してまわった。このときはコスフォードのRAF航空宇宙博物館の館長レン・ウッドゲート、セント・アサンの歴史的航空機コレクション責任者、ポール・ブラインドレー中佐が同行していた。彼らの訪問目的は私の仕事の評価で、私は3人全員からお褒めの言葉を頂いて喜んだ。しかしながらポールは、この機は決して飛行を許可されないと確信しており、私はむしろ決意を堅くした。それにもかかわらず、私の作業は完全に飛行可能な機体を完成することだと知って、3人はみなそれが運航できるような方法を助言した。レンは、資金集めをするため初めは入場料を取って、コスフォードのRAF博物館で飛ばすよう提案した。機体を1シーズン飛行させて、可能性を見きわめるという案で、HACの討議に委ねることになった。

その後の6か月間、レンと私は接触を続けたが何も起こらなかった。その後、ポール・ブラインドレーから手紙を受け取ったが、HACは休止状態にあり歴史的航空機委員会の方針再検討は棚上げになっていることを表明していた（私はRAF博物館が新たにボマー・コマンド・ホールを建設するために手配した、膨大な借金を返済するための財政債務を充当することができなさそうなことに気がついたため、と思っている。そのためヘンドンでは大幅な変革が行われ、多くの古典機の処分にまではおよばなかったものの、セント・アサン・コレクションの移管が行われた）。

さらに6か月が経過した。私は、CAA（英国民間航空局）にかかわるべきか、気がかりであった。もし再組立が進みすぎていたなら、検査官が、検査のため何かを分解するよう命じる可能性が高そうだと考えていたが、これはできるだけ避けたかった。結論を急いでもらおうと、私は「コスフォード計画」を支援しているサー・パトリック・ハイン大将に手紙を送った。彼は兵站組織空軍幹部を統括し傘下にHACも包含していたので、翌月、ホワイト・ホールの彼の事務所の会合に出頭した。同席者は、空軍博物館館長のマイケル・フォップ博士、もうひとりはHAC委員長であった。

その日は驚きの連続であった。もっともびっくりしたのは、私が期待していた109を飛ばすという博物館の口約束とはかけ離れ、マイケルはこの考えをあきらめてしまったことは明らかだった。私に告げられた計画は、あいかわらず見込み無しで、博物館は展示品を飛ばすために作られたのではないということだった。チームと私は1年間、レン・ウッドゲートと連絡をとりコスフォードを訪問までして私たちの要求を話し合った。私たちは全員、計画に賛同し、Bf109を飛行させることはプロジェクトへの博物館からの援助に応えるものであるように思った。それが取り止めになったことがわかって大いに失望したが、何にも増して腹立たしいのは何か月も前から誰もあえて私たちに告げようとしなかったことだった。

会合の主要な目的は、空軍評議会が認可する前に飛行機を将来どのように運用するか新しく計画をたてて公式なものにすることとなった。サー・パトリックはBBMFで運用する意向だったが、いっぽう私はベンソンを基地として、独立することを計画していた。どちらも審査されることになった。

続いてBBMFの責任者でもある技術官僚を含む、戦闘航空団司令部の幕僚が飛行機を見に訪れた。BBMFの部隊自体はダイムラー-ベンツ・エンジンのような未知数の部分をもつメッサーシュミットを、編隊に加えたがってはいなかったようだ。そのうえにランカスター、スピットファイア、ハリケーンの飛行に用意される予算は乏しかった。Bf109を飛ばすことが追加されれば、おそらく帳尻を合わせるためにスピットファイア1機（たぶん新たに復元したPS915）を飛行停止とすることになるであろう。妥協案としては、私たちのチームの手でベンソンを基幹基地として、運用を継続することであった。しかし、私たちは整備面でBBMFの管理下に入ることになる。これについては私たちに異存はなかったが、それに付け加えられた冬期のオーバーホールはコニングスビー（訳注：リンカーンシャーにあるBBMFの所属基地）で行うという、私たち全員がそろってリンカーンシャーに移転することになる提案には誰も納得できなかった。プラン全体を支持するいっぽう、この最後の項目には私たちの強い反対を表明した。後ほど私は最終案の大筋をつかんだが、そのほとんどは私の記憶では、私たちの要求にかなったものであった。少々懸念したのは、年間の経

費の金額であったが、私の意見ではふくらみすぎであった。私は、はるかに少ない額で、手弁当で充分展示飛行ができると説いた。

空軍評議会の常任委員会が1989年2月末に会合を行い、HAC委員長がまとめた提案が討議された。不可解な沈黙が続いた。実際には3週間すぎてから、私はホワイト・ホールでの審議の結果を見に来るよう呼ばれた（決定されたことは私自身とチームにすぐ影響があるので、写しが手に入ると期待したが、私にはそれほど権限がなかった）。ベンソンの基地司令の事務室の静けさのなかで私は声明書を読み、さらに読み返した。なぜなら、私はその内容を信じられなかったからだ。空軍評議会はかつての敵機を飛行させるのは「不適切」であるとの結論を下していた（書くのに苦労したと思われる、その後の手紙には、結論は前大戦についてまだ存在する感情のためだとしていた）。しかしながら、飛行機に注がれた努力は認められ、Bf109は飛行させるべきであると考えられ、IWMに貸し出すよう指示していた（同じ提案が、サー・パトリックとの会談でも出されたが、RAF博物館同様、IWMも展示品のどれかを飛ばしたことはないため却下された）。同時に私に見せたのは、メッサーシュミットをダックスフォードへ移すことであった。それには、復元に携わった人々もともに、と述べていた。発表の数日前に、私がまだ見せられていなかったことを知って基地司令が介入してそれを引き止めた。この話はさほど悪くはなかったが、機体の引き渡しを話し合う会合がすでに手配されていた。あまりにも急な知らせに、私は自分の飛行勤務予定を変更できず、出席できなかった。私は非常に立腹した。

実際上、私が空軍評議会の評決を知ることを許される以前に、飛行機を戦闘航空団で運航する計画は却下され、それがIWMに提案され、暫定的に承認され、報道発表が準備された。評議会はチームの功績を認めてはいたものの、私たちが「私たちの」飛行機の前途について何らかの発言をするに値しないばかりか、将来運用に密接にかかわるという私たちの願い（権利？）を評価しないと考えていることは明らかだった。私は、その冷血な鈍感さのすべてに腹が立った。

会合では、私の味方である基地司令により反対が唱えられ、国防省に伝えられた。それにもかかわらず、数日後、私は移管が行われることを知らされ、報道声明は少し変更されたが発表された。依然として、復元チームはダックスフォードに行くことになると公表されていた。

その後、ダックスフォード在任の技術者に移管の手配をするため、私の作業完了見込みを提出するよう求められた。私は拒否した。私はBf109が、よく知っている人間の手からどんな型式にせよ、知識を持たない誰かに渡すことになるいかなる計画にも関わりをもたないことにした。あらゆるものを手当たり次第、運ぶため輸送が手配されようとしている気配が濃厚だったので、私は格納庫での作業を中止するよう指示した。飛行機が私たちから取り上げられたら、復元を継続する目途がつかなくなる。脅しが続けられないよう、私は自分の所有物である装備品をすべて取り外し、マニュアルも全部いっしょに自分の車に積み家に持ち帰った。

2か月間というもの何も作業は行われず、私もベンソンには行かなかった。今度は何も起きなかったとは言えなかった。私は定期的に私が手配に応じるしかないということを電話で熱心に口説かれた。スポンサー付きで運用するというような逆提案も、まったく耳を貸そうとしない委員長には届かなかった。原則としてBf109を誰かに渡すことへの私の反対は別として、ダックスフォードは私のチームのほとんどの家、とくにブリストル勢からは遠かった。皆、自動車で片道3時間以上かかるので、彼らにひんぱんに、あるいは定期的に引き受けてもらうことを期待するのは現実的でないことが明らかだった。

私はその後、ベンソンでの会議に出席するよう頼まれ、目的がIWMと代わりの計画を探ることであれば受け入れることにした。当日、私はダックスフォードのスタッフが機体の移送を始めるためにやってきた唯一の理由を知ってがっかりした。私は言い訳とそれを押しつけようとすることに何の感慨もなかった。訪問者たちのために、私は移動の提案と、他の技術者への引き渡しについての反対意見を述べた。ジョン・ランベロウは、それに続くやりとりを静かに聴いていたが、行き詰まりに来たとき彼独自の解決案で割って入った。年間でベンソンやダックスフォードにいるときを分けたらどうだろうか？ 展示場所によって私たちはたしかに、適正に配置されるので、はるか彼方のダックスフォードへ自動車

旅行する回数が減る。しかしIWMは承認しなかった。驚くには当たらないが、彼らはあらゆる犠牲を払っても飛行機をダックスフォードに留めると言い張った。私は、彼らだけで飛行機を完成させなくてはならなくなるだろうとほのめかして、混乱した会議を閉じた。

何週間も経ったが、機体には時折作業が行われるだけだった。私は、産業界の私の知り合いに、製作中のいくつかの部品の作業を延期してもらうよう依頼した。きわめて気がもめ心配だった。やはり、私がプロジェクトを完成できなくなるであろうという予測がかなり現実味をおびてきた。私はHAC委員長からの電話を受けたが、最初のそれは、私が仕事を完了することを承諾するかどうかについて、最終決断を強要するものだった。私は、チームは109の両飛行場での整備に責任を与えられねばならないと繰り返し述べた。これらは、私の最小限の要求であった。引き続き何回かの電話で同じ質問が持ち出された。彼は私の答えを信じなかったか、受け入れようとしなかったことは明らかだった。

手詰まりのまま、さらに数か月が過ぎた。HAC委員長は裏工作にいそしんでいた。私の知り合いの数人から、ある大佐が、あれこれと手に入れられるかどうか尋ねる電話をかけてきたと通報してきた。ブリストルでは、かわいそうなジョン・ランベロウは何が起きているのか知らないでいた。前の年（評議会の会合以前）、彼は、予備としてもう1基、エンジンをオーバーホールしたほうがいいとすすめられた。1基がその後見つかったが、飛行機の前途は決まっており、ロールス-ロイス・チームは誰も機体に装着したエンジンを整備できそうにもなく、仕事はひとつに絞られた。何年にもわたり作業を続けたあげく、彼らもまたしきりに楽しみにしていた前途を否定されつつあった。だが、国防省はまだジョンにもう1基エンジンを再生するようせきたてていた。しかも無償で。

ついに1989年10月、私は「ランベロウ・プラン」が承認されるかもしれないという最初の兆しを受け取った。数回にわたる電話で、私の条件を含めて改訂した協定の草案がもたらされた。私はよい知らせを待ち望んでいるみんなに電話し、作業の再開を手配した。だが、すべてそのようには行かなかった。11月になって、新しい大佐に席が譲られた。コリン・チースマンは前任者にそれとなく知らされてはいたものの、まったく何も承認されていなかったことを発見した。さまざまな準備を整えた末、1990年3月初め、彼は最初の会談を召集した。

私はチーム全員が承諾し、私たちがこの先も続けるなら認めてもらわなくてはならない要求のリストを持って行った。何か月にもおよんだつらい経験は、私の記憶の中になおも燃えさかっており、私はふと、傷つけあう出会いになることを予想した。実際に、会談は（官選チーフ・パイロットのレジ・ハラム大佐も同席した）まる3時間を費やしたが、その間コリンは、私がリストアップした項目すべてを取り上げた。静かに話し合いが行われ、大筋で承認された。彼は前もってダックスフォードとそつなく連絡を取っていたことは明らかだった。コリンとの何回もの会談の始まりであったが、いつも友好的で思いやりにあふれた進めかたで行われた。私は、彼がもう2年早く着任していたらと望むばかりであった。

気のめいるような議論や時には不幸な事態を解きほぐす痛みにまる1年かかったが、みなちょっとした前もっての相談や常識で回避した。IWMは復元チームと同様に犠牲を払った。他に2つとない飛行機の貸与の申し出に快諾したものの、ベンソン・チームから敵意をもった反感をひそかに買うことになった。私の仲間がBf109の世話をするという決定と権利を認めることで、歩み寄りが合意に達した。寛大なふるまいであり、さいさきのよい前途で、しかもそれはどちら側の、特にチームの目にも架空のものではなかった。私たちと10639の前途が、たとえ私たちが心に描き望んでいた形ではないにせよ確実なものとなったことを知って、全員安心して仕事に戻ることができた。

眠ったエンジンの眼を覚ます

なくてはならない部品が、まだ後部胴体から紛失したままだった。バッテリーである。オリジナルの備品を探すには少々難があり、現行の代替品を見つけださなくてはならなかった。私は、重量と供給電力の要目を見つけたので、その詳細をもとに知っている限りのメーカーに接触した。驚いたことに製造されているほとんどのセルはドイツのものよりはるかに重く、寸法も合わなかった（後で戦闘機の重量バランスを点検したとき、逆に重いバッテリーのほうが相応しいことがわかっ

プロペラ取り付けを待つ 10639。エンジンはすばやく手入れ可能なことがよくわかる。

着陸装置作動テスト。カメラに背を向けているポール・ブラッカーが懸命にポンプを突き、ジョン・ディクソンが見守っている。

た）。唯一ぴったりの部品はアメリカのギル社が製造しており、イギリスの代理店が1個を無償提供すると申し出てくれた。申し出を受けたが、私は装置が必要になるときまで引き取りを延期してもらった。気が付いていればよかったのだが、それを請求したときには私の後援者（になるはずだった）はもう廃業していると聞き、私はあの日に貰っておけばと後悔した。新しい代理店は価格を割り引くとしか云ってくれなかったので、他の提供者を探すよりはと、コリン・チースマンに購入手配するよう依頼した。

ポール・ブラッカーとジョン・ディクソンは、バッテリーの棚用に新しい枠構造物を作った。戦後になってから無くなってしまった機体部品はまだまだあった。自信をもって再現できるだけの資料を見つけるのに、何年もかかった。それは一対のレールの形をしたもので、フェルトを貼り付けた簡単な受け棚の中に取り付けられ、胴体内に保持されている。バッテリーは無線

ほぼ完成したグスタフの機首。左方カウリングに過給器吸入口が見えている。

プロペラの取り付け。ブレードは傷を付けないようビニールで覆っている。左側はロジャー・スレード、その前にいるのがボブ・キッチナー。

ハッチから入れられ、後ろへ滑り込んで棚の固定クランプの下に位置するようになる。

コンパス・システムが、エディンバラのフェランティ社で完全にオーバーホールされて戻ってきたので、私たちはムッターコンパス(独語。マザーコンパス－検知装置)を、燃料タンクのすぐ後ろの台座に取り付けた。その近くに新しいベッカー無線用の空中線を取り付けたが、通信無線用に設けられた位置にではなかった。元のFuG7aは短波(HF)で長い支線が垂直尾翼とキャノピーの後ろに取り付けた支柱との間に張られていた。これは現代のVHFセットではあまり使われないが、そのようにした。Bf109Gにはまた、FuG25として知られる装置が装備されていた。これは初歩的なIFF (敵味方識別装置)で、小さなホイップ・アンテナが胴体下面の孔を通して取り付けてあった。新しいアンテナがこの場所に正しく取り付けられた(完全なIFF一式を装備した機体はきわめて少なかった。実際には、ベルリン防空に使われた航空機だけがこの装置を使用していたことをうかがわせる証拠がある)。

アンディ・スチュワートは、陰から支援を続けてくれた。ジョンは、油圧システムが完成したので、さしせまって油圧の、特に降着装置の作動の、点検を行う必要があった。しかし、私は、もう一つ心配があった。スイス空軍博物館がくれた主車輪はすばらしい状態だったが、前述の通り、かなりすりへったタイヤをはいていた。アンディを通じて、私たちは、現代の部品では、キャンベラ・ジェット爆撃機の首輪や、アブロ・シャクルトン哨戒機の尾輪に使用されているものがもっとも近くて、間に合うことがわかった。グッドイヤー社が提供を申し出てくれ、ヒースロー空港で、親切にも、私が待っている間に車輪に装着してくれた。寸法が完全に正確ではなかったので、私は、主翼の空間に合わないのではないかとおそれた。アンディは、油圧試験器をウォートン工場から借りられるよう手配し、私たちは109に接続させた。すばらしい機械で、私たちはまさに産業革命的製品だと評価した。大層安心できたことに、すべてが完璧に作動し、主脚のアップロックと主車輪扉を少し調節しただけだった。車輪はぴったり合った。しかし問題が2つ生じた。ラジエーター・フラップの作動筒の一つが漏れたことと、私たちが装置の吐出流量を合わせていなかったことであった。油圧液が、リザーバー(貯蔵器)から滝のようにあふれ出して、エンジンをすっかりきれいに洗ってしまった。

私たちは、プロペラをなるべく早い機会に取り付けようと計画したが、いくつか障害があった。まずはスピナーで、1950年代に受けた損傷によってひどく変形してしまっていた。結局、エンジンのプロペラ軸に取り付ける前にプロペラに取り付けるバックプレート(訳注：プロペラ後面のスピナーを取り付けるための円盤)も取り付けることができなかった。損傷を直さなくてはならなかった。それらはウォートン工場に送られ、形状を修正し機関砲弾の発射口も付けて修復された。だが、問題はまだ終わっていなかった。

プロペラのローラー・ベアリングが数個不足していることが見つかったからであった。代替部品は、ジョン・ランベロウがすぐ見つけ、ロジャー・スレードが残りの必要な部品を製作した後、私たちの美しいプロペラを、同じくらい感動的なエンジンに、組みこむことができた。実に、すばらしい光景であった。

　何か月にもわたる苦々しい無為の日々の後、私たちは突然仕事に忙殺された。何かしらやるべきことがいつも山になっていた。そのことに不満はないが、飛行機にもっと多くの時間をさけたらと願うばかりであった。2～3週間、邪魔されずに作業ができたら、完成できたであろう。だが、それは夢にすぎなかった。電気技術者のコクピットでの仕事がはかどっていたので(大量の電線の切れ端があるのでわかる)、私たちは計器板を取り付ける必要にせまられていた。計器類を新品のすばらしい計器板に取り付けているとき、予想外の問題が明らかになったが、設計することとくらべたら「ひゃっくり」程度のもので、圧力計器へのさまざまな配管を成形し、取り付けることであった。完成した計器板は、まさにディクソンのあざやかな腕前を体現したものであり、各種の金属ラベルがいっそう際だたせていた。ラベルは、いつも協力を惜しまないペーター・ノルテが、好意から私たちのためにドイツで作らせたものであった。私は、さまざまな電気回路の識別表示や計器の記号を、戦時中および1961年に撮影された純正の計器板の写真と見くらべながら、再現することができた。

　エンジン試運転を開始することができるようになるまでに、やらなくてはならないことはわずかとなり、私たちにも夜明けが近づきはじめた。週末、格納庫内の私たちの一隅は作業で賑わっていた。4人のレギュラーの他に、新居がベドフォード近郊のため来にくくなったにもかかわらずイアン・メースンが手を貸してくれていた。ロジャー・スレードは、ボブ・キッチェナーの助けをかりて、エンジン装備の最後の仕上げに没頭していた。すぐそばには、いつも新顔がいた。ある晩、RAFマーラム基地のトーネード・パイロットであるクリス・スターが電話を寄越し、Bf109に深い関心を示して見に来てもいいかと尋ねた。私は彼の知識に感心し、何回か訪れるうちに彼はすぐ深く関わるようになった。彼の努力は、とくに動力装置に関して非常に貴重であることがわかった。私にはロジャーが「自分の」エンジンをいじられることをどう思ったかは定かでなかったが、私は軋轢が生じるのではないかとたえず警戒している自分に気がついた。ありがたいことに、そんなことはほとんど表面化しなかった。

　私たち全員は気持ちが高ぶるのを抑え、エンジンを始動してみる前に、まだ終わっていない必要な作業に集中するよう努めた。このとき、コクピットの配線作業はエリック・フェイスフルを含めた、4人以上の電気技術者で占拠されていた。そんなに大勢が必要なのかどうかよくわからなかったが。われわれ素人は、できることは何でも手伝った。

　5月のある日の午後、老いたる鳥は、燃料を補給するため格納庫の扉を通って日差しの中に押し出された。ドイツ人たちは給油孔に挿入固定するようになっている専用のノズルを使用していた。私たちにはそのようなものが無いので、機体が車輪で立っている姿勢になるとタンクに自動車式の方法では給油できない。結局、ロジャーが何度も失敗を繰り返した末にうまくゆくことがわかった、大きな煙突状のものを設計し製作した。だが、最初に試したときは災難だった。燃料はタンク以外のあらゆる場所に流れていった。新たな煙突を使って、燃料タンク上部の気抜きをすることにより事態は緩和された。給油したとたん、もっともわかりにくい場所である燃料タンクの底に数カ所、少量の漏れが見つかった。欠陥を直す唯一の方法はタンクの燃料を抜くことだったが、私たちは2度もそうしなければならなかった。

　ほぼ準備が整ったので、私はロジャー・スレードがコクピットに座る栄誉を受けるべきだと決定した。彼はエンジン再生の後半期間では大いに責任を果たし、またパイロットの資格を持っていた。しかしながら、4つの目玉の方が、2つより不測の事態を見つけるには好ましいという理由で私が主翼の上に立ち、彼の肩越しに観察することにした。

　始動前のコクピットの準備操作はおよそ常識的なものだが、Bf109Gが装備したダイムラー・ベンツ・エンジンの大まかなチェック・リストと始動方法に目を通してみるのも興味深いであろう。

　初めに注意を向けるのは安全項目である。降着装置が下げ位置になってることを、当該の押しボタンが定位置にありスプリング・クリップが掛けら

97

れて防護されていることにより確認する。その上にあるマグネトー・スイッチはオフ、燃料コックはクローズ(閉)で、バッテリー・スイッチもオフになっていなければならない。確認し終わったら、右側壁前方にあるバッテリー・スイッチを操作して、パワー・オンを選択してもよい。固定具を外し操縦装置をいっぱいまで動かして、自由に動くかどうかを点検する。次に左側の操作に移る。フラップは2個の大きな操作ハンドル(輪)の、外側のもので巻き上げられている。もう片方のハンドルを回して、水平尾翼をテイル・ヘビー・トリム位置に調整する。

次に燃料噴射器遮断ハンドルを前方いっぱいにする。さらに、プロペラ制御スイッチがハント(独語。手動の意)位置にあり、計器板上の指示器が12時方向を指示していることを確認する。そのすぐ上の燃料コックが前方いっぱいになっていて「P1 & 2」と表示してある位置におさまっていなければならない。これは燃料の供給とフィルターの両方が作動できるようになっていることを示している。スロットルはコードラント上の赤線に合わせて1/3開く。降着装置の緑灯が2個点灯していることを点検した後、マグネトー・スイッチを「M1 & 2」(両マグネトー)に合わせる。冷却液温度をすばやく点検した後、計器板のボタンを押す。計器の同じ針はオイル(潤滑油)の温度を指示する。その下の計器では燃料の量が充分あり、オイルと燃料の圧力がゼロを指示している。電気系統のパネルでは、操作上必要なサーキットブレーカー(CB)を選ぶ。

これで強力なダイムラー・ベンツを始動することができる。109に搭載されたエンジンは、イナーシャ・スターター(慣性始動器)を手回しして始動する(電動モーターで始動するようにもできたが、戦闘機に装備されることはなかった。おそらく重量軽減を考えたためだろう)。そこでハンドルを右側のエンジン・カウリングに切った孔を通して取り付けて廻す。これはまさにコクピットに座っている者にとって、わくわくする瞬間である。まずはじめに、燃料をエンジンのブースト・パイプ(給気管)に数回プライミング(訳注：始動時、少量の燃料を手動スイッチでポンプからマニホールドに注入すること)する。ハンドルの廻し手の調子を見て、適切なCBを押し込んでタンク内装備の燃料ポンプを起動し、左側の2連圧力計で圧力が上がってくるのを観察する。規定圧力まで達するとCBが飛び出す。スタート・ハンドルを引き抜いたとき、もう2押しだけプライミングする。地上員から安全の合図が送られたらガードを押し上げて始動スイッチを引く。点火回路が形成され、急速回転しているフライ・ホイール(はずみ車)が機械式クラッチでエンジンと結合する。エンジンが点火したら、燃料とオイルの圧力を点検し、暖気回転数にセットする。これらすべてが数秒以内におきる、理論上は。

6月の始め、私たちは機は熟したと感じた。私は皆にそこにいて、全員にエンジンが息を吹き返す瞬間の証人になってほしかった。ある晴れやかな日曜の朝、「10639」は、格納庫から押し出され、ゆるやかな坂を下って、飛行場の場周道路近くの小さな舗装地に現れた。私たちは機首を風に正対させ、主車輪にチョーク(車輪止め)を当てて尾部にコンクリートの重りを数個縛り付けた。ロジャーがコクピットに入るときが来た。入った後、私は背後によじ登り、また右翼にはポール・ブラッカーが(スターター)ハンドルを回すべく待ちかまえていた。ハンドルは新しくロジャーが作った(いつの日か純正品を見つけだしたいと思っている)。彼はすぐ、フライホイールを動き出させるにはとほうもない力が要ることに気付いたようだ。重い物体が廻る騒音がしだいに高まり、ロジャーは始動スイッチを引いた。

クラッチが滑る音がするなかで、プロペラがほんの少し動いただけだった。期待をこめたお伽話、初めての始動はこれでおしまいだった。数回試してみたが中止を決め、問題が何なのかを調べることにした。私はBf109を始動する戦時中の記録映画をたくさん見ていたので、プロペラがわずかしか動かないことで悩んだ。ともあれ、私たちは他に起きそうな故障を探ってみることにした。ジョンは排気管からあまり燃料の臭いがしないことに注目し、床下の燃料コックとフィルターを検査してみることになった。スパーク・プラグを数本外してみたが、シリンダーからは燃料の臭いがしなかった。ボブ・キッチェナーがさらに数回まわして見た結果、始動できる望みがでてきたので、ちょっぴり幻滅を感じたチームは、老戦闘機を格納庫に戻すことにした。格納庫への戻り道は少し上り坂だったので容易なことではなかった。Bf109は小型だが実に重かった。それは、以後何回も繰り返すことになるエンジンに息を吹き込もうとする、精力を絞る

ビル・ダウイー曹長が復元されたエンジンに厳しい目を注いでいる。

遠足の始まりだった。

次の週末も私たちはまた集まって、さらに始動をくりかえした。プロペラがブレード1枚分だけ動いたときには私たちは胸が高鳴った。それはこれまでの失敗を拭い去る、良い兆しだった。次に私たちはスパーク・プラグを点検していくつかを交換し、他にスパーク・ギャップの調節も行った。ジョンの提案に従って、私たちはプロペラを手回しして、第1シリンダーを圧縮行程にした。彼のアイデアは少量の燃料をそこと点火順序で続く2本に注入し、プラグをねじこんで始動するというものだった。明らかな違いがあり、排気管のひとつから一瞬、煙が吹き出し、少なくとも点火したことを示した。だが、荘厳なプロペラはほとんど身じろぎもしなかった。ボブはクラッチ・ケーブルを調整したが、それも効果なかった。

一週間後も、またしても同じ結果だった。今度は、バッテリーをいつも通り交換し、もっと高いオクタン価の燃料を注入した。ボブは、フライホイールの回転を上げすぎるためスターター・クラッチが過度に滑っていると推定した。低めの回転数で試したところ確かに効果があり、私の見たところでは、エンジンが始動するのに充分なほどに、時々プロペラは完全に一周した。この事態によって意欲が減退しはじめたので、私はチーム全員が出ようが出まいが、週の間でも調査を継続するべきだと決心した。しかし、数週間が過ぎたが、私たちにはそれ以上の前進はなかった。

7月8日の日曜日、すばらしい日の明け方に、私たちはもう一度うち合わせのため格納庫に集まった。初めのころの熱中ぶりは消え去ってしまったが、私たち全員は始動を熱望していた。数時間後、次々とハンドルの回し手がくたびれ果てた末、さらに調査することになった。私たちはプラグがスパークしており、タンクから燃料が来ていることはわかっていたし、確実にタンクいっぱいの燃料でプライミングを行っていた。だから、なぜ、まったく点火しないのかは謎であった。DB605エンジンは大きいので、プライム・ポンプが供給燃料を前方まで押し出すほど強力なのかどうかを疑った。驚いたことに答は、その疑い通りであることがすぐにわかった。プライム・タンクを取り外し、作業台の上で分解してみた。常々、凝りすぎだと思っていた装置である。メッサーシュミット社が後期のBf109Gで、もっと単純なポンプに変更したのは、おそらくこれが理由だったのであろう。並べた構成部品を前にして、私たちは故障の原因を見つけ出すことができなかった。ついに私は、供給孔に差し込んである小さなシャトル弁を逆向きにするように提案した。白状すると、そうするのがちょっともっともらしく思っただけなのだった。

もう一度組み立てて燃料を入れたところ、私たちは供給燃料が格納庫の床を飛び越すくらいの距離を飛ぶのでびっくりした。熱意が蘇り、タンクを元に戻してボブがスターター・ハンドルを回した。今度はプロペラがはねあがった。長い間待ち望んだ復活の確かな兆しであった。さらに何回か繰り返したが、絶望的に動かないままだった。もう遅くなったので、私はもう一日かけることに決めた。抗議の合唱に負けて、私は決定を変えさせられた。「わかった。もう一回だけやってみよう。」と私は言った。フライホイールがすすり泣きのような音をたてロジャーが始動スイッチを引くと、私は吹き飛ばさ

れそうになった。エンジンが始動したのだ。私はショックから立ち直るのに2秒かかり、それからコクピットを見渡した。燃料圧力計が振り切れている以外は、すべて順調のようだった（私たちは別な2連圧力計を付けていたことが明らかになった。数週間後、私は正規のものを見つけた。それもベルギーで）。

何週間も前から計画していたかのように、ロジャーは数分後エンジンを停止し、目に見える漏れがないか点検した。仲間の顔に笑みが浮かぶのを見て祝いの輪に加わり、私は心底嬉しかった。まさに最高に意気の高揚した瞬間であった。おもしろいことに、エンジンが始動する前には、たしかいなかったはずの大勢の野次馬がいた。彼らはみな、その日飛行機の風下になっていた基地の近くの区画（それでも800メートルはある）から来たことがわかった。それほど、ダイムラー-ベンツ・エンジンの咆吼は独特なものがあったのだ。ロジャーは数分後暖まっているエンジンを再始動し、初運転がまぐれでなかったことで私たちみんなを満足させ、それから私たちは飛行機を眠りにつけた。私がグレームと帰宅のため車を運転していたとき、左くるぶしがひりひり痛むのに気が付いた。翼の上に立っている間、私の足は左側排気管列の後ろにあって、わずかに離れていただけだった。私は熱さに気が付かなかったのだ。足が元通りになるのに数日かかった。

2度目の処女飛行

次の週末は同じ作業に、いっそう励んだ。エンジンは始動できたが、その方法は手引き書（ハントブーフ）に書かれているやり方ではなかった。スロットル開位置は1/3からはるかにずれており、プライミングはもっと回数を多く行う必要があった。まず私たちが調整したものの、ロジャーはこのエンジンが濃混合気向きの特性を持っていると感じていた。私は納得できず、プライミング燃料以外の要因を探り始めることにした。その間にも、少なくとも基準からは外れた方式でエンジンを始動していた。まだ日程に余裕があるのでいろいろと試して見る必要があったが、私としては最大の原因がスターター・クラッチであると確信していた。

ボブ・キッチェナーはもっとも熟練したワインダー（始動クランクの回し手）として定着し、全力を注ぎ込んでおり、私たちは彼が右翼にいることを期待した。彼なりに前身全霊を傾けていたのだが、満足な結果は得られな

1990年7月8日、ついにエンジンが始動した。コクピットにはロジャー・スレードが座る。

メッサーシュミット初の一般公開。1989年7月、ベンソン基地公開日にて。

かった。手回しの割合が毎秒一回転を少し下回っていれば、エンジンが点火するのに充分な程度にプロペラを回転させることができた。それよりも速ければクラッチが滑ってしまう。いっぽう手引き書ではクランクは毎分90回転以上が最適であると勧めていた。もちろん滑るように設計されているわけだが、正しく作動していないことは私にとって明らかであった。操作ケーブルの調整も目立った効果はなく、またスターターを取り外すにはまずエンジンを外さねばならず、私たちはしばらくこの状態で我慢することにした（うらめしいことに、決定は何か月か繰り延べになった。国防省の代表を含めた大勢の見物人を前に、エンジンを始動して見せるのに数時間を費やした）。

次に私が心配したのはエンジンとプロペラの相関関係を最適なものにする試験計画だった。すでに述べたようにBf109のシステムでは、すべてはスロットル位置とそれによって得られるエンジン出力によって決められ、プロペラピッチはそれに合うよう自動的に調節される。それを前提にすれば、出力値をブースト計でセットすると、プロペラは計算上の毎分回転数で回転するはずだ。はじめて出力運転したとき、私たちはほんの少しスロットルを動かすだけでプロペラ回転が非常に速くなってしまうのに気付いた。これには困ってしまい、私はロジャーにブーストの調整を変えるよう頼んだ。実際のところ闇の中で手探りするような状態で、調整ネジをいじったものの性能上わずかな効果しかなかった。だがクリスは純粋な常識に基づく提案によって事態を前進させた。少し出力を増すだけでプロペラが速く回るのであれば、角度が間違って設定されているだけであろう。ブレード角度が大きければ大きいほどプロペラの空気抵抗が増すので、所定の毎分回転数にするにはもっと出力を大きく上げる必要がある。この解釈はもっともに思えたが、プロペラはブレードがそれぞれ正しい角度で組み立てられ、それを維持するよう固定されて引き渡されたか、またはそうなっているはずであった。

私の頭の中で警報ベルが鳴り、RAFにいたときに叩き込まれたルールが目に浮かんだ。「考えるな、点検せよ」である。ポールはクリノメーター（傾斜計）を使って各ブレードの角度を点検した。2枚はほぼ正しかったが残る1枚は不可解なことに7度ほど角度が浅すぎた。プロペラを取り外す前にこの事実は2度確認され、ブレードをそれぞれ正確に組み立て直した。その後のエンジン試運転では、驚くほど手引き書に近い数値が得られ、たとえば2100回転の場合にはブースト計で大

気圧をやや下回る圧力にしたときに得られた。

　続く何回かの週末にかけて、私たちは少しずつエンジンの運転を改善していった。ロジャーと私は交替でコクピットに入った。この間に潜在していた故障を見つけた。2連温度計の油温の方が、時々しか作動しなかったのである。オーバーホール済みだったので、私たちはエンジンの温度センサーの不良であると考えた。取り外してブリストルに送ったが正常であることがわかった。実際には、計器そのものが原因だった。正規の部品番号が印されているが、その機構はBf109の要目に対応するには繊細すぎたのである。その後しばらくして、同じ部品番号だが別メーカーのものを手に入れたが、こちらの構造はかなり頑丈な作りだった。

　私は出力運転中のラジエーター・フラップの作動に悩まされた。手動にすれば正しく作動する。しかし、自動運転にしたときは何の反応もなかった。冷却液温度が最大許容値近くまで上昇しても、フラップはしっかりと閉じたままであった。原因は、私たち全員にとって気まずいものだった。サーモスタット制御に供給する油圧ホースを間違って入れ換えてつないでしまっていたのだ。装置は機能していたが、フラップを動かすピストンの違う側に油圧がかかっていた。フラップを開けるかわりに、閉めていた。一人の仲間のばかばかしい間違いは、何週間ものあいだ忘れてもらえなかった。

　エンジンに関する作業進行状況は、遅くならざるを得なかった。壊すおそれがあるので、一歩一歩慎重に進めていった。稼働するダイムラー・ベンツ・エンジンはわずかで、アドバイスがいつも得られるとは限らない。その一例として、メッサーシュミット・ベルコウ・ブローム社は、彼らがイスパノHA1112/Me109G-6ハイブリッド機に搭載したDB605Dエンジンで問題をかかえていた。（伝えられるところによると）飛行中に焼き付きを起こし、全分解して修理する必要があった。大変な仕事である。フィンランド空軍博物館が彼らのマシンを運転したのは何年も前のことで、もし私たちが必要に迫られても助力を得られそうにもない。ほとんど私たち自身で切り抜けて行くしかないのだ。

　エンジンは、特に低速域でばらついた音がし、点火行程でシリンダーのいくつかが「点火不良」であると思われた。高速運転でさえも、時折りスパークプラグか配線の故障の兆候を示す"破裂音"がした。コクピットでは、それぞれのマグネトーを切ったとき許容できないほどに回転数の低下があり、問題が確認できた。来る週末も来る週末も失策続きで、スパークプラグを取り外しては交換するか火花間隙を調整するかしていた。すぐ改善は見られたが、それも束の間のことで2回も試運転すると、またマグドロップが大きくなった。私たちが故障の本当の原因を見つけるまでには数か月かかった。

　その間も、ジョンとポールは合間を見てはフィンランドから届いたパネルの作業を続けていた。もっとも複雑なのは両主翼付け根の前縁をまわって下面に連なるように取り付けられるものだった。ヴァルメ社で手作りされたものだったが、ぴたりと合うにはほど遠かった。ベンソンには成形し直すための器機がなかったので、私は2度目の公的支援をアビンドン基地に交渉し、ごく短期間で要求した改造が行われ、パネルは私たちの手に戻された。専門家の助けを借りたいときに、これまでにもこんな協力が得られたらよかったのにと思うばかりであった。順番に、それぞれのパネルを切って調整する作業に数日費やし、ティッカコスキから送られてきた小さな合金の部品と合板の細片をジグソーパズルのように貼り合わせた。この部品の組み立てを楽しんでいる者は誰もいなかった。3次元形状なので扱いが難しかった。しかし一旦その場所に組み込まれると、すばらしく精巧に見えた。

　取り組むべき最後のパネルは、両主翼上面と胴体側面にわたる部分を整流するためのものだった。これもヴァルメ社の美しい製品であったが、やはり調節が必要だった。この作業は、若者たちが自身で対処できた。この長いフェアリングの取り付け方法は面白い。内面にケーブルが取り付けてあり、2点で胴体に取り付けたターンバックルに引っかける。ケーブルとターンバックルは下面の小さなハッチからしかアクセスできない。パネルをおおよその場所に置いておき、ギザギザのついた輪を回してターンバックルを縮めケーブルを引っ張ると、フェアリングが下方に下がり楽に取り付けできる。整備員を楽にしてくれる賢い設計の一例である。

　私は進行状況を報告し続けることを国防省に約束していた。関係部局は貸借契約の起草も担当しており、私は自身とチームに関わるいかなる部分でも相談に応じてもらうつもりでいた。些

細な相違点が生じ、不都合な項を適切なものに改訂してもらうことにした。妙なめぐりあわせで、私は多額の資金を出してくれる歴史的航空機委員会(Historic Aircraft Comittee)に伝える情報を提供するようせかされていた。私は偶然一年以上前に、集成材［編注：一定の厚み(2.5〜4cm)に加工した単材(ラミナ)を接ぎ木、積層した木材。廃材の再利用にも用いられるが、大きな強度が要求されるような場合、木材の高強度の良質材部分のみを寄せて作られる］製ブレード３枚をプロペラに取り付けたいという意見を述べていた。地面に接触した場合、木製ブレードであればどんなときでも砕けてしまうので、衝撃による損傷がエンジンに伝わらないであろう。なにげない意見であったため、私はHACがこれに資金を提供することを決定したことに驚いた。要求した資金が考慮に入れられたときにはさらにびっくりした。わずかどころではない金額で、ブレード１枚が3,000ポンドもした。よく考えた末、私はその金をもっと無視されてきた航空機に使った方がいいと感じるようになったが、コリン・チースマンを思いとどまらせることはできなかった。ババリアのホフマン・プロペラ工業に発注された。

試験段階が進行するに連れ、サービス精神から公式ロール・アウト式典を計画することに向けた。ベンソンでのある定例の打ち合わせで、私たちは機が５月に完成することはほぼ確実であるとの結論に達した。初めて、私は目標日を承認したが、与えられた期間内に間に合わなくなるのではないかという疑念につきまとわれた。い

レジ・ハラムが処女飛行に備え搭乗している。ポールが彼のハーネスを締めロジャー・スレードが心配げに見つめている。

つもあることで、これには例外はないとわかっていた。パーキンソンの法則［イギリスの歴史家・経済学者Ｃ・Ｎ・Parkinsonの唱えたもので、その概略は第１法則「役人の数は仕事の量に関係なく一定率で増える」第２法則「政府の支出は収入に応じて増えていく」というもの］である。

私たちの官選パイロット、レジ・ハラム大佐は、コクピットで時間を過ごし始め、要領を得た質問をしていた。レジはそのときファーンボロウ王立航空機研究所の試験飛行司令であった。エンパイア・テスト・パイロット・スクールの卒業生である彼は、現在もスピットファイア、マスタング、それにイスパノ・ブチョンBuchonを日常的に飛ばしていた。イスパノの機体はBf109Gから派生したもので、ロールス・ロイス・マーリン・エンジンを動力としている。コクピットは改設計され、機体のハイブリッド性を反映していた。したがってBf109とは根本的に異なっていたのである。これに加え

「10639」にはドイツ語の表示がなされていた。パイロットを教育するためには説明すべきことが山ほどあった。

１月末に向けて、私はレジの家を訪れては彼の頭に叩き込むようにし始めた。私たちは２月に初飛行できるようにしたかった。試験飛行許可証は英国民間航空局から交付されており、登録番号G‐USTVが割り当てられた。イギリスの制度で許されるかぎり、グスタフ(Gustav)に近いものだった。だから法律的には私たちは準備完了であり、飛行機は完璧ではないもののほぼ使用可能であった。天候のせいでしばらくの間、格納庫から出すことができなかった。ある日、飛行場に短時間出たとき、これまでずっと機能しなかった発電機を点検することができた。２回オーバーホールされ、最後は基地の専門家により試験台で正常に発電することが実地に証明された。その日、私はそれがエンジンの駆動によって完璧に作動することがわかり、大きな障害を取り払うことができた。傾斜地を格

納庫まで109を押し上げるより（いつも息が切れる重労働だった）、レジに滑走させるよう提案した。私たちは、飛行機がエプロンから移動するにつれ、気のふれた鶏のようにまわりをはしゃぎ回った。飛行機が、45年ぶりに初めて自前の動力で動いたのだ。

さらに荒れた雨天が続き、処女飛行は先送りにせざるを得なくなった。ベンソン基地は、私たちのために草地着陸帯を用意してくれた。長年使用していなかったのでローラーで数回地ならしをし草も短く刈り込まれたが、理想的とは言いかねた。基地飛行場の短い方の滑走路にそって、平坦ではなく明らかに傾斜していた。飛行の数日前には、さらに悪いことに、レーダー車両にケーブルを引くため知らない間に溝が2本掘られていた。適切に埋め戻されて表面は四角く芝生で覆われていたが、根付かせるには時間が不充分だった。レジと私はそこを検査してみたが、戦闘機の車輪にかかる高荷重のため、着陸すれば芝生にめりこんでしまう恐れがあった。私は灰かあるいはそのたぐいで仮舗装するよう提案したが、ベンソン側はかわりに繰り返しローラーで地ならしすることに決めた。

最後に、私たちのためにきわめて重要な作業がアビンドン基地の要員により行われた。機体の重量とバランスの点検である。重量はさまざまな出版物に引用されている数値に近いことがわかったが、驚いたことにテイル・ヘビーであった。かさばる無線装置や圧縮空気ボトルを、まだ後部胴体に取り付けてはいなかったので、私は逆を想定していたのだ。

一時的にせよ、ようやく天候が和らいできたので、3月17日に私たち全員は格納庫に集合した。その日は雲に覆われており、中程度の風が吹いていた。草は濡れ、着陸帯は最後に見てからの数日間、実際には何も改善されていなかった。レジはほぼ完全に近ければ条件にかなっていると決断した。だが少し引っかかるところはあった。ジョン・ディクソンが時間をかけて重量バランスのデータを調べたところ、計算に初歩的な誤りがあったことを見つけた。これを修正すると、私が先に推測していたように機体はノーズ・ヘビーの傾向にあることが確認された。私たちは正確な重心位置を割り出さねばならず、難解な計算を書き込んだ紙片がやりとりされ、ぎりぎりではあるが規定値範囲内にあるという一致した結論が出た。レジは納得した。パイロットが精神統一している間に、チームは機体の準備を終えた。

いつもの面倒な始動操作のあと、車輪止めが外され、109は場周道路に沿って主滑走路に向け自走し、私、ロジャーそれにグレームの車で随伴した。レジは次に短い滑走路のほうに曲がったので私はかなり驚いた。私たちは、埋め戻した溝にメッサーシュミットの車輪が乗ったらどうなるか調べられるように、草の上を戻るよう予め打ち合わせていたからである。試運転は思い通りに完了し、レジが草地の上で機首の向きを定めるに連れて私は機体と一緒に歩き、右に回ったとき主輪は完全に止まっているのに簡単に地表をすべっているのに留意した。

慎重に最終点検を行ってから、私はパイロットに親指を立てて合図を送った。ダイムラー−ベンツは滑らかなうなりを上げ、「10639」は復元後最初の離陸に跳び出した。時は、グリニッジ標準時12時57分であった。その瞬間に私が感じた誇りは言い表すことができない。それにしても不安がしつこくつきまとっていた。ほぼ20年近くにわたる作業が、この小さな戦闘機のために費やされてきたのだ。いくらも滑走しないうちに尾部が上がり、私は、レジが大きなプロペラによるトルク効果に対抗しようと、方向舵を右いっぱいに切っているのに気が付いた。それでも、機体は少しずつ左に逸れていった。わずか数秒後、最初の溝を横切り、私が恐れていたことが現実のものになった。車輪が新しい芝生に深くめり込み、それを切り裂いてばらばらにし、滑走帯の中心からわずかだった振れがますます大きくなった。すぐ後に、グレームはかなりの量の草が私たちに向かって飛ばされてきたのを目撃した。正直言って、私はもう事故が間近に迫ったと思い込んでしまったので、すんでのところで背を向けそうになっていた。Bf109（それにレジ）は心配をよそに、草の小さなもり上がりに当たったぐらいの感じで、空中に飛び上がった。

心からほっとして、私は38年ぶりに飛んだBf109が飛行場から速度を上げながら離れてゆき、車輪がゆっくり引き込まれるのをただ見つめていた。レジは"新しい鳥"の操縦性を調べる間、雲から離れ、ベンソンからの視界内に留まっていた。彼と交信できるように私は携帯無線を携えていたが、彼の最初の言葉をよく覚えている。「ラス、まるで機関車みたいに飛ぶぜ！」。まだ不安まじりながら、ほれぼれと眺

（上）着陸装置指示灯が回復し、レジ・ハラムは処女飛行を終えて着陸のためアプローチに入った。
（下）接地−多難だった初飛行の終わり。

著者が、レジに着陸装置が下りて固定されていることを伝えようとしている。

めていた私たち全員にそれとわかったのは、エンジンから発生して尾を引いている煙であった。実際、飛行機の居場所は、羽飾りの端を探せばしごく簡単に見つかった。少しの間ロジャーと私は心配したが、理由ははっきりしていた。左側排気管列には、排気を過給器吸入口からよけるため、偏向覆いが取り付けてある。一方向に向けられるので、後流はかなり濃くなるが、右排気は吹き散らされるままなのである。

数分後、レジは着陸装置に問題があると言ってきた。私の背筋を悪寒が走った。最初の飛行の行方が胴体着陸という結末になるのかと想像した。Bf109の低速での操縦感覚を調べた後に、車輪は引き上げ位置にされたままであった。再度脚下げを選んでも、下りるまでにかなりの間があった。その間にも私は考えられる原因について考えを巡らせていた。レジが頭上に戻って来たとき、両脚が下りているのを見て私はほっとした。だが、私は、エンジン機器へのパワーが明らかに失われていることを知った。レジが着陸装置指示装置とコンパスも失ったと告げたとき、ポール・ブラッカーとジョン・ディクソンが私のところに駆けつけて来た。驚くほどの速さで、ポールは私にサーキットブレーカー（CB）を点検するように伝えてくれと頼んだ。彼は失われた回路が全部ひとつのCBを経由していることに気付いたのだった。CBが落ちてしまっていた。感謝を込めてポールは背中をどやされた。レジは接近進入と着陸復航の練習をすることを計画し、私は低空航過中に双眼鏡で着陸装置を検査する機会を得た。脚は下りて固定されていることが明らかだったので、飛行機は着陸のための場周飛行に移った。スロットルが絞られ、

105

Bf109は着地帯に向かって飛び、私に最初の"心臓麻痺"を起こさせた溝の間近に接地し、かなりの傾斜地を走り下り、舗装された主滑走路に入る前に停止した。時刻は1時29分過ぎであった。

私たち全員は大いに安堵し、それぞれの乗り物で飛行場を走り回った。私たちの"愛し子"がランプに戻ってくるのを見物するために大勢の人々が集まってきた。キャノピーを開けるや、レジは賞賛の拍手で迎えられた。だが彼の、そして私たちの歓喜のときも、グレームの推測通りにプロペラ先端が離陸滑走中に曲がった事実が発見されたことで、いくらか興醒めとなった。レジはそんなことが起きたとは気が付かなかった。もちろんプロペラはただ、濡れた草を数ヤード削いでいっただけだった。損傷にもかかわらず、それでもプロペラはBf109を空中に引っぱり上げたのだ。そえも驚くほどの速度で。さほど重大ではなかったが、油圧作動液が胴体下面のパネルの継ぎ目の至る所から流れ出していた。

格納庫に戻ってから私たちは、当然の報酬として1本のシャンパンを分かちあった。波乱に富んだ32分間であり、また疲れ果てた一日であった。レジはプロペラの損傷にひどく気が動転しており、私がブレードは修理できると請け合っても慰めにはならなかった。彼の飛行報告書は付録Cとして掲載しているが、私自身が見たことも書き加えなければならない。レジは離陸滑走の初期段階で尾部を浮かせるつもりだった。実際に起こったよりも、もっとゆっくりと。しかしスロットルの動きに対してエンジンの追従が速く、彼にとっては不意を突かれたようなものだった。そのため、重心位置が前寄りであったことも加わり尾部が急速に上がり、彼は昇降舵で縦方向の制御をすることがいささか困難であることを理解した。直後に車輪が溝にめり込み、一時的に減速したことにより姿勢不安定を悪化させ、そしてプロペラブレード先端が草を噛んで(グレームによれば)強力な芝刈り機のようなひどい有様になってしまった。

あの離陸のもうひとつの側面は、溝が直接原因である。Bf109は大きなプロペラの回転方向のせいで左に振られる傾向があるが、新たに敷設された地面にさしかかったときに左車輪の方が他方よりも深くめり込み、振れをひどく増大させた。いったんそのような振れが始まると対処することは難しい。後に草地を検証して明らかになったのだが、レジは右車輪にフルブレーキをかけており、相当な距離を車輪がロックしたままであったが、これと方向舵を右いっぱいに切ってさえも効果がなかったことが証明された。

レジは報告書では、滑走距離が長いことについて述べられている。彼はもちろんBf109は初めてであるが、飛行機に対し公平に見て、着陸は下り勾配だったこと、および濡れた草地であったことを念頭に入れておくべきであろう。また報告書が書かれたときに彼には知らされていなかったが、着陸する前に風向きが変わっていて、その地点でのビデオによるとやや追い風であった。これらすべての要因は、およそ着陸滑走を短くする役には立たない。

あの重要な初飛行は、レジにとって最後になった。彼はRAFを早々に退役し中東で職に就いた。それは私自身とチームにとってはショックであり、大きな失望であった。私たちは皆、彼と仕事をすることを楽しみにしていたものであった。誰でも仲間に入れるのが彼の姿勢であり、非常に喜ばれた。率直に云って、私がぞっとする思いをした離陸立て直しのときの彼の技量は、第1級のものであった。そして何にもまして、彼はきわめて勇敢な男であったのだから。

修理そしてロールアウト

アドレナリンの量は数日間そのまま維持されていたが、それが故に、判明した故障の調査や機体を精査することを疎かにするわけにはいかなかった。油圧作動液が漏れた原因は飛行後すぐ

曲がったプロペラ・ブレード先端の1枚。これが3枚中で最悪のものだった。

に見つかった。ポンプのユニオン継ぎ手（注：両端が雄ネジになった継手）が正しく締め付けられていなかったのだ。私たちの見落としである。不様な結末だったが、幸い液漏れはそれ以上にひどくはならなかった。だが降着装置の不可解な動きについては、解明が困難だった。私は最初、少しずつ液が漏れた影響かもしれないと思ったが、そのような説明は状況に完全に一致しなかった。苦労の末、選択弁内部のちょっとした調整不良にまで辿り着いた。いったん見つかってしまえば、たちどころに修理された。

サーキットブレーカーについては、単に振動によってドリップ（飛び出）しただけであり、翌日改修された。しかし計り知れないほどの難題は、損傷したプロペラである。当然、ブレードは3枚とも曲がり、一番ひどいものは約5インチ（12.7cm）の長さにわたっていた。問題は、損傷を熱処理しないで修復できるかどうかであった。もしそれがだめな場合、どんな修復を行うにせよ、合金材料に関する詳細な情報を探し出さなくてはならなかった。

私たちはホフマン社に接触したが、答は勇気付けられるどころではなかった。彼らとしては熱処理が必要であると考えていたため、この点について助けにはならなかった。私には信じられなかった。数年前にプロペラをロストックに預けたままになっていたとき、幸いにも私はBAe社の要求に基づいて資料を探し、フィンランド空軍から修理マニュアルの何ページかを送ってもらっていた。これは明らかにVDMのドイツ語マニュアルをフィンランド語に訳したものだったので、私はフィンランド大使館に頼み込んで英訳してもらった。それには明確なグラフが記載されており、熱処理が必要なブレードの曲がりの大きさが示してあった。これを見る限りでは、先のホフマン社の見解に私は同意できなかった。彼らの反応は早かった。資料はファックスでローゼンハイムに送られ、再びドイツのプロペラ専門家が損傷を修理することを引き受けることで私たちの助けになってくれた。

私は5月2日に予定されたロールアウト式典までに6週間しか残されていないという現実に直面した。その日付を受け入れてしまったのは間違いだとはわかってはいたのだ。とにかくプロペラを大急ぎでドイツに送らなくてはならないことは避けられない。コリン・チースマンはあらゆる可能性を探っていた。まず、ハーキュリーズ輸送機で空輸することが計画された。理想的な解決法であったが、果たせぬ夢で終わった。ベンソンからアヴロ・アンドーヴァー双発輸送機で運ぶ許可を受けたが、比較的小型の機体に搬入するには、プロペラ直径が大きすぎた。私はそれに合うよう分解するような危険を冒すことはできなかった。したがって、私たちはもっとも遅い輸送方法、スタッフォードからドイツ駐留RAF基地へのトラック定期便に格下げした。集荷した後は、それぞれの行き先に届くのに数日を要した。

修復したプロペラは4月中旬に戻すと確約されたものの、代替計画も立てておかねばならなかった。ロールアウトは先延ばしにはできない。飛行はしないにしても、Bf109はなるべくプロペラを装着して展示しなければならなかった。必要ならばヘンドンにあるメッサーシュミットBf110G-4のものを外してくるよう手配された。

事故によって計6回の飛行を予定していたテスト計画もまた、先送りになってしまった。プロペラが希望通りに戻ってきたとしても、式典当日までに計画を完了することはできそうにもなかった。私自身の心づもりとしては、新しいチーフ・パイロットであるジョン・アリソン少将のために2回の飛行を準備するのが、現実的な目標になるだろうと考えていた。式典の飛行も、計画の一部として位置付けられることになるだろう。

私たちがじりじりしながら待っている間にも、エンジンに損傷がないか検査が行われていた。最大の心配事は"芝刈り"であり、重いプロペラが中空の駆動軸を損傷させたかも知れないということだった。影響は無かったとわかり、私たちは胸をなでおろした。数日後、私たちが修理済みのプロペラと再会できるのは月も押し詰まってからになるというニュースが漏れ伝わってきた。機体を人前に出せるようにするほうが、テスト計画よりも大切になってきたので、私はBf109の塗装ができるよう、格納庫内に場所を設けてもらうべく交渉した（サンドとライトブルーの噴霧塗料飛沫が、大部分を白と赤で塗装されたアンドーヴァーの全面にあっては評判が良くないだろうから）。週末の一回だけ許可がおり、大きな建物の半分を空けてもらった。数日前になるとジョン・エルコム、ポール・ブラッカー、そして私はマスキングを開始した。ボブ・ナッシュ伍長が率いる塗装チームが楽しげに参加してくれ、

基本迷彩色を塗った10639。主翼のバルケン・クロイツはマスキング中。

ジョン・ディクソンが機首カウルの文字をスプレー塗装している。

おかげで準備には数時間を要しただけだった。

　土曜の朝、私たちは格納庫の床一面に茶色の紙を敷きつめ、舞台は整った。ボブと部下のひとりが、109全体をライトブルー（RLM78。ナチスドイツ航空省の規格色番号）で塗装した。見慣れてきたグレイグリーンの機体も汚れてしまっていた。私たちは格納庫の照明の下で、塗装が乾き始めスプレーのもやが引いてゆくのを見つめていた。まったく美しい眺めだった！

　翌日、マスキングの一部が取り除かれてから、さらにもっと多くが覆われ、私たちはサンド・カラー（RLM79）を塗装する用意を整えた。今度は、ボブがスプレーガンでどこを狙うかをわかっていることが大切であった。つまるところ、塗装の仕上がりは正確な復元において極めて重要な要素であった。私は、何度も彼に写真を見せることに時間を費やし、機体の周りを歩きながらスプレーガンが絶対越えてはならない境界線を薄く胴体にマーキングした。彼が私の指示に従うよう、間違いそうになったら止められるように、私は彼から決して数フィート以上離れなかった。中断させる必要は生じなかったが、私たちは飛行機の新たな装いを見て感動した。

　その晩、格納庫内の作業が終了した後、私たちはエンジン下部カウリングを黄色に塗った。一週間の長きにおよぶ塗装作業の仕上げへの第1歩だった。ついでながら、私がこの機体にも砂漠（北アフリカ）における大部分の

Bf109FとGのように、この塗装が適用されていたこと得心するまで数年にわたって調査し、発見した。公式文書には記述が無いことがわかったが、地上からの識別をしやすくするためというのが理に適った理由だ。「戦術識別標識」はこの他、白色に塗られた翼端、スピナー、および後部胴体の幅広の帯塗装があった。国籍標識の寸法や位置について必要な情報はすべて得ていた。だが、主翼上面と胴体のバルケンクロイツは、塗装すべき表面の形状が大きく変化するので正確に塗るのは予想以上に難しかった。同様に中隊番号も頭痛のタネであることがわかった。写真を調べてみると数字は正規の書体ではないことが明らかだった。私が思うに、これを塗った塗装工は正式の型紙をもっていなかったので、一部を型紙で、一部はマスキングテープを使って塗り上げたのだろう。「10639」はなんらかの理由で、ステンシルの取り扱い表示が全部は塗装されていなかった。私の狙いは飛行機を元の状態に復元することだったので、これらの表示はドイツのマニュアルに明記されてはいたが、機体で省かれていたものは塗らなかった。Bf109G-2は主翼の脚収納室に初期の小型主輪しか収納できなかったので、両翼の前縁に地上要員向けの注意書きが記入されている。4月の時点では、あいにく私はこの表示がぼんやり見える写真しか持っていなかった。明らかに手書きで記入され、おそらく赤色でタイヤ／ホイールの最大寸法である「Großtmaß 160 x 660」と読めた（数か月後、私はさらに数枚の写真を手に入れたが、私の推定が誤っていたことがはっきりした。

実際には表示は「Achtung! Großtmaβ 160 x 669」と読めた。それに私は正しい色を使っていなかったのだ。Achtung!は赤色だが、残りは黒だった。私はすぐに誤りを修正した）。

この機は飛行隊章を付けていなかったが、おそらく塗る時間がなかったためであろう。私は部隊に授与された盾の中に狼の頭部をあしらったクレスト（盾形紋章）を塗るかどうか、仲間と相談した。私たち全員が塗るべきだと考えたので、私は片方のカウリングにだけ塗るよう決めた。完璧主義者も、この唯一の違反を許してくれるであろうと願わずにはいられない。

何年もの間、私は問われる度に、この機は発見されたときの状態に正確に塗装すると言い続けてきた。たいてい返ってくる言葉は、それでは見栄えがしなさすぎるというもので、もっと胸躍るような外観にするよう勧められた。疑う人は格納庫で私たちの努力の成果を目にしてくれればと思う。Bf109はとてもスマートで美しくさえあった。美しすぎるといわれかねないが、まだその新しい塗装で飛行してはいなかった。排気や漏れた液体によって、結局は美しい装いも輝きを失うことになることは確実だった。いずれはそうなることだが、ことさら楽しんだ私は目にしたくはなかった。

数日後、ポールが私の家にやってきてプロペラが到着したと知らせてくれた。ホフマン社はすばらしい能力を発

ゴードン・ジョーンズとボスの109。この写真で主翼前縁の正確なマーキングが明らかになった。

揮し、わずか数日で仕事を終え、残る日数は移送のために費やされたのだ。だが彼の声の調子から、さらに知らせることがあるようだった。「ブレードの先端が明るい黄色に塗られていたよ」。私は数日間ベンソンに戻れなかったので、塗装班に当たって大急ぎで塗り直してもらうよう彼に頼んだ。プロペラを装着し、翌日、シュヴァルツグリュン（暗緑色）が塗布された。次に私が格納庫に入ったときには、「10639」は完全に元どおりの外観に戻っていた。私は、ためつすがめつ眺めては大いに楽しんだ。およそ19年前の荒れ果てた状態を忘れることはできない（19年とは、そんなにも前のことだったのだろうか？）。

あと一週間もなかったが、ロールアウト式典前にテスト計画を再開することができるようになった。ジョン・アリソンは手が空いていたし、思いがけずレジ・ハラムが指導、説明の求めに応じてくれた。4月28日の日曜日に（残りはあと4日）、私はひととおりエンジン試運転をしようとコクピットに入った。新しいパイロットに引き渡す前に、すべてが使用可能であることを確認しておきたかったのだ。

数時間かけて、何度もプライミング燃料のタンクを空にしたが、エンジンは息を吹き返すそぶりを見せなかった。またしてもプライム・ポンプが犯人だった。シールが千切れていた。交換したとたんにダイムラー‐ベンツは突如として動き出したが、私は即座にすべてが順調ではないことに気付いた。通常の暖気回転数でさえも、コクピット内のものがみな振動していた。最低温度に達したのでマグ・チェックを行ったところ、結果は実にひどいものであった。どちらのマグネートに切り替えても、200回転以上低下した。

何かがひどく悪いことは明らかだった。クリス・スターが、外で飛び上がりながらやっきになって排気管の方を手真似で指し示していた。エンジンをアイドルに下げると、エンジンは蒸気機関のような調子外れの音を立てた。停止したとき、時折り右側の排気管のひとつからエンジン前方に向かって炎が出てくるのがわかった。エンジンが冷えるのを待って排気管を外してみると問題が明らかになった。排気バルブが焼けて、穴が開いてしまっていた。私たち全員にとって、希望が打ち砕かれた絶望的な瞬間になってしまった。エンジンを取り外し、分解するしかなかった。だが、それはロールアウト式典が終わるまで待たなくてはならなかった。

5月2日の木曜日は灰色の雲に覆われ、切るような冷たい風の夜明けを迎えた。集まってきた招待客のための展示飛行ができない口実を作るには好都合であった。メッサーシュミットは格納庫の一隅に置かれ、その前には驚くほどたくさんの椅子が前日のうちに何列も配置されていた。午前中はカメラマンのために明るさを増すよう格納庫の扉が開かれていた。カメラマンたちは喜んだが、先に到着した基地司令グリーンウェイ大佐はひどく怒っていた。建物は最低限耐えられるていどにしか暖房されておらず、温度は快適といえる水準にまで上がりはしなかった。そのうえどこかのまぬけが扉を開けて冷たい風が入るにまかせていたのだ。私はいっこうにかまわなかったのはいうまでもない。

予定された演説の前は少ししか時間がなかったので、主な招待客のほんの数人と会って話をすることができただけだった。私はボビー・ギブス（いつもの生き生きとした態度のままであった）と彼の妻ジニーと親交を新たにした。私はまた、この109を捕獲したケン・マクレー中佐を紹介された。背の高いスコットランド人で、どこか遠いところの不思議ななまりで話した（彼は大戦以来、オーストラリアに住んでいた）。私たち全員が席に着いた。全員が出席者の方に向き、ジョン・アリソンのかたわらに、私、ジョン・ディクソン、ポール・ブラッカーとなっていた。チームの他の全員も私といっしょに出ると思っていたので、私にはこの配置が意外だった。

式典はベンソン基地司令による開会の辞に始まり、マイケル・フォップが引き継いでBf109の歴史の話の形式をとったが、ほとんどは私のプロジェクトの概要を補足するものであった。飛行機がその日飛行できないので、出席者全員にはお詫びとして処女飛行の短いビデオが披露された。愉快なことに、格納庫の照明のせいでスクリーンが見えにくくなっていた。新任の空軍要員補充組織の長官が祝辞を述べた後で、私は予想もしなかったうれしい驚きを提供された。私はその日の朝、ドルニエDo28小型輸送機でドイツから空輸されたばかりのレヴィ C/12D射撃照準器を贈られた。数か月前、中東で回収したBf109Gを復元しているギュンター・レオンハルトが私を訪れたとき、多少なりとも支援をすることができた。個人的な理由でロールアウト式

（上）「彼」のグスタフの前で嬉しそうにポーズをとるボビー・ギブス。
（右）ハインツ・ランガー（リューデマンの甥）は、著者に叔父の勲章のいくつかを進呈してくれた。
（下）名誉ある訪問者たち。左からジョン・ディクソン、ポール・ブラッカー、ケン・マクレー、ボビー・ギブス、ダグ・ガフ、イアン・メースン、著者、そしてジョン・エルコム。ロール・アウトの日に。

典に出席できなかったため、彼は西ドイツ空軍の将軍に頼んで私に贈り物を届けさせてくれたのだった。

式典の目的である除幕の運びとなり、出席者が「ブラック6」を目にしたとき、彼らからそれに価する拍手を送られ私は満足だった。できれば私も拍手をもって返礼したかった。式典は長くはなかったが、格納庫内の気温は骨身に沁み通るものだった。もう一度扉が開かれて、チームと私は、写真撮影に適して賓客がつぶさに見ることができる場所まで飛行機を押し出した。私にとっては、痛い移動となった。私は右翼の前縁を押しており、機体が動きを遅くしたとき主脚のすぐ近くにいた。私たちは所定の場所に着き、私は動きを止めようと足でふんばった。停止したようだったので私は背をのばした。よける前に109は再び進み始め車輪が私の足の上を乗り越えた。「そんなに痛かったのかい？」とジョン・アリソンが大げさに尋ねた。風のせいでたまたま私の目には、いつの間にか涙がたまっていたのだ。

その後に私たちは昼食のため士官食堂に引き下がった。だが、始めに控え室で空軍大将サー・パトリック・ハインが短い挨拶を述べたあと、メッサーシュミット-ベルコウ-ブローム社の会長(社長)オスカー・フリードリッヒを私に紹介した。彼はエンジンの交換用バルブ一対を贈ってくれた。すばらしい出来事であった。まだ、もうひとつ驚かされることがあった。最後に「ブラック6」で戦ったドイツ空軍パイロットの甥にあたるハインツ・ランガーが立ち上がって式に加わった。流暢な英語で叔父の経歴を手短に述べ、彼の勲章2個と部隊が北アフリカに向かうときに置き忘れていった、腕に着用するコンパス(方位磁石)をプレゼントしてくれた。これらは、飛行機が引退したとき、その前に展示するつもりである。

それから私はこの機会にジャック・ブルースをはじめ、とりわけプロジェクトに貢献した人々と語り合った。今では彼は仕事を引退しているが、長年研究を続けている初期の航空機に熱中している。長年にわたり、極めて貴重な奉仕をしてくれたペーター・ノルテンは、新たに居をかまえた西ウェールズからはるばる駆け付けてくれた。それにアンディ・スチュワート、私の仕事を成功に導いてくれたたゆみない努力は今日も続けられている。私たちは皆すばらしい昼食を楽しみ、来賓たちが家路に着くに連れて行事は閉幕となった。大変疲れた1日であった。かつて私はこれほど大勢の人々と語り合ったことはなかったし、ましてかくも多くの来客をもてなす機会もなかったと思う。厳しい天候にもかかわらず全員がこの日を楽しんだが、私は皆にプロジェクトへの貢献に対する感謝の気持ちを伝える機会をもっと持てなかったことが残念であった。

ダックスフォードへ

ブラック6は、3年間に限って継続する協定により、帝国戦争博物館が責任を引き受けることになった。ダックスフォードにとって重要なことは、すでに航空ショー期間が始まっているので、そこへ大急ぎで移動することであった。これを念頭に置き、チームはただちにエンジンの取り外しにかかった。私たちは、大量の水・グリコール混合液を保存しておきたかったので、特別なドラム缶にきっちりと抜き取っておくことにした。イアンと私は太いゴムホースをフランジから外すのに苦労していた。部分的にゆるめて、冷却液を真下に置いた容器にしたたり落ちるようにしようと考えていた。始めは止まっていたが、驚くほどあっさりホースは抜け落ちたので、私は奔流を容器に向けた。約半分は目標に達したが、残りは私のズボンと靴をずぶぬれにして格納庫の床にあふれた。イアンはといえば、何ヤードも飛び退いて大笑いしていた。今まで私は、彼があんなにすばやく動くのを見たことはなかった。

エンジンを再生した際に使用した反転治具(訳注：エンジンを回転できる枠に取り付け、バーベキュー式に作業しやすい角度に傾けられる作業台)をブリストルから移送するよう手配が行われた。数日後、到着したので、すぐ床に植え込みボルトで固定した。ダイムラー-ベンツはその後で機体から外され、ロジャー・スレードの指導のもとに分解が開始された。

オスカー・フリードリッヒがくれた排気バルブに加えて、私はもうひとつをギュンター・レオンハルトから、またパリの友人ジャン・ミシェル・ゴヤからも一対を受け取っていた。しかし、その後すぐ、私は完全な交換部品一式を見つけだした。破損の範囲がバルブ1個であるとはわかっていたが、他にもありそうだった。原因を調べなくてはならなかった。取り外してみると、私たちはバルブに施してあるクロームメッキが剥がれているものを数個見つ

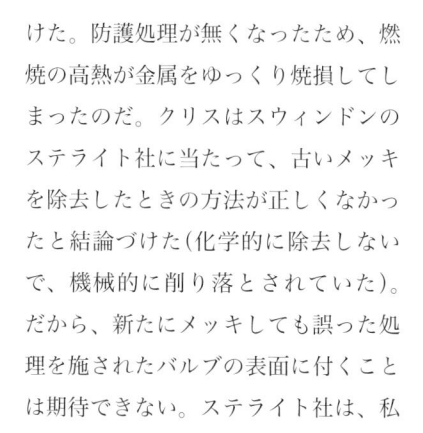

（左上）回転台に乗ったエンジン本体のブロック。
（右上）エンジンの排気弁の一つ、クローム・メッキが剥がれたため生じた損傷がわかる。
（左下）作業台上のシリンダーバンクのひとつ。
（右下）自在継手の手回し軸が付いた完全な始動メカニズム。小型のはずみ車が右側にある。

けた。防護処理が無くなったため、燃焼の高熱が金属をゆっくり焼損してしまったのだ。クリスはスウィンドンのステライト社に当たって、古いメッキを除去したときの方法が正しくなかったと結論づけた（化学的に除去しないで、機械的に削り落とされていた）。だから、新たにメッキしても誤った処理を施されたバルブの表面に付くことは期待できない。ステライト社は、私たちが持っている交換用バルブの検査を快く引き受けてくれ、数日後すべて完璧な良品であると知らせてくれた。

私はノーサンプトンシャーからスコットランドのエイルシャーに引っ越したために、エンジン修理作業にはなにも貢献できなかったが、定期的にポールから報告を受けていた。彼は事実上、毎日作業を進める時間がとれ、通常はボブ・キッチェナーが手伝った。他の連中は週末に参加するのが常であった。私たちボランティアは、事情の許すかぎり、精いっぱい全力を捧げて努力した。それゆえ、私は彼ら全員を非常に誇りに思うのである。

エンジンは6月末に再び取り付けられた。システムをもう一度全部つなぎ合わせ、また冷却液と油圧液を補充しテストの準備は完了した。7月最初の週末、ロジャーは最初の試運転を行った。相変わらずスタートは手こずったが、あとは上々で、むしろ昔をほうふつとさせる様子だった。

ジョン・アリソンは草地の滑走路がひどい状態なので、ベンソンでは試験飛行を行わないことに決めた。ふさわ

（上）ジョン・アリソンが試験飛行のために地上滑走に移る。
（中）新拠点ダックスフォード飛行場の場周を航過するブラック6。1991年7月12日、ジョン・アリソンにより飛行。
（下）イスパノHA1112ブチョン（奥）と並んで駐機するブラック6。

114

（左上）グレームが燃料補給中、クリス・スターはBPのスタンプ何枚分になるかを皮算用していた。
（右上）前JG77隊員のフリッツ・ロージヒカイト少佐が私たちの復元の出来ばえに太鼓判を押してくれた。
（右下）秋霞の中、ダグ・ガフやイアン・メースンと雑談中の著者。

しいさまざまな飛行場が検討されたが、ダックスフォードには最良の草地の滑走路があり、いずれにせよBf109は到着が遅れていたので、彼は直接飛んで行き試験計画を続けることに決めた。その年の大がかりな航空ショーであるクラシック・ファイター・ミートは7日後であった。私はIWMに、機は数日以内に必ず空輸できるだろうと知らせた。幸いジョンは金曜なら空いていることがわかった。たまたま私は、月曜と火曜に6か月毎のシミュレーター訓練のためルートンにいた。イアンが私をホテルで拾い、私たちはジョンの初飛行の準備が整ったBf109があるベンソンに向かった。何はともあれ、エンジンとシステムの完全な点検が必要であった。私は機体を、たとえすばらしいコンディションであったとしても短距離であってもクロス・カントリー飛行を認可する資格を有してはいなかった。

私は、再生されたエンジンがすばらしい出来栄えであることで満足するしかなかった。私が最初にテストしたとき、マグドロップがあまりないことがわかった。通常より高い出力で焼き飛ばそうとしたが効果がなかったので、もう一度プラグを何個か交換し、その他は掃除することにした。木曜になって、老鳥は調子を取り戻したことが明らかになったので、私はこの機会を利用してイアンとクリスにDB605エンジンの試運転を教え込んだ。私は航空ショーの期間中、常時出ることはできそうになかったので、チームの他のメンバーにエンジン操作の技術を身につ

ドイツ空軍到来。左から右にヘルムート・リックス（JG301）、フリッツ・ロージヒカイト（JG77）、クルト・ヴッペルマン（JG54）、クリスティアン・デツィウス（JG2）、ユリウス・マインベルク（JG2）、それにヘルベルト・トーマス（NJG）。

けてもらう必要があったのだ。

残念ながら、雇い主が翌日私を必要としていたので、「ブラック6」がベンソンを出発するのを見に行けなかった。それでも7月12日金曜日の夕方、チームからの数本の電話で無事ダックスフォードに着陸したとの知らせを受けた。全体に何事もない飛行で、ジョン・アリソンは飛行機の感触を楽しんだようだった。その草地の滑走路への着陸は、このような貴重な飛行機にはあまりにも危険であると考えられたので、もうベンソンに戻ることはないだろう。

クラシック・ファイター・ミートでは飛行できなかったが、Bf109は大観衆の注目を集めた。柵の近くに駐機し、チームは時期を見はからってはカウリングを開いて、美しく仕上がったエンジンを見せた。その日は2回、2度目は観衆の求めに応じて始動し、強力なダイムラー-ベンツ・エンジンは、多くの人に知られていた特徴ある大きく低い唸り声をあげた。友人の一人のドイツ人は、それを完璧に表現した。「空中を満たす音」と。私たちの控えめなデビューは、かなり好評のうちに受け入れてもらえた。

ジョン・アリソンは8月初めまで、イギリス民間航空局(Civil Aviation Authority)の規定による試験計画を開始する時間を割けなかった。遅延により、ほとんどのチーム・メンバーは、それぞれの作業を出勤できるかぎり行うことができた。試験飛行は6回で済んだ。46年間地上にいた飛行機にしては信じ難いほど短いプログラムであったが、私の仲間の腕前の賜でもあった。調整はわずか1項目だけが必要だった。操縦舵面のタブを少しだけ切り取った。そして故障は1件、回転計の駆動だった。

私たち全員にとって大変楽しい2日間であった。時々強い雨が降ったが、私たちの高揚した気分がくじけることはなかった。チーム全員が雨水のしずくを避けようと、あちらこちらと場所を変えながら、Bf109の下で雨やどりしているのが見慣れた光景になった。そんな土砂降りの後、私たちは風防と防弾ガラスとの間のせまい隙間の一部に雨水が入っているのを見つけて驚いた。ジョンは各操縦舵の利き具合を見るため飛行機を飛ばしたが、水が彼の目の前でぼちゃぼちゃ踊っていた。飛行中、ある操作で突然マイナスGになった。あとで私たちにその出来事を説明してくれたが、どうして水が飛び出さなかったのか私たちは理解できなかった。

テストにひどい影響はなかったが、マグネトーを点検している間にずっと回転数が、ときどき低下するという問題がそのまま残っていた。ダックスフォードの電気技術者によって始動スイッチの故障であることが突き止められ、私たちは安心した。これでもう、ダイムラー-ベンツの点火装置に心配事はなくなった。

テストの詳細は、私たちが作成した操縦手順書の申請書を添えて早急にCAAへと提出され、数週間後、私たちは飛行許可書を受け取った。「ブラック6」の展示飛行は9月中旬に行われ、ジョンが控えめな曲技飛行を連発するすばらしい飛行を披露した。私にはこれ以上望むべくもないことであった。

終わりの始まり
The beginning of the end

ブラック6の展示

翌月、私たちの"愛し子"はその年最後の展示、オータム・エア・デイのスターになった。アリソンが練習飛行を行った後で第2パイロットのデーブ・サウスウッドがコクピットに身体を押し込んだ。彼はエンパイア・テストパイロット学校を卒業した正規の大戦機乗りで、身長は6フィート(1.83m)を超え、その実技はいつも私を驚嘆させずにはおかなかった。彼は、いまだかつて一度も苦情を述べたことは無かった。草地の滑走路から完璧な発進をした後、新顔の荒馬の感覚をつかむために北へ向け姿を消した。地上に残された私たちは、通常なら曲技飛行のために設定された空域で機体を見聞きできたが、その日は何も見えなかった。私たちはまだエンジンの燃費効率を計測しておらず、安全滞空時間は最大45分と推定していた。だが、50分を数分超えてもデーブはまだ現れなかった。私たちが心配したというのは、少なくとも控えめな表現であったろう。私が管制塔に行ってみようと決心したちょうどその時、驚くほどの轟音が飛行場上空の静寂を破り、Bf109はその後の展示飛行をはるかに超えたもっとも印象的な登場をやってのけた。最初に飛行機を見たのは、私たちの右側をほぼ完全な平面形を見せて、地表から100フィート(30.5 m)以下の高度で隣接する道路を横切り高速で通過したときであった。デーブは同機で1時間をやや下回る飛行をやってのけたのだ。これは感動ものであった。私たち全員にとってかなりわくわくするできごとであり、次いで同じく感動的な展示飛行演技が行われた。唯一の懸念は、明らかに過大なGが加わる引き起こしが行われたことだった。やんわりと彼に運用制限を思い出させながら、私は新しい仲間に祝意を伝えた。しかしながら私たちのチーフ・パイロットも帰還を目撃していたので、その後デーブはもっと厳しい叱責を受けた。その日の午後、彼の最初の単独展示飛行は楽しい見ものではあったが、観衆を喜ばせる演技は入っていなかった。

ダックスフォードは、ほとんどのチーム員の家からは遠いため、機体を世話するのは決して容易なことではなかった。このことはもちろん私も予測していた。また、私たちのエンジン技術者ロジャーが住む場所では、どうしようもない事態が予測できた。ブリストルの彼の家との距離から見て、定例的に来訪できなくなるのは避けられなかった。その結果、エンジン整備は次第にクリス・スターの領分となっていった。彼自身による数多くの工夫のおかげでエンジン始動はほぼ完璧に近くなり、クランクの回し手はかなり楽になった。エンジンが回っている最中は、チームの数人が残っているように手配するかたわら、私は安心して新エンジン・チーフに仕事をまかせていた。それでも私自身が楽しむため、ときどき彼の権限を奪うことがあった。まあ、いずれにせよ私がボスであったのだか

メッサーシュミット独特の姿がよくわかるアングルで飛ぶデーブ・サウスウッド。

（上）頭上のチン・カウル（機首下面カウル）内の受けに溜まったオイルを拭き取る準備をする著者。
（下）1992年、ダックスフォードにて。元第1426飛行隊員とカメラにおさまる著者。左から右にバーナード・アルボン、著者、"のっぽ"・ウェストウッド、ダグ・ガフそれにレイモンド・フリスビー。

ら。

　倒立式のダイムラー‐ベンツを清浄に保つのは不可能であった。毎飛行後、不変の定例作業の一部としてカウリングを開きエンジンを目視で点検、オイルと冷却液を補充し、それからチン・パネル（機首下面カウリング）に溜まったオイルを拭い取った。最後の作業は汚れ仕事なので、しばしばやっているのは自分だけであるのに気付いても驚くにはあたらなかった。私たちがこうした作業や機体の清掃をやらなかったとしたら、すぐ古びてくたびれた飛行機に見えるようになったであろう。そのいっぽうで、私は多少の時間を持てたので来訪者と話し合ったり、進行中の復元の資金を得ようと設けた売店の面倒を見たりするのにあてた。チームが迎えた大勢の来訪者のなかには、搭乗員や地上要員からなるドイツ空軍のメンバーがいた。彼らの「ブラック６」への関心はありがたかった。実際、元戦闘機パイロットのひとりはコクピットの座席に座り、去り際には涙ぐんでいた。私たちのもてなしは正しかったにちがいないと、ひとり納得していた。別のある訪問客は、東部戦線でBf109部隊の元地上要員で、部隊の飛行機の後部胴体内に横たわって飛び、敵から逃れたことを誇らしげに語ってくれた。

　ダックスフォードでの展示飛行日は、まさに骨が折れることがわかってきた。私たちの唯一の飛行機は、通常イベントごとに2回飛行し、2度目の飛行はショーの幕引きを務めることになった。観衆にはすばらしいことだったが、他のほとんどの飛行機が片付け終えたころに私たちは飛行後の点検や清掃作業を始め、それからメッサーシュミットを格納庫内の所定の場所に移動した（迷惑なことに、私たちの場所はIWMの都合によってたびたび変更された。このことは工具キットや他の機材類も移動しなければならないことを意味する。最終段階に近づいた時期になって専用区画が割り当てられたが、もはや、遅きに過ぎた）。たいていの場合、私には当日のグラスゴー行き最終便に向けスタンステッド空港に駆け付ける時間はほとんど残されていなかった。一度ならず、間に合わなかった。

　私たちにとって初めての基地外展示飛行は1992年8月に行われ、デーブ・サウスウッドがBf109を、ウィル

トシャー州のロウトンに運んだ。思い起こせば、古典機が飛行する空域には2日以上も強風が吹いていた。彼は押し流されないよう正確に強風に逆らって上空にとどまり、すばらしい演技を行った。当然、彼はその最優秀飛行展示にふさわしく、ステファン・カルボフスキー杯を授与された。それでも、私は2日間の飛行展示が終わったときにはほっとした。離着陸は前年の出来事を思わせる草地からであった。そして草地と強力な向かい風で、メッサーシュミットはフィーゼラー・シュトルヒに匹敵するような着陸距離で停止したのである。

さらに2回の飛行展示の後、私たちは冬季整備の準備に取りかかった。エンジンの防錆を行う前に、コンプレッション・チェック(訳注：シリンダー燃焼部にかかる圧縮圧力で各シリンダーごとにバルブやピストン・リング等の気密度を点検する)を実施したが、がっかりしたことに計測値はひどいものだった。クリスはすぐに原因が排気バルブ・シートの腐蝕であることをつきとめた。交換が必要なことは明らかだったが、どこで見つけられるだろうか。私は新品を製作できる国内の2社と相談したが、費用は莫大なものだった。数個の交換部品の提供申し出があったものの、あいにく数が足りず、必要とする最少数にも満たなかった。そのうえ交換することにより、比較的損傷のないバルブも結局劣化させることになる。私がほとんどあきらめかけていたとき、ジークフリート・クノールが救いの手をさしのべてくれた。シギは(大勢の)友人たちのために数年間をかけて、ダイムラー-ベンツ・エンジン用の部品を集めてきており、数台を博物館の展示用に組み立てていた。彼は私たちの窮状を聞き、Bf110Gのエンジンから、ほとんど未使用のバルブの完全セットを無償で私たちに提供してくれた。イギリス航空局から部品の出所を要求されても、バルブが1台のエンジンからもたらされたことを堂々と証明できただけではなく、関連する製造番号や製造日付まで提出できた。シギが私たちを救援してくれたのはこれが最後ではないことは、読者もこれから知ることになる。それが真に私心の無い熱心な航空ファンで、この上なくすばらしい人物との、終わることのない友情の始まりであった(ちなみに、述べておかなくてはならないが、さらに腐蝕問題が起きるのを防ぐため、そのとき以来、エンジン使用後、熱が冷めたころにオイル混合液を各排気管内へ噴霧し、それからカバーを取り付けることにした)。

予想どおり、私にとって「ブラック6」の整備を監督するのは、ほぼフルタイムの仕事であった。私たちが幸運だったのは息子のグレームがダックスフォードのごく近くに住んでおり、必

ラ・フェルテ・アレ。観衆の入場前。

要が生じたときは彼が役に立ったことだった。彼が参加しなかったら、私たちは年中、克服できない問題を多く抱え込むことになったであろう。私は、出発時および到着時に充分な人数がいるようにチームを編成する役を負わされた。基地外展示飛行に関わる場所では、仲間のほとんどは展示する飛行場にいたがることがわかった。個人的に、私はダックスフォードに残るほうが実際楽しいのだが、ジョン・エルコムも「ダックスフォード組」を選んだときは嬉しかった。1993年5月に予約された展示飛行は、開催地がパリの真南にある草地滑走路の、ラ・フェルテ・アレの飛行場だったので、私たちチームの力量を限界まで試されるものであった。ブラック6を外国に運ぶことにわくわくするいっぽう、多くの問題ももたらした。まず、ダイムラー－ベンツは信頼性を証明していたものの、私たちはまだ燃料消費量を知るに至ってなかった。そのため私はパイロットに、年度ライセンス更新審査を終了した後で巡航飛行試験を行うよう依頼した。そのときまでに私たちには3人のパイロットがいた。チャーリー・ブラウンはイギリス空軍の教官パイロットで、アリソンによって私たちの飛行機の手ほどきを受けていた。彼とデーブ・サウスウッドが順番に巡航回転数を選び、ケンブリッジシア周辺を低高度で飛びまわった。結果は有望で、Bf109は直接パリまで飛び、適切な予備燃料を残して着陸することが完全に実行可能であるということだった。実行可能、もちろんだが、どう判断するか。私たちはイギリス海峡沿岸のカレーで燃料補給着陸に決めた。この飛行場は草地滑走路が利用できた。次は支援体制が必要となった。今や私は、ダックスフォード以外で戦闘機を迎える人員が必要となった、カレーで出迎える人たちと、さらにパリにも。思い返せば不思議なことに、私は最後まで志願者が不足するという目にあったことはなかった。古くからの仲間、イアン・メースンがカレーを担当し、またラ・フェルテ・アレでも応援にまわることになった。チームが編成されて移動準備が整えられ、フェリーと宿泊先が予約され、Bf109はチャーリーの操縦で出発した。旅程全体で唯一の出来事といえば、パリでの華麗とは言い難い着陸だったが、展示飛行は大好評であり、私たちはヨーロッパ中の報道陣の取材を受けた。

その年の遅くに、私たちは機体にもう1つ新たな装備を追加することができた。私たちは、復元基金で集めた資金を使って早い時期に発注しておいた過給器吸入口の先端に付く「ザントアプシャイダー」、フィルター一式を受け取った。長年の間、これらの装備品が南アフリカ、ヨハネスブルクの国立戦争博物館に展示されているBf109F-4に存在していることを知っていた。同一の部品が後のグスタフにも採用されていたので、私たちの良き友人であるデニス・ロルフがそれを借用できるよう手配してくれて、南アフリカの職人により私たち向けに複製品が製作された。ブラック6に取りつけられたそれは完璧に見えたが、どのくらいエンジン性能に影響するであろうか？ 次の飛行ではデーブがフィルターのクラムシェル・ドア（訳注：フィルター先端の貝殻状の開閉扉）を閉じる、つまり過給器へのラムエア流入を妨げるよう求められた。ブースト計の針の動きには注目すべきものは認められなかった。

災厄！

数日後、運は下降に転じた。私たちはロウトンでの飛行展示、次いでイギリス海峡のジャージー島、ガーンジー島と続く多忙なスケジュールを抱えていた。島々での予定は、またしても必要な人員を増やすことになる。そこで私たちは、任命されていたパイロットのチャーリー・ブラウンに手動エンジン始動手順を習熟させ、支援のない飛行場に送るという名案を考えついた。イアン・メースンがクランク始動をチャーリーに指導し、私がコクピットを引きうけた。フライホイールの回転が上がり、今やおなじみの音になったとき、私はクラッチを噛み合わせるためハンドルを引いた。続いて起きたことは警戒信号としか言いようのないものだった。リズミカルなノッキングが機体をゆすり、プロペラがわずかに動いた。しきりに首をひねったあと、私たちはもう一度試してみることにしたが、ほぼ同じことが起きた。カウリングを開き、イアンが小さな鏡を使ってエンジンの後ろ側を覗きこんだが、彼は自分の見たものを信じられなかったようだ。スターター・ドッグがほぼ全長にわたって割れ、連結歯どうしの間隔が広がっていた。よく考えてみれば、ベンソンで数え切れないほどエンジンを始動しようと試みたことがこの故障をもたらしたとすれば驚くに足りないのだが、この事態は私たちを心底打ちのめした。私たちはロウトンからチー

（上）数人のグライダー・パイロットが見つめるなか着陸する109はまるで模型のように見える。
（中）上首尾だった一日を終えて、格納庫に戻るブラック6。
（左下）ギャビン・セルウッド撮影のブラック6。夕暮れにクリス・スターが試運転中。白熱したスチール製防護板が排気管からの、きわめて高温の排気が過給器吸入口に入ることを防いでいる。
（右下）滑油タンクを取り外したエンジンの珍しい写真。複雑な配管がよく見える。

ケンブリッジシャー上空のブラック6の美しい姿。スピンナーと両翼端の白色塗装がいつもよく目立つ。

ラジエーター・フラップを開いている不調げな109。

大戦後期の宿敵、P-51Dマスタングの前を滑走するBf109G。

デーブ・サウスウッドが飛ばすブラック6。従えるのはジョン・アリソンが操縦するスピットファイア16復元機。

（上）過給器吸入口がほとんど隠れた小型のグスタフのすっきりしたライン。明黄色のカウリングが地上からの識別手段として有効であることがよくわかる。
（中）恐怖のホワイト・ノーズ。白色のプロペラ・スピンナーは砂漠の連合軍パイロットにとってはただひとつの事実を意味したのである。敵機もメッサーシュミットBf109を。
（下）1942年、地中海上空において……ではなく1993年のイギリス海峡での撮影である。

（次ページ上）ファイター・コレクションのハリケーンⅩⅡと編隊を組むブラック6。旧敵2機のサイズ比較が興味深い。
（次ページ下）デボンへ飛行中のレッド3。新迷彩の簡潔な様子は映画でそれなりに効果的であった。

125

（上）事故の翌日、イアン・メースンが私たちの壊れた機体を淡々と検査している。
（左下）ジョン・ディクソンとクリス・スターが DB 605 のクランクケース内をのぞきこんでいる。
（右下）はっきりわかように、垂直安定板と方向舵の上半分が完全に押しつぶされている。幸い水平尾翼は損傷を受けていない。

（次ページ左上）ほぼ3年ぶりにして初めて主脚で再び自立。下部エンジン支柱や機銃も戻された。
（次ページ右上）復元されたコクピット。射撃照準器とオリジナルの酸素パネルが付いた。
（次ページ下）父が貼ったスワスチカの輪郭が正しいかどうか、グレームが点検を始めようとしている。

127

（上）作業終了直後に撮った１葉。この横からの眺めでもアンディーの塗装の腕前は明らかだ。
（中）ヘンドンに向けダックスフォードを去るブラック６。
（下）30年にわたる協力の結晶。

エンジンから取り外したスターター・ドッグ。割れてしまっている。

ムを呼び戻し、ショーをふいにした。それからジャージー島と多額の収入も。私たちは改めて、ドイツの技術が賞賛に値するものであることを理解した。どうした理由からか、この小部品を交換するにはエンジンを（またしてもだ）取り外さなければ手が届かないのである。おそらくドッグは、ドイツ空軍で使用していた時期にはけっして破損することなどなかったのである。この破損が、エンジン取り外しがやっかいな輸送途上ではなくて主基地で起きたことが、せめてもの慰めであった。ともあれ、またもやシギから完全な交換用ドッグとともに救いの手が差し伸べられた。何も質問せず、請求書もなくであった。

　続く冬も終わりに近づき、すべてが元通りに組み戻されて定例整備もすべて完了していた。ランプでは、クリス・スターが数回エンジンを復活させようとしたが、その度ごとに浸漬式燃料ポンプをコントロールするサーキット・ブレーカーが飛び出した。このポンプはすぐ交換され、エンジン試運転は満足のうちに終了し機体は格納された（数週間後、交換したポンプも故障した。GECマルコーニ社でオーバーホールしている最中でも、予備がもう1個あった。そのような故障は納得できなかったので、調べて見ることにした。パイロットらは、ポンプを常時回しっぱなしにしていることがわかった。説明しなくてはならないが、これはブースター・ポンプであって、エンジン始動中や、たとえば離着陸時のような飛行の重要な段階で燃料を加圧して供給するのに使用し、1分を超えない時間だけ使用することのみを意図したものであった。驚いたことに、操縦手引書は無視され、ポンプは回しっぱなしとなっていた。数年間運転したに等しいほど使用されたのだから故障は避けられなかったのである）。翌朝、チームが到着してさらに点検を行うため引き出そうとしたが、機体真下の格納庫の床面に液体が溜まっているのを発見した。燃料だ。Bf109の燃料タンクは非常に緊密に取り付けられ、またその装備はフィルターやエンジンへの送油用配管が中央桁の切り欠き孔を通るというようにさらに複雑になっていた。ホース類を締結させユニオンをからげ線で固定するのは悪夢でさえあったが、修復が必要なのはこの辺りであろうと推測した。少なくとも私たちは、問題がそうであってほしいと願った。腹部のパネルを取り外しユニオンをすべて点検したが、まだ漏れがあった。次に考えられる原因は一連のタンクのシールであったので、タンクを取り外すしかなかった。このシールは、燃料ホースが通過するタンク前部のパネルに位置しており、組み込み時に薄いゴムをはさみこみやすいので、やっかいなものであった。何も見つからず、プレートとシールを慎重に組み立て直し、タンクを取りつけて燃料を注入したが、それでも漏れた。その後何度もタンクの取り外し、取り付けが繰り返された。チームにとってはおそろしく骨の折れる作業で、その日は11時間以上もかけ、さらに2日を費やしたが、漏れを修理できなかった。難問をつきとめたのはイアン・メースンであった。綿密な検査の末、彼は燃料がタンクの壁を通して漏れ出していることを発見した。内部では壁がふくらんでいることがわかり、セルフ・シーリング材が活性化していることを悟ったが、ゴムの経年劣化に対処する術はなかった（訳注：セルフ・シーリング（自封防漏）・タンクは天然ゴムを間にはさんだ合成ゴムの袋、またはそれで覆った燃料タンクからなる。弾丸が突き抜けると、漏れたガソリンが間にはさまれている天然ゴムを膨張させて孔を塞ぎ燃料漏れを止める）。この劣化はまた、設計上400リットル入るタンクに375リットル以上の燃料を給油できないことを告げていた。タンクはもうおしまいであり、そして私たちは、シギでさえも助けることができない難問に直面した。イアンは、燃料タンクを注文に応じて生産する会社であるカースル・ドニントンのプレミア社に接触し、最終的に、古びたタンクやBf109の燃料タンク区画の寸法を送った。新しいタンクの見積価格は、非常に驚いたことにIWMが提供しないと表明した額の5,000ポンドであった。博物館側は喜んで戦闘機を恒久的飛行停止にすることを承認するのは明らかだったので、私にとってはショックだった。数週間後、費用の一部を提供するというヒストリック・フライング社（私たちはしばらくの間、同社のスピットファイア

129

IXといっしょに飛行していたことがあった。訳注：ダックスフォード近郊のオードリーエンドで大戦機の復元、整備を行う会社）からの申し出があり、私たちにとっては嬉しい驚きであった。私たちも売店の売上からほぼ同額を捻出できたが、イアンが実質的な値下げ交渉をしたときにプレミア社は後日公表することと引き換えに進展があった。その後、IWMは幾ばくかの現金を提供しただけだったが、新品のタンクは6か月ほど後に納入された。自封防漏式の本来の部品より壁が薄くなり、そのためさらに軽くなったので、非常に取り付けやすくなった。私たちは、55リットル余分に燃料が搭載できることを知って喜んだ。したがって、私たちの飛行機の航続時間がかなり向上したのである。

ダックスフォードでの最終の展示飛行で飛行できたものの、私たちは実質的にシーズンのほとんどを逃してしまった。しかしながら、オールド・フライング・マシン・カンパニー社のマーク・ハンナの仲介で手数料を得ることができた。彼らのブションは偶発的な脚上げ着陸による修理のため分解中だったので、マークはブラック6をアメリカのタバコ会社ラッキー・ストライク向けの撮影用のBf109機の代替（！）に選んだのであった。同社は、広告目的にマスタングとBf109の映像を希望していた。ただひとつ問題だったのは、彼らが私たちの機体にヨーロッパ戦線での塗装を要求したことだった。昨今の収入の逸失を考えに入れても、私はとしては、やはりあまり気が進まなかったが、水性塗料で塗装することに同意した。砂漠塗装に損傷を生

じることなく、容易に洗い流せるという考えのもとに。そんなやり方ではうまくゆかず、塗装はその後、ややみすぼらしく見えるようになった。（訳注：オールド・フライング・マシン・カンパニー社は、ダックスフォードを基地に大戦機や旧式ジェット軍用機の整備、復元、航空ショーの開催と出演や映画、TV、CM出演等を業務としている。マーク・ハンナ氏はオーナーのレイ・ハンナ氏の令息であるが1999年9月、航空ショーの事故による火傷がもとでこの世を去った）

当時、ある大臣がダックスフォードを訪問し、彼のためにアリソンが短時間の展示飛行を行うよう依頼された。すばらしい夕方で、メッサーシュミットを披露するには申し分のない天候であった。演技は、ほとんど飛行機が飛行場境界内から外れるほど、きわめて乱雑であった。チーフ・パイロットは最近練習不足のため、機内で厄介な目にあっていることが、私たち全員の目には明らかだった。彼は着陸のため西に向かって滑走路へ接近してきたが、そのときまでに太陽が水平線にあったので、一時的に目がくらみ機首下げ姿勢で地面に突き当たった。私が忘れられないのは、機体のありさまであった。機体は地面から50フィートほどにあり、45度位の角度で機首上げとなり、プロペラがはっきりと見え、エンジンがアイドルになっていることを示していた。アリソンがスロットルを全開にし、かろうじて2度目の接地をまぬがれたが、私は心臓が口から飛び出しそうだった。彼はもう一度場周飛行を行い、またも太陽に向かって着陸したが、今度はもっときちんとしたものだった

（その夕方は無風だったので、私はこの日、なぜ彼は太陽を背にして違う方角へ着陸するよう決めなかったのか、いぶかしく思った）。その後の検査で、主脚が「底突き」したときに、プロペラ・ブレードは地面を切ってしまったが、損傷はなかった。エンジン支持架と着陸装置も検査する必要があったので、私たちは翌日の写真撮影をキャンセルせざるをえなくなった。主脚の車軸は両方ともひどく損傷していることが判明した。これがハードな着陸のためだけによるかどうか決め付けるのは難しいが、磨耗であったとしてもどんな損傷も着地によって確実に悪化するにちがいない。色々な修理手順を討議したものの、原状に戻す方法を見つけることができかったので、替わりの車軸を取り付けざるをえなかった。

頼れるグスタフ

1995年はもっとも変わった出演契約で始まった。私たちは、撮影機によりそって飛ぶ「愛し子」に"ポーズ"をとらせるような一流の航空写真家からの要求には慣れていた。今回の場合、私たちの顧客の関心は写真ではなく音だった。カリフォルニアから来たジョン・アルトマンは、古典機の音を録音することを専門とし、市場向けにテープやCDを製造していた。復活祭の静かな早朝、ジョンと彼の妻コレットが機材を準備しているあいだに、私たちはブラック6を準備した。彼が録音に満足するまで何回かエンジンを始動し、続いて複数のマイクロフォンの前を通過するよう地上滑走を行い、その後に飛行機は飛び立った。20分以上にわたり、低速および高速での航過が

ダックスフォードとジョンのマイクロフォンの上空に鳴り響いた。唯一、私たちに眠りを邪魔されたというひとりの住民による苦情で損なわれはしたものの、もっとも楽しい日であった。

数週間後、私たちはマーク・ハンナがオールド・フライング・マシン・カンパニーが「Bf109G-10」を運用するという協定を、ドイツのハンス・ディッテスと取り決めたことを知った（括弧を用いたのは、この飛行機はもともとブチョンであったもののエンジンをDB605に換装し、大戦末期の大型の垂直安定板と方向舵、および脚を延長した尾輪を新造して取りつけ、大幅に改造を行った機体だったからである。その結果、もっとも納得のゆくG-10機のレプリカとなった）。ダックスフォードへの同機の到着は、飛行展示のクライマックスに合わせるように時間が設定された。「ブラック6」はもう一度離陸して南へ飛び、「ブラック2（この新しい飛行機に塗装された機体番号）」と合流した。2機は編隊を組んで航過した。最後に2台のDB605エンジンがよりそって聞こえたのはいつだったのだろうかと私たち皆が首をかしげた、楽しいひと時であった（しかしながら、マークのこの機体との提携期間は短く終わった。過給器とプロペラに問題があったのであまり飛ぶことなく、結局はドイツに戻された）。

翌週末、ダックスフォードの数マイル南にあるノース・ウィールドで飛行展示が行われ、呼び物として2機のBf109の出演が計画された。イアンがイナーシャー・スターターを回すために左翼上に乗っていたので、デーブ・サウスウッドが操縦席を占めた。適切な回転速度と音に達したので、デーブはスターター・クラッチを引き、エンジンが唸り声を上げた。するとイアンは翼から吹き飛ばされてぶざまに地面に叩き付けられ、足首を捻挫して尾翼のすぐそばで止まった。事故の原因は簡単に判明した。デーブはスロットルを指定の始動位置以上にする癖があり、エンジンが点火したとき、暖気運転以上の回転数にまで加速したのであった。すぐさま手順は、スターター・ハンドルを引く前にハンドル回し手が機体から離れたことを確認するように変更された。

ありがたいことにその年は大変な大当たりで、多忙だった。飛行機はついにその信頼性が証明され、仲間や私は故障のない運航を期待しつつ、いつも

事故後、松葉杖姿のイアン・メースン。左から右へ、ペタ・ハワード（私たちの売店運営を手伝ってくれた）、フランキー・アルドリッジ、ポール・ブラッカー、それにジョン・ディクソン。いろいろな意味で暑い夏だったことは間違いない。

ポールとジョンが左翼のラジエーターを見つめている。水-グリコールが草に滴り落ちている。

ダックスフォードにやってきた。私たちをがっかりさせたのは一度だけである。ある晴れた朝、訓練飛行を終えてメッサーシュミットは待ちうけるクルーに向けて滑走してきた。近づくにつれて左翼下面から草の上に液体が滴り落ちているのが見えた。プロペラが止まるやいなや、私たちは翼の下にもぐりこみ、ラジエーターから水・グリコール混合液が流れ出していることを発見した。この液体は沸点に近かったのでしばらくは適正な検査ができなかったが、私たちは冷却器本体が破損したのであろうと推定した。（そして、その通りだった）。何はともあれ私は、倉庫から予備ラジエーターを引き出してケンブリッジのアングリア・ラジエーター社への道を急いだ。すぐに予備部品の状態が点検され、厳密な加圧試験にかけられた。使用可能であった。私はダックスフォードに戻ろうと急いだ。もちろん速度制限は心にとどめていたが。ラジエーターを待ち受ける機体に取り付けた。パイロットはエンジンを始動し、通常の点検を行い、出演予定の展示飛行に出発した。大混乱の日ではあったが、予約をすべてこなすことができるので、全員の意気は盛んであった。

草地滑走路からだけ飛行すると私たちが自主規制しなかったら、あの年は実際にはもっと多忙であっただろう。単に離着陸の際、制御不能な横揺れによる損傷の危険を冒す価値がないと決めたからにすぎなかった。その結果、イングランドの大きな飛行場の多くには使える草地滑走路が無いので、デーブ・ヘンチー（訳注：IWMダックスフォード飛行場管理者）は「ブラック6」への無数の出演要請を断らざるをえなかった。たまには、妥協することもあった。たとえばグロスターシャーのフェアフォードでのインターナショナル・エア・タトゥーがその一例であった。ヨーロッパ最大級の催しのひとつであるが、きわめつけは現用機の展示飛行であって、旧式機のそれではなかった。しかし1995年は第二次世界大戦終結50周年にあたり、フェアフォードは大戦にふさわしい選り抜きの戦闘機を望んでいた。私たちの飛行機は、たまたまデーブ・サウスウッドのホームベースであるボスコムダウンに配置するよう承認された。催しでは連日、Bf109はスピットファイア、ハリケーンとP-51Dが先導する大編隊航過に参加した。私が思うには、これはさまざまな国家の和解を表した重要な出来事であったが、がっかりしたことに報道は情けない取り上げようであった。

また撮影があったため、Bf109の砂漠塗装を一時的に消すことが必要となった。BBCのテレビシリーズ「オーヴァー・ヒア」のために、再度まがい

（中）イーストアングリア上空での撮影から帰還したブルー8。
（下）塗装剥がしに大忙しのチーム。

戦後初めて、レプリカ・マウントにより上部デッキにMG17機銃の取り付けができた。

ものの欧州戦線用塗装が施されたが、今回は胴体には青色のデカールで数字の8が貼りつけられた。おもしろいことに、撮影がすべて終わったあとで帰還したとき、私たちはデカールの1枚がイースト・アングリア（訳注：ノーフォーク州、サフォーク州にまたがるイングランド東部地域）のどこかに吹き飛んでしまっていたのに気がついた。もはや塗装はみすぼらしい状態であったので、私は冬のあいだに剥がして塗装し直すことに決めた。時間のかかる作業であり、週末に次ぐ週末をチームのほとんど全員が健在でいつも出席することでしか達成できなかった。彼の保有するヒストリック・フライング社を通して私たちが密接に関わり合うようになってしまっていたクライブ・デニーにより新たな塗装が施された。

そのころ、私たちは機首の上部にMG17機関銃用のレプリカ・マウントを取り付けることができた。私は、長年のあいだそのマウントを探してきたが、ロシアから回収されたかなり破損したBf109F-4から得られた。持ち主が親切にも私たちに貸してくれたので、ポール・ブラッカーがレプリカ2個の製作を任された。製作費用は、またもや私たちの復元資金から捻出された。ついに、私たちは上部カウリングの銃口を塞いだ蓋を取り外し、20年以上も倉庫に保管していた機関銃2挺を取り付けることができた。

新しくなった塗装で新鮮に見える「ブラック6」は、1996年をほとんど問題無くやり遂げた。すばらしい演技を披露し、かなり頻繁に航空ショーにも出演したものの、私には航空関係報道機関の関心が明らかに薄れてきたのに気がついた。飛行機は昨日のニュースとなってしまい、雑誌にもあまり掲載されなくなってしまった。だが翌年は関心を呼び戻すことになる……。

終わりの始まり

冬の間にIWMは、アイデアル・ワールド・プロダクション社からのメッサーシュミットをテレビ・シリーズにとの申し入れを受けていた。これはどういうわけか最終的に『航空機、列車と自動車』という題名が付けられたが、企画はロビー・コルトレーン（英国の映画、TVスター）とともにが、あらゆる形態の内燃機関の発達を記録するというものであった。要求された日程に合わせるため機体を早めに冬眠から引き出し、3月初めに地上と空中で撮影が行われた。監督がカメラの上を超低空で航過するよう要求したので、デブ・サウスウッドは譴責を恐れず、喜んで引き受けた。また私たちはギュンター・ラル将軍を迎えて大はしゃぎした。大戦時のトップ・スコア・エースのひとりである将軍は、彼が空戦を闘い抜いた飛行機Bf109を視察した。そこで、彼に私たちの機でエンジン運転をするようお願いしたが、彼がそれを行うのはまさに1945年以来のことだった。彼はその体験を楽しんでいたようだった。

翌月、上面全体にグリーンの塗装がスプレーされた。今回は『ランド・ガールズ』という映画に短時間出演するためだった。新しい識別記号、赤の3を塗り（ペンキで）、チャーリー・ブラウンがサマーセットに飛んで、不時着シーンを演じた。この仕事でIWMはかなりの出演料を受け取ったと思うが（私たちの活動の財政面はまったく知らされることはなかった）私には、また塗装が損なわれてしまったことがうれしくなかった。

ショーに次ぐショーでも機にはまったく問題は生じなかったが、私たちは長期間使用不能となったため2度にわたって延長された国防省との貸与協定

(上) 撮影に備えカメラの前でジョン・コルトレーンとともにBf109のコクピットを楽しむギュンター・ラル将軍。
(下) 全時代を通して第3位のハイスコア・エース(275機撃墜)、ラルがブラック6のエンジンを運転中。

が終了することを知らされた。IWMは機体をダックスフォードに留めるよう運動していたものの、強い権力と影響力のある委員をこれみよがしに揃えたRAF博物館が競り勝ちそうであった。そのままでは、1997年のシーズン終了時には「ブラック6」と私たちの関わりも終焉を迎えることになるだろう。奇妙なことに、国防省は機体を復元した人々に相談をしたり、知らせたりしたほうがよいとは考えなかった。

宣伝目的にBf109の実力が試されることになるダックスフォードでの年最後のショーの前の金曜日に、プレスデイが開催されることが決まったとき、私の不安は確実になった。その日は、滑走路を横切る強い風が吹く良好とはいえない日だった。限界に近い状況にもかかわらず、飛行機を飛行させようとする圧力があるようなので、私は困惑した。飛行計画に何らかの支配が及んだとしたら、私は飛行停止としたであ

ろう。しかし、私の不安をよそにチャーリー・ブラウンは飛行することに決めた。私たちが設定した横風制限以内に留めようと、彼は、ダックスフォードの草地滑走路を横切って離陸することに決めた。離陸してから、彼は単調で、特にエンジン・パワーの使いかたが荒かった。このことで私は、彼は前もってこれが最後の飛行になると知らされていたのであろうかと、いぶかしく思った。10月12日の日曜日がやってきたが、風はまったく弱まらなかった。始めの展示飛行は中止されたが、ジョン・アリソンは、風がちょうど私たちの運航制限以内になったのを確かめて、後半の時点で飛行することに決めた。私はキプロス往復便でボーイング757を飛ばしていたので、その日は参加できなかった。グラスゴー空港に帰着して、引き継ぎの乗員のメンバーのひとりが、たまたま「私の飛行機が墜落した」と聞いたと言ったとき、少し心配になった。同じ乗員の他のメンバーは、私の飛行機ではなかったと断言したものの、乗員室へ、妻のオードリーからいつ家に着くかを尋ねる、いつにない電話を受けたときに、私のひそかな不安がさらにふくれあがった。1時間後、玄関をくぐったときすべてが明らかになった。アリソンが「エンジン故障」に遭遇し、機体は不時着の際、転覆してしまったことを知った。その夜は電話にかかりきりとなり、私は翌朝ダックスフォードへ出かけるこ

とに決めた。

イアン・メースンといっしょに、農場のトレーラーの上に裏返しに横たえられた「ブラック6」を検査した。雨が全体に降り注ぎ、破損した構造物の中に流れ込んだ。「私たちは、君に何をしてしまったのだ？」と自分が言ったのを覚えている。主な損傷は後部胴体に集中していたが、イアンと私は目の前に横たわる25年間にわたる努力の成果が破壊された残骸に意気消沈した。しかし、ややあって老鳥が復元可能であり、しかも元の姿を最小限失うだけであることがわかってきた。心配だったので、機体を豪雨の下から、詳細な検査を行い損傷を記録することができる乾いた格納庫内へと移動させた。何日か後、主翼が取り外され、それから胴体が大型クレーンで正しい姿勢に戻された。その後戦闘機は小さな作業場に移動した。うんざりしたことに、国防省は特別の許可なしには誰も、たとえ私のチーム員であってもBf109に近づくことを許さないと命じた。そのうえ信じられないことに、国防省あるいはIWMから一度たりとも、助言や情報、協力を求めて私に接触してくる者はいなかった。これらの連中にとっては、私たちが積み上げた経験など何ら重要性を持たないように思われる。許しがたいことであった。

後日、私は事故原因の調査を担当する航空事故調査部門(AAIB　Air Accident Investigation Branch)に協力するよう要請を受けたので、これは喜んで引き受けた。その時までに、あの運命の日曜日のひどくつらい出来事のビデオを見ていた。スピットファイアIXとの15分ほどのエンジンパワーを使う模擬追撃戦の後、「敵機」はアリソンにブラック6の単独展示飛行をさせるために退場した。すぐ後、緩横転の最中にエンジンから出る白色の蒸気が見えた。ただちに着陸装置が降ろされて機は飛行場に着陸する態勢になっ

格納庫内、主翼が外され、イアンが後部胴体の内部構造を見ている。

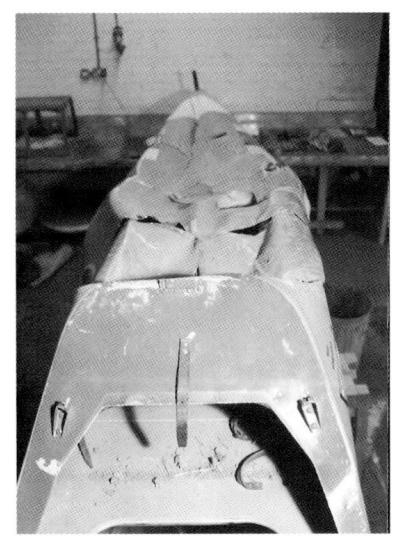

コクピットから後ろ向きに撮った光景。胴体上部の損傷のひどさがわかる。　　　広範囲にわたり破損した後部胴体。変形した無線ハッチの枠構造に注目。

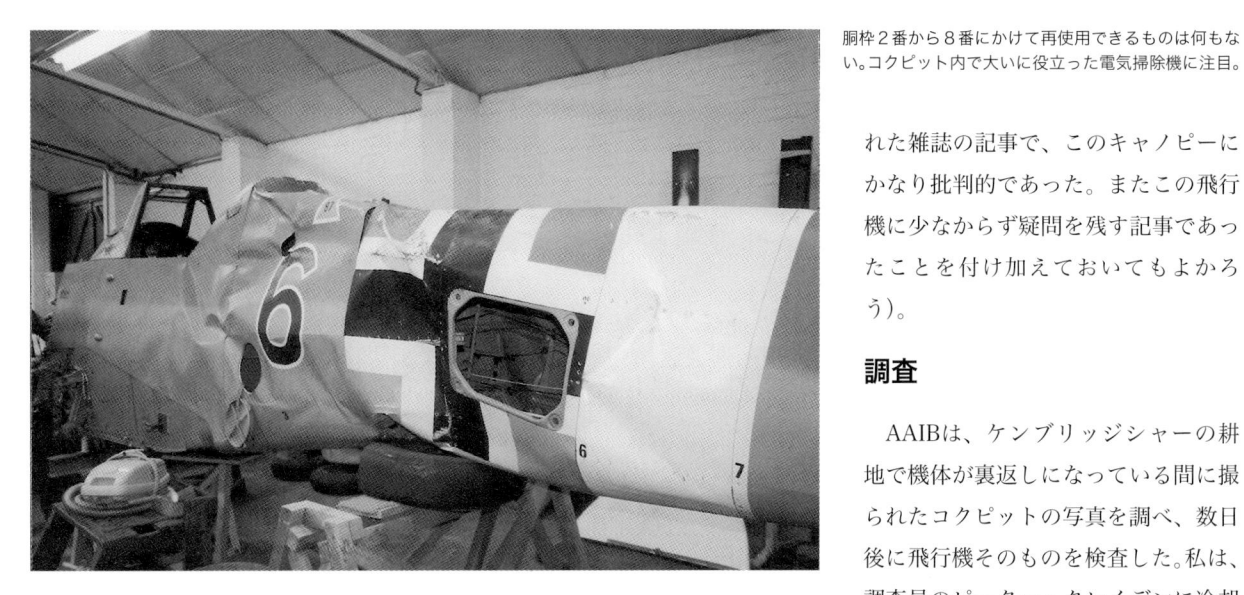

胴枠2番から8番にかけて再使用できるものは何もない。コクピット内で大いに役立った電気掃除機に注目。

たが、そこは滑走路のほぼ半分の地点であった。画像では明らかに機の高度はありすぎ、かなりの速度を維持したままだったが、パイロットは疑い無く速度が減衰することに望みをかけて着陸しようと無駄な試みを続けた。滑走路の端、それにM11自動車道に近づいても着陸するにはまだ速すぎ、飛行機は道路を飛び越えて視界から消えた。数秒後、尾部が立ちあがり裏返しになるのが見えた。後で知ったことだが、耕地が一部掘り返されていたため主車輪が最初の溝に行き当たったとき、慣性で飛行機が裏返しになったのだ。

幸いアリソンは無傷で生還した。私の見解では、これは完全に、転覆の衝撃に耐えた後に壊れた胴体を支えた頑丈なキャノピーの構造のおかげであった(同じパイロットが数年後に発行された雑誌の記事で、このキャノピーにかなり批判的であった。またこの飛行機に少なからず疑問を残す記事であったことを付け加えておいてもよかろう)。

調査

AAIBは、ケンブリッジシャーの耕地で機体が裏返しになっている間に撮られたコクピットの写真を調べ、数日後に飛行機そのものを検査した。私は、調査員のピーター・クレイデンに冷却液制御セレクターハンドルの位置についての意見を求められた。見なれない撮影角度のため判定しにくかったが、私にはこのハンドルが自動制御用のデテント(外れ止め)からそれているように思えた。ピーターは後で私たちに、研究所での試験のためセレクターとバルブを制御サーモスタットといっしょに取り外すよう要求した。

ピーターは、技術的あるいは操作上

の情報を調べるためひんぱんに電話で接触してきたが、報告書が発行されるまでには何か月も経過した。明らかに試験機の上ではサーモスタットは完全な作動をした。セレクター・バルブも正しく機能したので、調査すべき残るすべては事故後に発見されたハンドル位置でシステムがどんな動きをするかであった。AAIBは、これがラジエーター・フラップ作動筒への油圧液の流れを絞る原因となることを発見した。この情報が、多くの観客が提供した多数のビデオ映像やパイロットとの事情聴取と合わせて、ブラック6の転覆にいたるまでの出来事の筋書きを描き出した。

最初の手がかりは、アリソン自身からもたらされた。冷却液温度が急速に上昇すると思いこんでいたので、初めてブラック6を飛ばして以来、彼はエンジン始動後、習慣的に手動でラジエーター・フラップを開くことにしていた。私は、温度上昇の小さいエンジンなので冷却液温度の急上昇は起きないこと、そしてパイロット指導書に従って「自動」（訳注：サーモスタットにより液温を一定に維持するようラジエーター・フラップを自動開閉する）を選択して機械に操作をまかせるよう、一度ならず彼に忠告していた。この助言は無視されたが、何らかの理由で、あの日彼は自動操作を使用するよう決めていた。慣れていないので、彼のハンドルの位置は正確ではなかった。ビデオには機体が滑走路境界までラジエーター・フラップ全閉で滑走して行き、アリソンは出力試験のため風に正対したのが見えていた。私たちの操作手順では、この段階でエンジンを暖気回転数にセットし、出力を上げることができる最小値にまで冷却液と滑油温度が上昇するのを待つ。私たちは書類上の数値70℃でラジエーター・フラップがゆっくり開きはじめることを知っていた。10月12日、アリソンが試運転を行っていたときにこれが作動した様子がなかったが、彼がその作動を点検しなかったことを示している。推定するに、始動時には70℃であったが、出力試験が終了したときにはダイムラー-ベンツがかなり高温になっていたことは疑問の余地がない。離陸の方向に機首を向けたとき、やっとフラップが少しずつ開き始めるのが見えた。

20分後、管制塔からアリソンに対し白い蒸気がもれていると知らせてきた。これは彼も認めたが、事情聴取の中では色を告げられたことは覚えておらず、むしろコクピット内の臭いと青みをおびた蒸気のため滑油が無くなりつつあると思いこんだ、と述べている（この臭いは、先述したように漏れたオイルのせいで常に存在しており、またこのとき滑油温度は最大値に近かったようである）。彼は一時的に出力を上げて、着陸装置を下げ位置にセレクトし、スロットルを閉じた。すると、彼の申し立てでは、エンジンの作動が粗くなったので彼は故障が生じつつあると思いこんだ。ここで明らかにすべき2点がある。その年の初め、デーブ・サウスウッドが脚を上げ下げするたびに、エンジン回転数を、つまりは油圧ポンプ回転数を増す必要があるという不具合に出会った。私たちはポンプを交換して、アリソンによる試験飛行などの回転数でも着陸装置が正しく動くほどまでに作動が劇的に向上した。これをチーフ・パイロットは明らかに忘れてしまっており、急速に連続して出力を上げて下げた。彼はオートマチックを勘違いしており、選んだ出力に合うようブレードを動かす電動式プロペラ・ピッチ変更機構は比較的追従が遅いので、一時的に粗い運転になってしまう。また、洩れている蒸気の色は冷却液であってオイルではないことを示している。セレクターが正しくない位置にされ、ラジエーター・フラップを開位置に作動させるのに充分な圧力が作動筒に伝えるのを妨げたため、エンジンはオーバ-ヒートし始めた。事実、ビデオ画像から明らかなように、システム内には風圧がフラップを閉めることができるほどの低い圧力しかなかった。圧力逃がし弁が開き、かなり高温の水・グリコール混合液が右排気管から放出された。これは、蒸気が右主翼の付け根を流れてパイロットに故障を知らせるよう意図的に設計された仕組みであった。アリソンにはこれがわからず、温度計を点検することも覚えていなかった。彼がそれを行い、冷却液の過熱を検知して手動でラジエーター・フラップを開位置とし、そして出力を下げれば、故障は2分以内に解消できたであろう。

アリソンは後に私に、飛行機を着陸に向けたとき「物体の慣性を過少に見積もっていた」ことを認めた。結果として彼は、飛行場に高すぎかつ速すぎて戻り、かつ滑走路の中央という不利な位置と追い風成分が結びつき、彼が着陸することを不可能にした。着陸できそうにないと悟ったとき、驚いたことに彼は燃料コックを閉め、マグネ

トーを切って、滑空するに任せたのだ。後に私は、かなり経験を有するパイロット数人に、あの場合はどうするかを尋ねてみたが、ひとり残らずエンジンが故障しかけていても、残る出力をすべて高度をかせぐために使い、着陸点を選ぶ時間に余裕をもたせると述べた。私が受けた訓練によっても、私は同じ解決方法に到達した。

修復と復元

　国防省が飛行機の行く末を討議している間に1年が経過したが、メッサーシュミット復元グループからの求めに答はなかった(マーク・ハンナは破損に同情のあまり、私に引き渡して国防省が費用負担すべきだと、真剣に提唱した。私としてもそうであってほしかった)。私たちのほとんどは、胴体の部品取り外し作業の開始を熱望していたが、言うまでも無くいらだたしく侮辱的だったのは、私たちが近寄るのを許されなかったことであった。結局、飛行機は復元するが、作業は入札手続を通して提供される、と告げられた。私たちは額を集めて、そのような再生にかかりそうな費用を計算し、その仕事に応札することに決めた。しかし容易ではないことに、私たちは有限会社を創設しなければならなかった。Messerschmitt Restorations Limited (メッサーシュミット復元有限会社)が発足し、その後すぐRAF博物館からの一件を含む多くの入札を蹴落として、私たちが契約を勝ち取った。まったくひどい時間の浪費であり、明らかに国防省が、このかけがいのない飛行機に関する経験も知識も無い会社にブラック6を安易に任せようとしたのを知っ

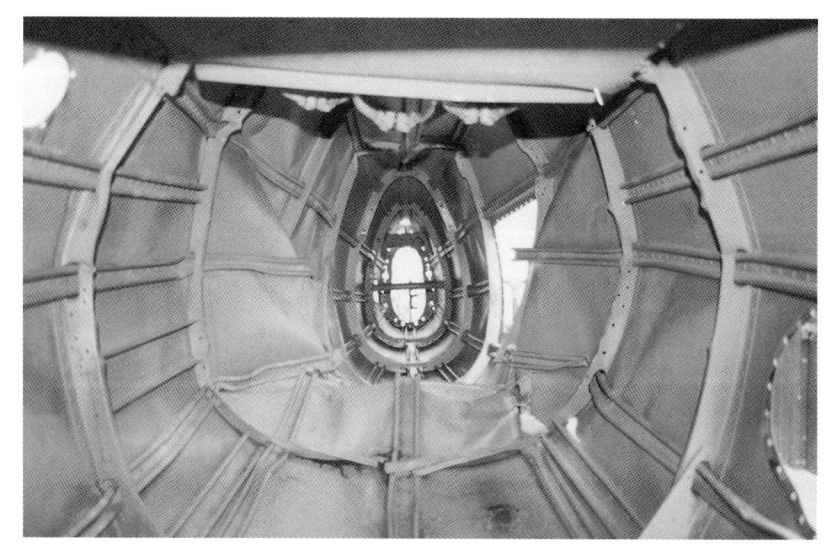

装備品はすべて取り外され、胴体はみじめなありさまとなってしまった。

て、私は動揺した。長年にわたる調査の結果として、私と私のチーム以外、正確な復元を行うことはできないと、あえて私は言わせてもらう。

　ここで説明しなくてはならないと思うが、それは、飛行機を飛行可能に復元する行為を行ってはならない、という私たちへの契約書の指示に関することである。ブラック6は、貸与協定に述べられる条件にもとづき、IWMにより完全に保険がかけられていた。実際に飛行機は事故時点でのもとの状態に修復することを基準にきわめて高額の手数料が算定されていた。私はできるだけ多く元の材料を残すという指示は全面的に賛成するが(これはつまるところ、プロジェクト全体を通しての基本原則であった)、当局が飛行可能状態までの機体復元を禁止しなければならなかったことは理解できなかった。後部胴体の損傷は、残せるものは少ないようであった。徹底した修復が行えるだけの申し出と費用が得られるとすれば、指示の裏にあると考えられ

る理由はどんなものだろうか？　国防省あるいはRAF博物館からは、誰も私のチームに助言を求めて相談すらしなかったので、私は後者の理事に、後部胴体の状態に重点をおいて機体を修復するには何が必要かを述べた手紙を書いた。手紙は返事が無いままだった。そのような状況なので、彼はブラック6が二度と飛べないことを確かめたかったのだと想像できただけだった(歴史的な飛行機を飛ばすことに対する彼の反感は、後に一流雑誌に発表されたインタビューの中に表明された。)。

　すぐさま作業を開始、私たちは胴体装備品を整然かつ完全に取り外し、これらの部品は名札を取りつけたうえで倉庫の棚に収納した。私たちは後部胴体の修理に専念しなければならないので、これらは何か月間かはそのまま保管されることになる。読者諸氏はご存知のように、メッサーシュミットはこの構造を作る精巧で独特な手法を取り入れており、合金の板から個々の外板

をプレスする機械装置を必要とした。私はそのような仕事を行うことができる、唯一知っている会社に折衝した。同社の代表者は損傷を検査した後で、後部胴体区画全体を製造して供給することを薦めてくれた。元の構造の後部外板は損傷していなかったので、私はそれを組み込むよう求めた。イアン・メースンといっしょに必要とするあらゆる作業を詳細に検討し、私たちは安心して仕事を依頼した。ポール・ブラッカーは後部胴体に着手し、損傷の無い部分から損傷部を切り離した。私たちの請負業者はBf109Eには精通していたが、実質上異なるグスタフにはそうではないので、残骸は原型資料として使用するため送りだされた。

　装備品がまったく無くなったところで、私たちはさらに破損を見つけて面食らった。パイロットの背後の、酸素ボトルを保持する隔壁になっていた棚が裂けてしまっていた。これらの区画が入っている中央胴体は修理を実施するためにエセックスの工場に送られた。

　しばらくして、私は元の後部外板は組み込むことができないと知らされた。私はこれに納得できず、承諾しなかった。思いがけずドイツ空軍の修理手順書が見つかり、同時に構造の耐空性を維持する、私が要求したような接ぎ合わせが許されていることがわかった。その後、後部胴体はエセックスへ陸上輸送されて治具に取りつけられ、中央胴体と結合されることとなった。私には、すべてがうまく行っているように見えた。それは、私たちが完成品を受け取るときまでにすぎず、目を覆うような間違いが明らかになった。たとえば燃料補給パネルだが、正しい外板にあったが、前すぎて内部で酸素装置と干渉した。また、無線ハッチ用の新しい枠は小さすぎ、かつ正しくない締結金具が付いており、元のパネルが使用できないようになっていた。私たちの請負業者は、早くから元のフレームは変形のために使用できないと公言しており、そのため長い間、損傷した胴体は放置されたままになっていた。これを私は怪しいと見なしており、私の推理はジョン・ディクソンやダックスフォードの他の職人によっても裏付けされた。これら重大な問題に関して私が最初に折衝すれば、敵意のある反発をまねきそうだったので、私はバトル・オブ・ブリテン・メモリアル・フライトでの仕事上で、このような人々を何度となく扱ってきたポール・ブラッカーに、彼らに胴体を取り外して間違いを修正することを「外交的手腕をもって説得する」よう頼んだ。元請業者は私が彼らへの支払いを差し控えてしまったことを知ったとき、法的手段の嚇しをかけようとするような、まさに第二次世界大戦が勃発しかけていたようだった。対立の初期段階で、私たちがまだ話し合っているときに、彼は、私が間違いを「誰も気がつかないだろう」と見落とすべきだと無茶な提案をした。彼は、イアンと私はBf109の胴体を発注した、そして私たちが受け取ったものがそれだったと主張した。私たちは大変骨折ってグスタフの胴体を記述していたので、この事は私たち両名により強烈に論破された。運良く、私が発行した詳細な作業発注書を保存していたので、私たちの主張は簡単に立証された。これらの発注書や参考目的に破損した胴体を用意したのにもかかわらず、なんらGシリーズの方式の構造を製作しようとしなかったのは、私たち両名には明らかだった。

　いずれにせよ、結局、彼らは間違いを解消することに同意し、胴体一式はダックスフォードを出て、6か月ほど

この写真では元のフレーム8番に新たに製作した胴体をつなげたことがよくわかる。

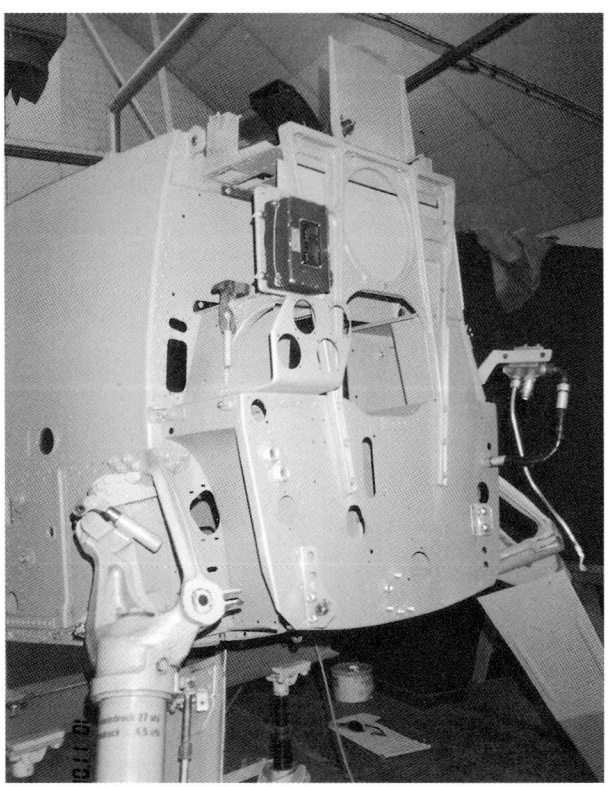

コクピット床板の清掃を終えたマイク・グルゼビアンを突然撮影。　　　　新たに復元したカステンラーメンが防火壁上の位置に付けられた。

で戻った。だがその時点でも、すべてが良くなってはいなかった。ある準備作業を無線ハッチ越しに行っている最中に、何かに打たれたように間違いに気付いた。しばらくの間そのあたりを見まわしたが、やがて当該外板の後方にあるべき圧縮空気ハッチが前方に位置しているのがわかった。前からこれに気付いていなかったことで自分自身に嫌気がさした。ふたたびポールが電話を取り上げた。私はこちら側の会話に耳をそばだてたが「それでは、ラスは喜ばないぜ」という警句が聞こえた。電話が終わり、彼らは誤りを認め、職員のひとりをダックスフォードに派遣して、あるべき場所に孔を開け、いっぽうを塞いで修理するよう申し出たことがわかった。ポールが一瞬早めに予

想したように、ラスはその案では全然喜ばなかった。私たちはいずれにせよ、おそろしいほどの大金を支払ってしまっていた。彼らはしぶしぶ誤りを修正することに同意したが、結局は、ポールが代わりに許される対価に見合う作業を行った。

その間にも、63号棟に戻り、私たちの倉庫の棚を埋め尽くす無数の部品に注意を向けることにした。ジョン・エルコム、グレームそれに私自身が、取り付けが必要となる順番にそれぞれ部品を取り出して、労を惜しまず清掃した。私たちはマイク・グルゼビアンにこの作業を手伝ってもらうことができた（マイクはアメリカ人で事故の数か月前にチームに参加した。彼は、汚く単調で退屈なものも含め、私

たちの仕事のあらゆる面に熱心に取り組んだので、もっと早く仲間入りしていなかったのは残念であった）。ほとんどの装備品は通常の運転、あるいは事故の結果として塗装に傷が付いていた。近くの格納庫内で、私たちのためにあらゆるものがアンディー・ロビンソンという名前の若いボランティアによって塗装し直された。塗装の専門家ではないものの、アンディーは以前、IWMのコレクション中の飛行機2機を塗装したが、彼の腕前は皆に知れわたっていた。

ようやく納得のゆく胴体が得られたので、私たちは内部に装備品をすべて取りつけるという時間のかかる作業を開始した。ポールがコクピットや後部胴体に専念している間に、私は防火隔

140

壁にカステンラーメンを再取りつけした(この機器は弾薬を銃に供給するために設計された)。さらに私はエンジン用のリンク機構すべてと油圧装備品を付けた。作業はすべて飛行可能な機体となるよう実施された。すべてに、エルコム／スナッデン／ロビンソン処理が施されたので完璧で、おそらくエルラ社の生産ラインを出たとき実施されたよりも優れていたように思われた。

私たちが、請負業者からさらに軽いジャブを受けたことを記載しておくべきであろう。方向舵は彼らにより再生され、基本的には新規製作だが、幾分かは元の部品が組み込まれていた。しかしながら、取りつけできなかった。私がシギ・クノールから受け取ったメッサーシュミット社の図面から決定的な証拠がもたらされた。舵面の前縁の断面形が上部ヒンジピンを挿入する箇所で正しくなかったのだ。修正に送り返せ！ すでにアイリッシュ・リネンで羽布張りされていたので剥がさねばならず(高くつく作業)、これは特に迷惑であった(私たちは、他に数個のレプリカBf109E向けのものを製作した同じ冶具で成形されたので、方向舵は正確であるとずっと思い込んでいた)。

またエンジンを検査する必要があり、将来駆動の必要があるかもしれない場合に備えてその状態についての報告書を提出した。何故かは聞かないでほしい。私たちは、面倒なことは何も見つからないだろうと確信していた。エンジンが機体から取り外され作業台に置かれてから、クリス・スターは点火プラグを外そうとして、手では少し回しにくいことに気付いた。クリスは、ジョン・ディクソンの手を借りてエンジンを一部分解し、多量の小石や泥を取り除き、詳細に検査を行った。予想通り、パイロットが破損しつつあると思い込んだようなものは何も発見されなかった。ご記憶のように機体はプロペラハブ(訳注：プロペラ基部)のところで転覆したので、プロペラ用の壊れやすい減速歯車にも点検が行われた。これは損傷していなかった。エンジンのクランクシャフトも同様だった。しかしシリンダー・ライナーを計測したところ限度まで磨耗しており、今後駆動させるならば、その前に、エンジンは広範囲なオーバーホールの一部としてこれらを交換する必要があることが記録された。

ようやく作業はほぼ完了し、主翼とエンジンを取り付けることができるよう、狭い作業場から胴体を運び出す時

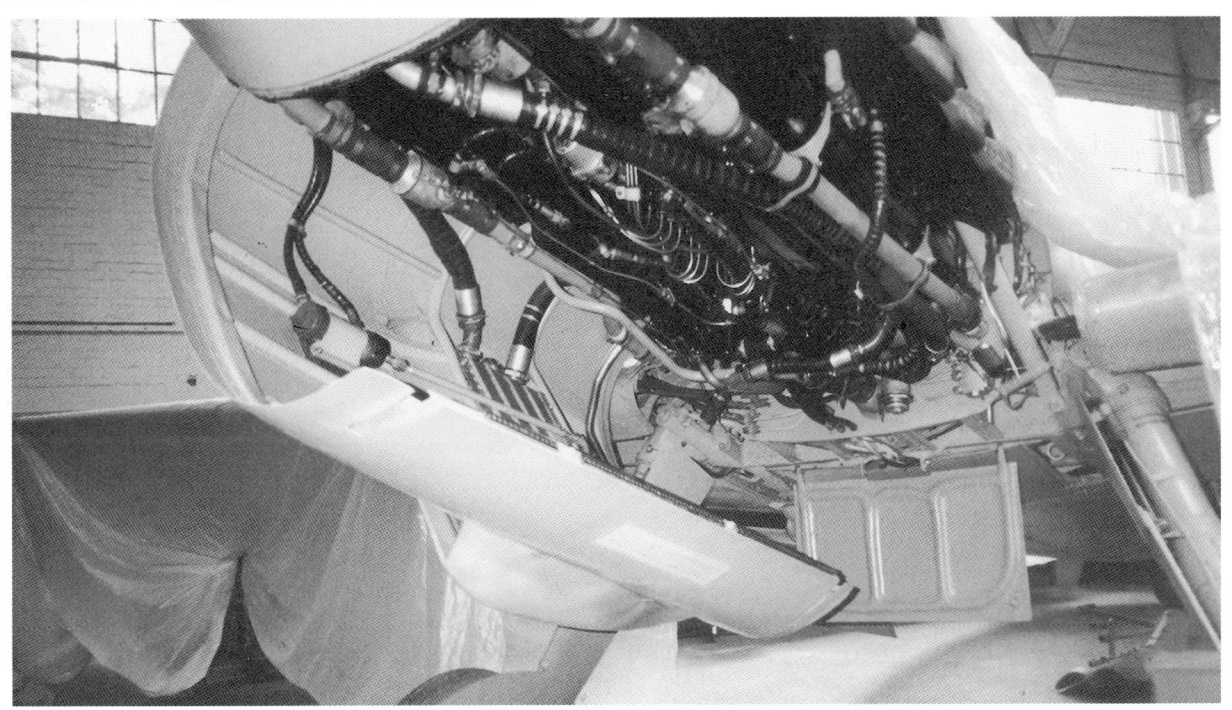

塗装中に開いたチン・カウル。非常にきれいなエンジンが見えている。

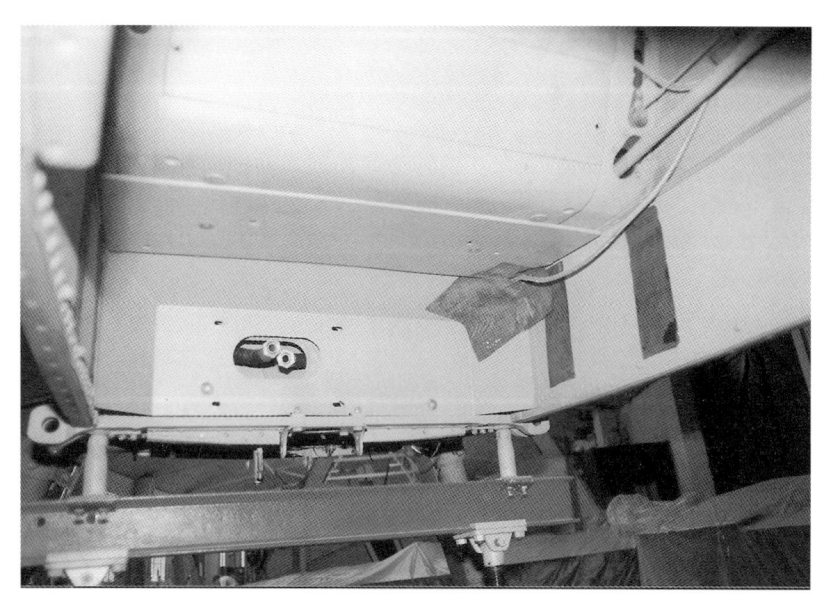

(上) 燃料タンク区画。タンク類が取り付けられる翼桁中央部分の孔や、エンジンへと向かうホースがよく見える。また上部のコクピットを防御する装甲板がはっきりとわかる。
(左中) 通常、方向舵ペダルがある部分から撮ったコクピットの珍しいアングル。スロットル・コードラントが所定の位置に戻された。
(右中) 無線ハッチの後方の腕木に取り付けたモーゼルK98ライフル銃。

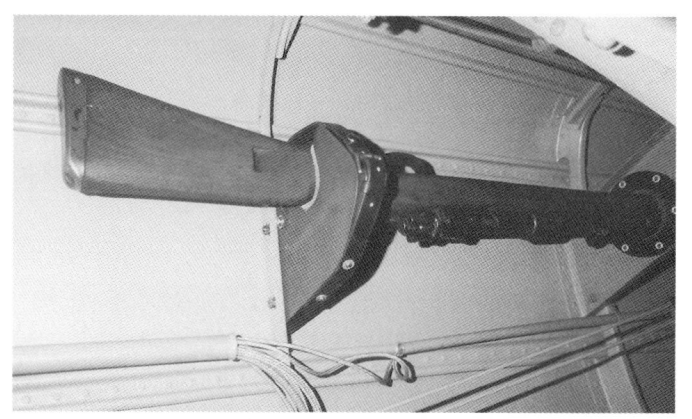

(左下) 専用棚に据えられたFuG7a無線機の送・受信装置。
(右下) アンディー・ロビンソンが上面にザントゲルプをスプレーしている。著者はエアホースのさばきが実に巧みになった。

期がやってきた。こうしてプロペラを取りつけできるようになった。もちろん、これも事故でひどく破損しており、ハブは集成材製ブレードの残骸とともにスカイクラフト社へと送られた。完全に分解され、詳細に検査が実施された。それから、数十年間倉庫に保管していたオリジナルのVDMブレードが再度取り付けられ、全体のバランスが調整されて塗装後、耐空性基準に基づき認定を受けた。シギが私たちのために手に入れてくれた純正のメッサーシュミット用スピンナーで、グスタフの機首の復元が完成した。

次は、飛行機を再塗装するという長い工程が始まった。アンディ・ロビンソンに任せるにふさわしいことだった。それまで彼に課せられたいずれの作業も完璧で、私の求める仕上がりにしてくれることを(多分、彼以上に)確信していた。飛行機をさまざまな色に塗装する用意をするため、ジョン・エルコム、グレーム、マイクそれに私自身で準備作業に多大な時間をかけた。読者にとっては、ブラック6は単純な迷彩をまとっているように見えるかもしれないが、塗装するのはまったく容易なことではなかった。一般の訪問客が博物館を去ってからでなければ塗装できなかったので、アンディは作業を完了させるために幾度となく夕べの一時を犠牲にした。

すべての作業を終え、2度目となる復元の最後にしばらく時間をかけてメッサーシュミットを眺め、心から満足した。塗装やマーキングは以前よりも優れており、機体はさらに完成度を上げた。たとえばコクピットでは飛行期間中に使用していたスタンバイ・コンパスに代えて、レヴィC/12D射撃照準器を取り付けた。実際に使用可能なドレーガーベルク酸素システムを取り外し、オリジナルのパネルを挿入した。後部胴体にはFuG7a無線器関連装置の大部分を棚に装備、モーゼルK98ライフル銃が胴体後部の保持具に配置された(この火器はマニュアルには「サバイバル・ライフル」と記述されている。未開地に不時着した後、パイロットが獲物を撃つために使うのか、あるいは脱出の手助けにするのか、どちらなのか私には見当がつかないが)。もっとも目立つのは中央胴体下面に吊り下げた投棄式燃料タンクである。これは、民間航空当局が飛行機に何かを吊り下げるのを嫌うので何年もの間倉庫入りしていたものだ。落下するかもしれ

作業は完了した。左から右へジョン・エルコム、マイク、アンディー、著者、フランキーそれにポールが記念撮影。

2002年3月3日、ダックスフォードにて撮影。

ない。しかし、作業が完了したという私たちの満足感は、ヘンドンに輸送するための準備に、もう一度主翼を取り外さなくてはならないことがわかって薄れてしまった。私は塗ったばかりの塗装が作業途中で傷付きはしないかと心配だったので、充分な量の損傷よけの当てものが確実に入手できるよう手配した。確実にゆったりしたペースで時間に縛られず作業できるよう、少人数で丸一日かけて部分取り外しを行うことに決めた。私たちは手順に精通していたが、これが最後になるのだ。ありがたいことに整備用および関連のパネル類は一筋のかき傷も無く取り外され、移送のため気泡梱包材で包装された。

2002年3月9〜10日の週末、ブラック6が私の手元に来てからほぼ30年、私の忠実なチーム員のほとんどが、ロンドンの北部、ヘンドンのRAF博物館へ機体の移動を手伝うために集合した。4時間ほどをかけて、主翼とすべてのフェアリングをていねいに取り付け直したが、スポットライトの強い照明を浴びたメッサーシュミットは息を呑むような姿であった。ジョン・エルコムが用意した心づくしのシャンパンが、何日にもわたった努力の最後を締めくくり、私たちはいつまでも「私たちの愛し子」であり続ける機体の前で記念写真のためにポーズをとった。チーム員たちが解散したとき、何人かの目に涙が浮かんでいるのが見えた。誇らしい、だがひどく切ない瞬間であった。

結びにあたって

私たちの活動は価値あるものだったのだろうか？　おそろしくつらい仕事が多かったが、私はそうであったと確信している。プロジェクトの目的は両方とも達成された。第1に、10639は、どこから見ても、1972年当時の、見捨てられ、剥ぎ取られるにまかされ、ひどい扱いをうけていた姿からは大きく変わり、今やもっとも、詳細にわたり、正確に復元されたメッサーシュミットBf109になっている。私は内部で発見されたマーキングは、すべて保存するか、可能な限り修復するよう確実に仕事をした。その他の大多数も、奇跡的に残っていたわずかな写真を綿密に調べて、ていねいに再現した。私が心底がっかりしたのは、外部塗装が、ワティシャムで軽率にも損なわれてしまっていたことだ。ともあれ、そのような貴重な証拠がまったく無くなってはいたが、109は、ドイツ空軍の関連のマニュアルや、適切な記録と写真も参考にして、原物の色見本をもとに調合した塗料を使い、記号や寸法も正確に、実際に施されたままに、正しい外

見に戻された。しかも、もっとも重要なことは、1997年の恐ろしい事故にもかかわらず、ほとんどオリジナルの機体のままになっていることである。

プロジェクトの第二の目的もまた、様々な意見にもまどわされることなく、達成された。Bf109を飛行可能に復元することは、きわめて長期間にわたった復元によるところが大きいが、決してそれだけが理由ではない。私は、技術的見地から厳密に必要とする以上の仕事が、機体に施されたと認識している。しかしながら、仮に私が完全に分解しなかったとしたら、復元は劣悪なものとなったであろう。そのような徹底的な検査によって、インチきざみにていねいな処置を受けたのである。その上さらに、もっとも重要なことは、機体が元のままであることだ。最近の「復元」は、ほとんどすべてが、新たに作ったもので再現したものであり、技術のすばらしい成果ではあるものの、とうてい元の飛行機に復元したとは云えない。

もう一度やるかと聞かれれば、同じ立場であるなら、はっきり言って答えは「ノー」である（一つには、私はまさに年金を受ける年齢になるところである）。Bf109プロジェクトは、ほとんど公的な支援をうけることがなかったという、しなくてもいい苦難に耐えた。勿論、私は、自分から復元を引き受けたことは否定しない（私の軍隊生活で－決して志願するな！という賢明なルールをたまたま無視してしまったのだ）。だが、資金がないことは、我慢

（左上）ピンが取り外され、右翼付け根部を油圧クレーンで吊りいっぽうの端を著者とマイクが支えている。主翼が気泡梱包材ですっぽり覆われていることに注目。
（右上）ヘンドンにて。ジョン・ディクソンが下でナットを締めている間、上で主翼ボルトを保持している。
（右下）「早く」とジョン・ディクソンが叫ぶ。「ラスが最後のネジを締めている写真を撮れ！」

できるが、それが運営をきわめて困難にし、多くの貴重かつ、希少な部品が、申し出はあっても年月が経過し、断念せざるをえなくした。支援を求めて工場に折衝する権限もなかったので、私の仕事はいらいらするものだった。国防省の所有する飛行機を、国防省の施設で、たいていは便宜供与を拒絶されながら、復元するという、はた目にも異例なことに、私は甘んじることができなかった。

メッサーシュミットはわずかな資金で復元されたのであった。そんなことは、2度とあってはならない。問題は、変化がおきはしないかと期待しているもの、私にはわずかでも事態が改善されるのぞみは少ないように思える。私は何年か、国防省が預かったままになっている、十数機の他のドイツ機のことをよく考えて見た。私は、立ちはだかる多くの障害を乗り越える案を持っているわけではないし、過去、それに現在の、無為の姿勢から目覚めるよう促さなかった私の怠慢もあるだろうが、計画的な復元をしっかり考えるべきであると提言する。

私は、英国内のドイツ航空機に特に関心をもっているが、勿論、それらが、全体像から見ればほんの一部分を代表しているにすぎないことも認識している。しかしながら、それらは、もっとも無視されるはめにあってきていた。どのようにしてヘンドンやコスフォードに展示されるようになったか、思い起こしてみるとよいだろう。60年代後期までは、数多くの歴史的な航空機が多数残っていて、国防省の航空史分局(The Air Historical Branch)に代わって英空軍が面倒を見ていた。RAF博物館の創設により、何機かは安住の地を得た。独空軍の装備品を含む、残りの多くはそのままだったが、責任は新たに組織された歴史的航空機委員会(Historic Aircraft Committee)に移管された。その後、5機が、ヘンドンのバトル・オブ・ブリテン博物館(訳注：RAF博物館施設の一部)に避難所を与えられ、さらにその後、小型の戦闘機2機が、ボマー・コマンド・ホール(訳注：同館の展示区画の一つ)に押し込まれたが、そのいっぽう、大きめの機体はコスフォード(訳註：RAF博物館の別館、航空宇宙博物館がある)に送られた。これら航空機は、それ以来、少ししか整備を受けておらず、またどれも、無償の善意による以上の復元は行われていないというのが悲しむべき事実である。ヘンドンにある、それらの大部分は、20年以上も前に、展示のため、大急ぎで、体裁よく見せるため塗装されたままになっている。内部は、ほとんどが、ひどい状態にある。

ヘンドンとコスフォードに展示されているものの、ドイツ機はすべて、国防省からの借用品である。私が無知なのかもしれないが、国土の防衛を任務とする政府機関が、なぜ、50年も前の歴史的遺物に責任を持ち続けなくてはならないのか、私はしばしば疑問に思ってきた。このとりきめが不適切であることは、HACの軍人メンバーが、自分たちの役目は「二次的な任務」として、たとえば非常勤で、果たしている事実が物語っている。彼らが、RAF博物館の助言に頼ることはできるが、いまだかつて、昔の飛行機の保存に経験がある、あるいは関心を持つ者は誰もいなかった。そのうえ、委員長、ふつうは空軍大佐クラス、はしばしば転属になり、任務の継続はもっと下級の将校次第になっている。必然的に、後任者は「なじむ」ための時間が必要だが、問題の将校達にとっては、彼は一時的な役割を演ずる新人にすぎない。

私は、一面では、RAF博物館は、必ずしも、申し分のない保管者であるとは思っていない。疑いもなく、何年間も、不十分な資金に困っていたにもかかわらず、高価な複製機を購入したかと思えば、いっぽうカーディントンでは小人数のスタッフが本物の機体を復元しようと奮闘しているのを、私たちは知っている。最近の傾向として不安になったのは、まったく放置していたあげく、いくつかの展示品を処分し、他にも廃棄したことである。私は、ドイツ機のコレクションを博物館の手にゆだねることを不安に思ういっぽう、歴史的な航空機は博物館の責任下にあるべきだということに議論の余地はありえない。しかしながら、私の考えでは、うち消すことが出来ない安全措置が認められることが絶対必要であろう。もっと大切なことは、どんな事情があっても、処分してはならないということをよく考えることだ。

長年の間、米国のスミソニアン協会は、規律正しく復元を続けてきた。航空機はそれぞれ、次々と調査された後、念入りに分解される。マーキングはすべて、小さいものであろうと、記録され、外部塗装はていねいにこすり落して、元々のマーキング類をあきらかにする。それらは、図面化され、写真撮影され、色合わせが行われる。そのあと飛行機は完全に分解され、洗浄され、修理された上、再組立が始まる。それ

それあらゆる品目が正確に復元され、保護処理を施し、そして、本体が元の外観に復元されたのち、装備品一式がすべて取り付けられる。(註：元の外観とは、復元者の好みで選んだ塗装仕様のことではない。)ワシントンでの仕上がりは、実にすばらしいものとなった。

私は、ドイツ空軍の航空機に関するかぎりは確実に、RAF博物館はスミソニアンに負けないよう努力していることを強く弁護する。しかし、あまり熱心に強調できないが、そのような仕事に取りかかろうとする以前に、まず、辛抱強く、徹底的な調査が必要である。また、仕事に取り組むのは、精通していて、やる気がある人たちでなければならない。契約仕事では、支払われる金額に相当するだけの、2流の仕上がりにしかならないであろう。　資金力は、疑問の余地無く、いつでもそうだったが、問題となる。国有のコレクションを拡大するよりも、復元プログラムに資金を費やすべき時期に来ている。国庫資金が、委員会の評決で配分されるよりも、特に、復元事業に充てられるべきである。今までの、公的な配慮といえば、これら貴重で希有な機体への、必要最低限の手入れ程度のものであった。それだけでは、とうてい十分とはいえるものではない。もっと保管責任者から、よりよい手入れを受ける価値があるし、必要ですらある。

「ブラック6」はどうかといえば、私は、私ができる最大限までに、復元してきた。いくつかの部品は、まだ発見されないままであるが、たとえあったとしても、私にはどうにも、RAF博物館がそれらを探す努力をするかは、疑わしい。特に、私がこれを書いている今、建設中のマイルストーン・オブ・フライト・ホールに一度収容された後では、この大事な飛行機を、無期限に飛ばし続けるなどということは無茶なことであろう。しょせん、人の作った機械であり、他のどんなものとも同じ様に、寿命を持っている。とはいうものの、年代的には60才であるが、使用経歴の点から機体構造は若い。愛情をこめて取り扱われ、献身的なチームによって世話されていたが、それが、今はたんなる膨大な飛行機のコレクションの一部にすぎないのである。私は、何年か先にそれに値する手当てを受けることを熱望する。時間が経てば自ずと答えは分かるであろう。

RAF博物館に首尾よくブラック6を設置し終えたことを示すシャンパン。

'ブラック6' W.Nr.10639の年表
A Chronology of 'Black 6' / W.Nr.10639
付録A

1942年9月	ライブツィヒの有限会社エルラ機械製作所、おそらくモッカウ工場で製造される。Bf109F-3として組み立てが開始するが、機体はBf109G-2規格に変更、完成する。無線コードPG+QJを付与。
1942年10月13日	ドイツ空軍が領収。
1942年10月21日	ミュンヘン・リーム飛行場にて、III/JG77が受領。北イタリアのヴィチェンツァへ、さらにイェジへ飛行。
1942年10月22日	フォッジャへ、そこからバリに移動。同地で無線コードを消去、識別記号「ブラック6」を記入。
1942年10月27日	バリから、アテネのエレフシスへ。夕刻、キレナイカのトブルク東飛行場に空輸。
1942年10月28日	トブルクからエル・ハルーンへ。
1942年11月2日	エル・ハルーンからビル・エル・アブドへ。おそらくこの日からハインツ・リューデマン少尉が搭乗したと思われる。彼の飛行機「ブラック4」は、前日に破損。
1942年11月3日	ビル・エル・アブドからカサバへ。同日、ドイツ軍に退却命令が下る。カサバからビル・エル・アブドに戻る。
1942年11月4日	ビル・エル・アブドからクオタフィヤへ。戦闘のため発進。リューデマンの日記の記述には「イギリス軍爆撃機を攻撃中、敵護衛戦闘機により頭部と身体に軽い傷を負う。しかし、機体は基地につれ帰った。」おそらく、ただちに機体はパイロット(氏名不詳)により、修理のためトブルク南東にあるガンブート主飛行場に空輸された。
1942年11月13日	ガンブート主飛行場においてRAAF(オーストラリア空軍)第3飛行隊の技術将校ケン・マクレー大尉により発見される。破損状態であった。損傷は、尾輪、尾翼、キャノピー、およびプロペラ・ブレードの一枚。無線と酸素は使用不能で、計器類の一部は紛失していた。ギブス少佐は、飛行時間は少ないと推定しており「おそらく10時間以下で、西方砂漠地帯への空輸で記録されたものであろう。飛行不能であり、反射式照準器も武器も装着されていなかった。」(実際、これらおよび、その他の部品は取り外されてしまっていた。)第3飛行隊史の記述では、1942年11月10日、LG101地点で、将校がドイツ空軍で運用中の最新鋭機、Me109Gを捜し当てたとある。日付も場所も、いずれも間違いである。
1942年11月14日	新しい尾翼、尾輪それにキャノピーが取り付けられ、プロペラ・ブレードの孔が塞がれた。作業は日没後まで行われ、第3飛行隊のコードレター(CV◎V、ボビー・ギブスの個人標識)が付けられた。
1942年11月15日	ギブスが、キティホークET899およびAK626の護衛の下、CV◎Vを、ガザラ・サテライトIIへ空輸。横風の中、誘導ジープに従って長いあいだ地上滑走したため、ブレーキ火災を起こした。
1942年11月19日	キティホークET899、AK636、ET951およびFL323の護衛の下、ギブスがCV◎Vを、マルトゥーバへ空輸。彼の日誌から。『109は、すばらしい性能をもった、とてつもなく立派な飛行機である。許容できる最低のブースト圧と回転数でも、時速220〜230マイル(354-370km/h)を記録した』
1942年11月21日	ギブスの日誌。『午後、109Gをイギリス空軍撮影部隊のために提供した。わずか10分でバッテリーが上がり、プロペラ・モーターが作動しなくなった。』
1942年12月1日	慣熟飛行2回。1回はギブス、他はR・J・ワット大尉による。ギブスは機関銃をテストした。その後、機関銃と反射式照準器は取り外された。第3飛行隊戦闘記録からの抜粋『……捕獲機をそこへ空輸しなければならないという、ややあいまいな通信を中東軍司令部から受けた』
1942年12月2日	空軍司令の指示により、ギブスはイギリス空軍ヘリオポリス基地へ飛んだ。経路：マルトゥーバ、エル・アデム、メルサ・マトルー、アミイラ、カイロ。『ナイル・デルタへの空輸飛行中、私はダコタ輸送機に二度挨拶を送ったが、どちらのパイロットも109が飛び過ぎるのを見たとき、おもしろい有様となった。私だけだが、ばかげた愉快な瞬間であった。』アミイラ離陸時、キャノピーが吹き飛び右翼を損傷した。
1942年12月4日	パレスチナのセント・ジーンに駐屯するRAAF第451飛行隊技術分遣隊が機体の作業を開始。
1942年12月5日	作業継続。(エンジン整備士IIE級ヘリック・クリスチャンの日記から)
1942年12月6日	109進行中
1942年12月7日	451飛行隊がメルサのエル・ダバを訪問中も、109はヘリオポリスに留まった。
1942年12月12日	マトルーとカサバで予備部品を捜す。
1942年12月13日	『終日109の整備、さらに何点かの修理項目を見出す』
1942年12月14日	『終日機体整備、そして全開回転数まで試運転』
1942年12月15日	『早朝までに飛行機を準備し、大佐(バクストン)が機をリッダに空輸』バクストンの航空日誌には16日と記しているが、リッダ作戦記録書には15日に『到着が、大きな関心を集めた』と記載され、食い違いがみられる。
1942年12月19日	『一日中、109で働きづめ』第451飛行隊ヘリック・クリスチャン。
1942年12月20日	同上。
1942年12月21日	『109に関して、一日中やるべきことがいっぱいだ』
1942年12月22日	『好天、仕事は山積』

1942年12月23日	『MEに忙殺される。はっきりいってエンジンは作業しにくい』
1942年12月24日	『午後4時まで、109の作業』
1942年12月27日	『寒くて風が強い。大変仕事がしづらい』
1942年12月28日	『109で働きづめ。そしてMEの飛行準備は完了』。第451飛行隊は、マグネトーを点検または交換、オイルおよびフィルター、プラグと方向舵を交換した。潤滑油冷却器は受領時にサーモスタット故障のため、開状態に固定された。
1942年12月29日	バクストン大佐により最初の試験飛行、速度と上昇率を点検。
1942年12月30日	2回目の試験飛行、曇天、速度および25,000フィート(7,620m)までの上昇率を点検。『非常に優れた機体』。第451飛行隊ドン・バトガーの日記から『彼は109を背面にして、また戻し、われわれが現時点で保有しているどれよりも優れていると言った』
1942年12月31日	3回目の試験飛行では、32,000フィート(9,754 m)までの上昇が加えられた。その後、第451飛行隊は飛行機をリッダ通信飛行隊に引き渡した。
1943年1月17日	5,000フィート(1,524m)および20,000フィート(6,096m)までの区間上昇率のため、4回目の試験飛行。この飛行前に、プロペラを交換。1943年1月19日5回目の試験飛行、速度へのラジエーター・フラップ等の影響を点検。この日、6回目の試験飛行にも取りかかったが、キャノピーが飛散したため中断された。
1943年1月28日	ロールス - ロイス社のロナルド・ハーカーによると思われる特別飛行が行われた。手紙の中で彼の説明によれば『私が中東を離れている間に完全なMe109Gが捕獲された。ドーソン(グレアム・ドーソン少将)が私に、リッダまで飛んでテストするよう指示した。それは刺激的だったが、スピットファイアのように飛行する楽しさはないとわかった。しかしながら私にとっては、2種の飛行機を戦闘の見地から、運動性、パイロットの視界や上昇率、旋回半径そして背面飛行時のダイムラー - ベンツ・エンジンの作動能力を比較できるのは、とても興味深かった』。バクストンによれば『私がハーカーに提供した性能数値と、109でのハーカーの飛行は、おそらくもっとも有益なものを生み出すことになる』。その後R - R社は2段過給器に取り組んでマーリンの性能を高め、ついにはこの装置をスピットファイアIXに装備した。
1943年1月29日	7回目の試験飛行は、フルスロットルで35,000フィート(10,668m)までの上昇性能を調べるものだった。8回目のテストは失速性能を検査するものだった。1943年2月バッド中佐により戦術審査のため、カスフェリートの第107整備部隊へ空輸。
1943年2月21日	部隊付きテストパイロット、リチャード・マーチン大尉により飛行。
1943年2月24日	マーチンの操縦するスピットファイアVc、EP982との模擬空戦のためジョン・ペニーにより飛行。
1943年2月	"パディ"・ドナルドソン准尉によっても飛行。
1943年12月26日	第1426敵国航空機飛行隊向けに、かなり破損した箱に入れてリバプール・ドックから、コリーウェストンに到着。第1426隊作戦記録書よりの抜粋、『……飛行機への損傷程度は未査定』
1943年12月27日	飛行機を開梱したがプロペラは見つからなかった(おそらくカスフェリートで保管？)。飛行機は、2機目のBf109Gの主翼を使用して組み立てた。第1426飛行隊整備士ⅡA級"のっぽ"ウエストウッドによれば『……開梱して、並べてみたとき、……かなり乱雑でひどい取り扱いのため損傷し、そのうえ合わない木枠に納められていた。2機の109（同じ日、もう1機の損傷した飛行機が到着していた）が並べられ、損傷あるいは紛失した部品は2機目の機体から取り外した部品と交換された』

1942年、ガンブート飛行場における撮影。CV◎Vが捕獲されたBf109Fの前で準備中。

1944年2月5日	プロペラがファーンボロウから到着。
1944年2月8日	プロペラを取り付けエンジンを予備地上試運転したところ使用可能と判明。イギリス軍記載登録番号RN228を付与。
1944年2月15日	飛行機は使用可能となりテスト準備完了。だが天候は荒天。
1944年2月16日～18日	悪天候のまま。飛行機を写真撮影。
1944年2月19日	"リュー"・リューエンドン大尉により最初の飛行試験を実施。
1944年2月24日	空中戦闘開発部隊（Air Fighting Development Unit。略称AFDU）所属のテンペストVとの試験飛行：『演習を終える前に一酸化炭素がコクピットに入ったらしく、強行着陸せざるをえなくなった。45分を超える飛行を行うときは、常時酸素マスクを着用するように決められた。試験の結果は申し分なく、2度と発生しなかった』。アルバータ州のボブ・ゾーベルからの手紙で明らかになったのは『私の航空日誌によれば、テンペストVで飛んだのは私で、旋回性の比較等を行った。相手のBf109Gはコリーウェストンから飛んで来た。われわれの飛行時間は45分だけだった。コリーウェストンのパイロットはBf109Gで、旋回、ズーム、横転率の比較を行った。私たちが試験をほとんど終えたとき、彼は急に離脱しノッティンガム方面に機首を向けた。捕獲機は単機にしてはならないので追いかけたが、突然彼の飛行機は妙な飛び方をはじめた。私はさらにスロットルを開け、彼を追い越した。私たちは無線交信手段を持っていなかったので、彼に接近し、いっしょに帰投するよう合図し、了解させた。その後地上で、パイロットから私に、連れ帰ってくれたことに感謝する電話があった。彼が言うには、109でよく起きる一酸化炭素中毒のため失神寸前で、視力が低下し、私が接近して飛行していたとき、私を視認したものの「どこに居るのか、何事がおきたのか、わからなかった。」』そのときのパイロットが、リュー・リューエンドンだった。
1944年2月25日	写真撮影のためハドソンを伴い、D・G・M・ガフ中尉により飛行。
1944年2月26日	さらに写真撮影。
1944年2月27日	ポピュラー・サイエンス誌によるカラー写真撮影。
1944年2月28日	リューエンドンが、AFDUのマスタングIIIとの対戦試験。その後、ガフが航空機生産省向けの写真撮影のため飛行。
1944年2月29日	リューエンドンがAFDUのスピットファイアXIVとの対戦試験。また、さらにハドソンによる写真撮影実施。この機体はその任務には遅すぎるので、次の機会には速い飛行機を使用するよう提唱された。ガフの航空日誌には、この日コルセア機との対戦試験に関する記述があるが、他にはこの出動についての記録が見あたらない。
1944年3月1日	午前中、ガフがNAFDUのシーファイアIII機と、午後、コルセアとの対戦飛行実施。
1944年3月2日	はじめてジャック・ステープル中尉により飛行。その後、リューエンドンが対テンペストの試験に離陸。だが『出現せず』
1944年3月7日	ステープルがNAFDUの対ヘルキャット試験に飛行。
1944年3月12日	イグニッション・ハーネスの故障のため使用不可となる。ハーネス全部を交換する作業開始。
1944年3月16日	リューエンドンにより試験飛行。エンジンは良好であったが、手動プロペラ制御が不作動であった。
1944年3月21日	さらにリューエンドンによる試験飛行。
1944年3月22日	ルイス・ワッツ中尉による初飛行。しかし離陸時エアスピード・オックスフォードを避けようとしてプロペラ・ブレード先端を曲げる。ダウイー軍書がブレードを均等にするため先端の切りそろえ作業開始。
1944年3月23日	修理完了。リューエンドンによる試験飛行で使用可能を検証した。午後、新たな巡回（No.12）が開始されリューエンドンが109を飛ばし、ステープルがFw190A-4/U8（W.Nr.5843/PN999）を、それにグレイ准尉のBf110C-5（W.Nr.2177/AX772）が随伴した。彼らはコラーン基地からのスピットファイアに護衛されてハラヴィントンにおもむいた。大観衆に迎えられ、次いで地上展示が行われた。（原註：リューエンドンの航空日誌には、この飛行の記録がない。おそらくその日は他のパイロットが109を飛ばしたのであろう）

1950年、ホワイトホールで展示中の10639。誤ったドイツ国籍マークを描いている。

1943年1月14日、ビル・デュファンにて捕虜となった第260中隊のドン・ウェブスター曹長とJG77のパイロットたち（右はハインツ・リューデマン）。撃たれた愛機キティホークのキャノピーが開きにくかったため、顔面に火傷を負ってしまった。

1944年3月24日	ボーヴィンドンに向け離陸したが、悪天候のため引き返す。この飛行では、パイロットの名前が記録されていなかったが、リューエンドンだったようだ。前記参照。
1944年3月25日	Fw190に加えてオックスフォード、コラーンのスピットファイア2機を伴い、再度ボービンドンに向け、リューエンドンによって離陸。
1944年3月27日	写真撮影のためボストンといっしょにリューエンドンがRN228で飛行。その後、ルイス・ワッツが離陸時に振られて右翼端を破損した。翌日、換えの翼端を受領しにオックスフォードがコリーウェストンに送られた。
1944年3月29日	飛行機は再び使用可能となったが、天候に恵まれなかった。
1944年3月30日	巡回は続きUSAAF（米陸軍航空隊）チッピング・オンガーへ、P-38とP-47各1機の護衛付きで、リューエンドンが109を、ガフがFw190を、グレイがJu88を飛ばした。それに先立ちリューエンドンが試験飛行を実施した。
1944年3月31日	ガフが、スタンステッド・マウントフィチェットへ移動する前に展示飛行を行う。その後さらに展示飛行を実施。
1944年4月1日	ガフがスタンステッドからグレート・ダンマウに飛び、さらに2回目、3回目の展示飛行を実施。
1944年4月	天候のため待機。地上運転中にマグネトーのコンデンサーが脱落したが、基地から新品装置を取り寄せ交換。
1944年4月4日	リューエンドンにより、グレート・ダンマウからグレート・セイリングに飛行。
1944年4月5日	新しいコンデンサー待ち。
1944年4月6日	新品コンデンサーが到着し取り付けたが、マグドロップ不良のため機体は使用不可。
1944年4月7日	また使用可能となり、P-51に護衛されてアール・コルンに向け出発。リーブンホール通過中、故障発生のため109は着陸。ガフの航空日誌には『アンドルーズ・フィールドのリーブンホールに緊急着陸』と記録されているのみ。
1944年4月8日	原因不明の故障で使用できず。
1944年4月15日	ビル・ダウイー曹長がクランクシャフト・ウェブにひび割れがあると報告した。
1944年6月16日	代替エンジンを取り付け。中東から届いたものだが弾丸で損傷しており、イグニッション・ハーネスの張り替えを含む、多くの手入れが必要であった。
1944年6月22日	ディック・フォーブス大尉により試験飛行。
1944年6月30日	地上試運転で、定速ガバナーの故障を発見。故障は修理された。
1944年7月2日	使用可能となり、ステープルスにより飛行。
1944年7月5日	ボストンからの写真撮影、リューエンドンが109で飛行。同日さらに写真撮影飛行実施。

1944年8月9日	Fw190およびJu88とともにウェスト・レイナムに出発。モスキート3機が護衛。
1944年8月10日	モスキート3機との模擬空戦後、ウェスト・レイナムからリトル・スノアリングへ。地上滑走中にタイヤがバーストした。
1944年8月11日	ガフにより3回飛行。マッシンガムに向け、リトル・スノアリングを出発。そこで飛行展示後、コリーウェストンに帰還。
1944年9月9日	フォーブスが、Fw190とJu88を伴い、ディグビのハリケーンとスピットファイアの護衛付きで、サーレイに飛行。基地へ帰還前に、地上および飛行展示。
1944年9月17日	ガフが、リューエンドンの飛ばすFw190とともに、ノーソールト経由ブラドウェル・ベイに向けコリーウェストンを出発。スピットファイア2機が護衛。地上および飛行展示後基地に戻る。
1944年9月18日	チッピング・オンガーへ飛行。USAAF武装解除学校でドイツ航空機の整備と一時的無力化について教育を実施。フォーブスにより飛行。109は点火系の故障で飛行停止。
1944年9月23日	リーヴズデンに向け、コリーウェストンを出発。ガフが飛行。
1944年9月25日	フォーブスにより展示飛行。その後、ガフが109をチッピング・オンガーへ飛行。
1944年10月16日	チッピング・オンガーでマグネトー故障。
1944年10月31日	ガフによりチッピング・オンガーよりコリーウェストンに飛行。
1944年11月13日	使用不能。
1944年11月14日	使用可能！
1945年3月27日	ガフが飛行機をタングメアに空輸し、機を中央戦闘機研究機関(Central Fighter Establishment)の敵国航空機小隊(Enemy Aircraft Flight)に移管した(第1426飛行隊は1945年1月21日に解隊)。
1945年11月1日	保管のためイギリス空軍シーランド基地、第47整備部隊へ。
1946～61年	スタンモーア・パーク、ロートンの第15整備部隊にあり、1950年代にはフルベックおよびクランウェルにあったと記録されている。1949年から1955年までバトル・オブ・ブリテン週間中には近衛騎兵連隊の閲兵広場に、定期的に展示されていた。
1961年9月	頓挫した復元のためワティシャムへ。
1972年9月30日	復元開始のためハーキュリーズ機2機でライネムへ空輸。
1975年7月	ノーソールトへ。
1983年7月	ベンソンへ。
1990年7月8日	最初のエンジン試運転
1991年3月17日	処女飛行
1991年7月12日	ダックスフォードへ移転。
1997年10月12日	強行着陸を試みた後、機体破損。
2002年3月9日～10日	修理後、ヘンドンのRAF博物館へ搬入。

（左）1942年時点の10639のエンジン。まだ機銃が装着されている。
（右）CV◎Vが第451飛行隊分遣隊により整備されているところ。

メッサーシュミット Bf 109 G-2/Trop
製造番号 W.Nr.10639
識別上の特徴

① エア・スクープ（空気取り入れ口）
② 深い滑油冷却器フェアリング
③ 大きい過給器吸入口
④ コクピット空気取り入れ口
⑤ 大きい窓枠の風防
⑥ 大きいコクピット窓枠
⑦ 燃料補給口覆い蓋
⑧ 尾輪格納部フェアリング
⑨ 換気扉
⑩ 上部日章取付部整形覆い
⑪ 縁が直線になった主車輪格納部
⑫ 初期量産型Bf109Gを示す部分図。楕円形のアクセス・パネル（整備用開口部の蓋）と尾輪格納部周りの枠に注目。

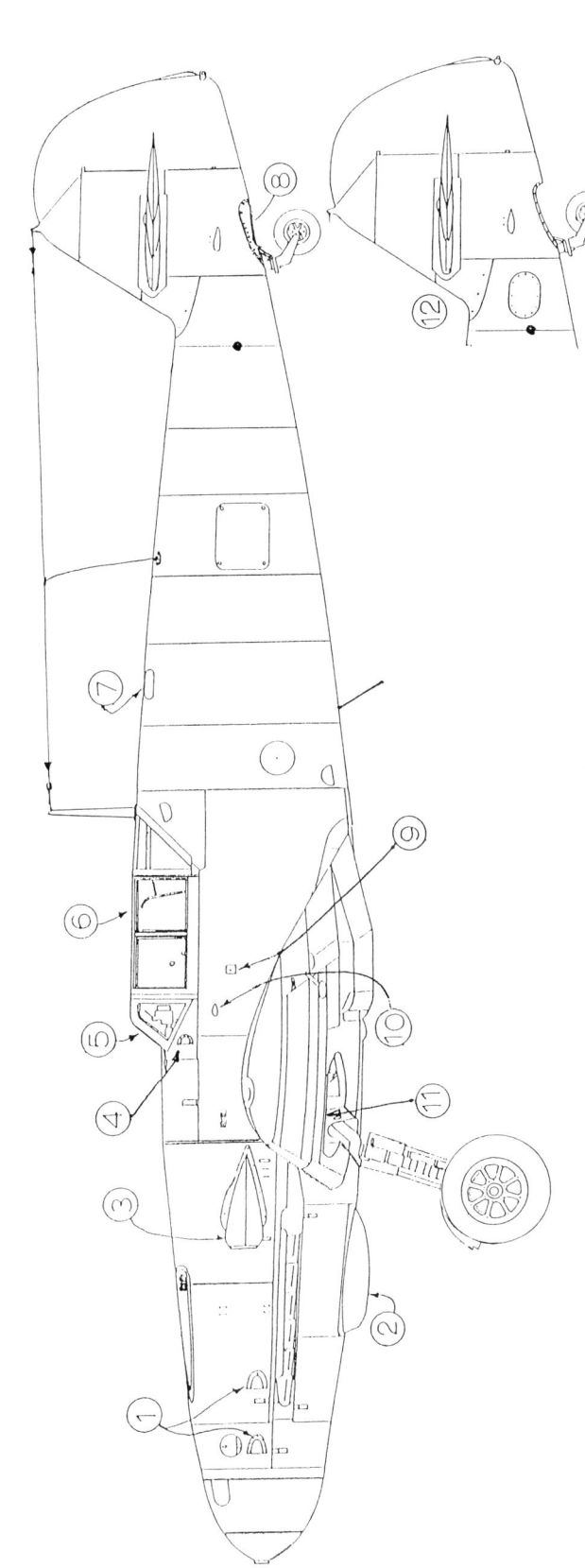

近衛騎兵連隊閲兵広場におけるグスタフ。

153

第209航空群　ME109G試験
No.209 Group. TEST OF ME.109G.
付録B

1．目次
2．概要：構成
3．結論
3．勧告
4．機体概要
8．技術評価
11．第1回試験の詳細報告
13．第2回試験の詳細報告
14．第3回試験の詳細報告
15．第4回試験の詳細報告
17．第5回および第6回試験の詳細報告
18．第7回および第8回試験の詳細報告
20．第1回試験の試験数値表
21．第2回試験の試験数値表
22．第3回試験の試験数値表
23．第4回試験の試験数値表
25．第5回試験の試験数値表
26．第7回および第8回試験の試験数値表
27．離陸および着陸滑走距離および、燃料消費の数値表
28．対気速度計の較正
29．高度計の較正
30．気象大気温度

図表
1．真対気速度
2．上昇率
3．5,000 および 20,000 フィートでの上昇率
4．エンジン出力高度
5．高度到達時間

ME.109 - 2（TROP）. の試験
概要

構成

1．Me.109Gは、西部砂漠地帯で捕獲され、諸性能試験のため第209航空群に配備された。

2．試験は中東軍司令部で起案され、1942年11月29日付、命令書S.54515/OPSによりエジプト駐屯空軍司令部宛発令された。

3．機体は航空群の飛行隊から選抜した整備分遣隊により整備され、レバント空軍司令部、とくに気象分隊、および第4航空偵察部隊による支援が提供された。

4．中東軍司令部、敵国航空機分隊が多くの情報と援助を提供し、マクビーン大尉、87246（訳注：認識番号）が隊付きとなり、本報告書の記述部分を書いた。彼は敵国航空機について驚異的な知識を有している。

5．性能の概略を求めるため予備試験を実施して迅速に完了し、中東軍司令部命令書の要求により中間報告書を送付した。残りの試験は1943年1月29日までに終了した。

結論

6．新型エンジン（D.B.605）は、109Fの前型（D.B.601）より若干優れ、その主な改良点は定格高度の増加にある。優秀な性能は、機体の寸度によりもたらされる部分が大きい。エンジン寸法に比して、機体は非常に小型で軽量である。

7．コクピットは簡素である。操作装置の多くは、酸素流量の調整、冷却液ラジエーターおよび滑油ラジエーター各フラップの調節、プロペラのピッチ・コントロール（角度制御）の類は自動化され、パイロットが操作する必要はない。パイロットは戦闘方法、編隊、航法、および飛行操作により注意を傾けることができる。

8．この機の欠点は、大きい急降下速度では補助翼が脆弱であること、着陸装置の強度不足、高速で尾翼トリム機構が硬直化すること、離着陸時の不安定である。

勧告

9．小型であることが、109Gが優れた性能を維持できる第一の理由である。イギリスの機体も、小型化するよう設計すべきであることを推奨するが、地上操作の不安定さは

首輪式着陸装置にすることで防ぐべきであろう。
10．イギリス機のコクピットについては、パイロットの操作を必要とする人為的制御を廃すべきで、冷却液および滑油ラジエーター・フラップ、プロペラ・ピッチは信頼性のある自動装置によって制御すべきである。
11．航空省が諸性能値を入手できるよう、中東に小規模な敵国航空機試験小隊を編成することを勧告する。必要人員は、技師パイロット1名、管理担当将校1名、下士官パイロット1名、整備技術者2名、艤装技術者2名、電気技術者、通信技術者および武器技術者それぞれ1名を提案する。

機体の概略説明

全般

12．メッサーシュミット109G-2はMe.109F-4の発展型であり、したがって空中での識別は困難である。主な相違点はエンジンによるものであり、Me.109F-4はD.B.601E、いっぽうMe.109G-2はD.B.605Aである。多少の細部改修が実施されてはいるものの機体は大体において変化はない。

寸法および詳細

全幅32フィート7インチ(9.93m)　全長29フィート9インチ(9.07m)：翼面積　約173平方フィート(169.4㎡)
全備重量(翼砲無し戦闘機として)6820ポンド(3093kg)
翼面荷重約34.4ポンド／平方フィート(18.3kg/㎡)

エンジン　D.B.605A

液冷倒立Ｖ型直列12気筒、直接燃料噴射式。同エンジンはシリンダーヘッド・ブロックとピストンに改良を加えた以外はD.B.601Eと同等と思われる。以下にD.B.601EおよびD.B.605Aの、1941年10月および1942年7月(同順)試験時の性能値を記す。数値はドイツのエンジン経歴簿から得たもので、記載される2種類の馬力の意味は不明であるが、おそらく外気温度または大気圧による較正値を示すものであろう。

D.B.601E.　1941年10月試験結果

定格	毎分回転数	ブースト圧		出力（馬力）		燃料消費率
		ata（大気圧比）	ポンド	Nx.	No.	毎時リッター
離陸（5分間）	2700	1.42	5.46	1425	1390	
上昇／戦闘（30分間）	2490	1.3	3.76	1236	1205	381
最大連続	2300	1.15	1.63	1017	993	298
経済巡航	1790	1.05	0.21	722	705	209

D.B.605A.　1942年7月試験結果

定格	毎分回転数	ata（大気圧比）	ポンド	Nx.	No.	毎時リッター
離陸（5分間）	2810	1.42	5.46	1496	1515	
上昇／戦闘（30分間）	2612	1.3	3.76	1321	1335	400
最大連続	2312	1.15	1.63	1076	993	298
経済巡航	2120	1.05	0.21	884	893	257

※プロペラはV.D.M.9-12087である。3翅金属製の定速電動式ピッチ変更（手動または自動制御）機構。直径9フィート10インチ（3m）、最大ブレード幅11 5/8インチ(29.5cm)。

機構の特色

13. 機体操作に関わる技術的特徴は109Fのそれに類似するが、便宜上ここでは概略を再記する。109は大型エンジンを有する小型の飛行機で、これにより高い性能を得る。コクピットは相応して狭い。過給器はD.B.601のものと同方式の油圧クラッチで駆動される。この多段変速機能によってパイロットが操作する必要がない。最大ブーストも自動的に制限される。

14. プロペラ制御は手動または自動の選択が可能。手動制御はスロットル・ノブのロッキング（揺動）スイッチで行う。自動では、プロペラ・ガバナーがスロットルにより作動し、すべてのスロットル開度に応じ適合する回転数を指示するので、パイロットによる制御の必要はない。エンジン稼働中は常時、あらゆる出力範囲で最適のブースト圧と回転数の組み合わせを供給する効果は、間違いなく優れたもので、同時にパイロットはピッチ・コントロール・レバーの操作から解放される。

15. プロペラは電気的に作動するが、手引き書では突然急降下に入ると過回転になることを警告している。したがってピッチ角変更は、おそらく当方の電動式プロペラのように遅いのであろう。

16. 滑油および冷却液ラジエーターのフラップはサーモスタットにより制御される。作動液は、滑油ラジエーターにはエンジン潤滑油、冷却液ラジエーターのフラップには油圧装置の作動油があてられる。冷却液ラジエーター・フラップはパイロットのよる制御が可能だが、通常は自動にセットする。フラップは操作輪で機械的に操作、着陸装置の引き込みは油圧で行うが非常用の手動ポンプはない。

コクピット

17. 胴体は明らかに最大限の性能を引き出すため可能な限り小型に設計され、その結果としてコクピットは身長6フィート（1.8 m）以上の者にとっては窮屈なものになる。制御関係は、通常の副操縦装置はすべて左手で操作するように配列され、またコクピットの右側にはスイッチ、ボタン類だけがある。この配列とプロペラ・ピッチや冷却水と滑油の冷却フラップの自動調節によって、パイロットの負荷は軽減されている。

18. 連合軍の飛行機に類似するものもある制御系の細部は、中東軍司令部敵国航空機分隊に保管されるドイツ軍の手引き書の翻訳に述べてある。3枚の写真で構成されるコクピット写真が図6である。方向舵ペダルは座席と同じ高さにあり、パイロットにとっては加速度に耐えるのに良い位置である。副操縦装置はすべて手の届く場所にあり使いやすい。

19. 倒立エンジンのため、前方カウリング上面の幅は狭まっており、両側前方視界は良好である。装着されている計器は以下の通り。

飛行系
   人工水平儀と旋回計の複合式計器
   羅針儀受信器
   高度計
   対気速度計

操作系
   ブースト圧計
   R.P.M.（回転計）
     プロペラ角度指示計
     滑油および冷却液温度計（複合式）
     燃料および滑油圧力計（複合式）
     時計
     着陸装置指示灯
     着陸装置機械式位置指示器
     燃料警報灯（残量20分）

20. フード（天蓋）は小さく曲面はない。厚い風防ガラスは平面で、それを通す視界は良好である。上面と両側面にはスライド式パネルがあり、悪条件下での視野が得られるようになっている。フードは左側の赤いレバーによって投棄される。

装甲

21. これはMe.109F-4とほぼ同等で、パイロットの頭部を後方と上部で防御する平面1枚、曲面1枚の10mm板からなる。上部8mm1枚と下部24mm、合計3枚の板がパイロットの背面を防護する。63mm厚の防弾ガラスは、8mm厚のプレキシガラス製風防の後方13mmの位置に、約60度の角度で取り付けてある。0.8mmの薄板30枚をボルト止めで積層したアルミ合金（デュラルミン）製の隔壁が、胴体横断面の下側2/3に取り付けられている。燃料タンクはL字型をしており、パイロットの背後と下面に位置している。柔軟性のあるゴム構造物で、保持のため

合板の箱で囲まれている。内側および外側の層は硬質の黒色ゴム、中間層は柔らかいセルフシーリング（自封防漏式）材となっている。容量は85ガロン（386リットル）である。滑油タンクは環形をした軽合金製で防弾はされておらず、プロペラ減速歯車の周囲に取り付けられ、容量は8 1/2ガロン（38.6リットル）。冷却液のヘッダー・タンクも装甲のない軽合金製で、クランクケースの左右両側に（各1個ずつ）装備される。非装甲の軽合金製燃料タンクが、時折、Me.109E型とF型で、またG型では一例見つかっている。

無線

22. 標準型ドイツ戦闘機用無線通話セットFUG VIIaが、Me.109F同様に搭載されている。より詳細な報告書は中東軍司令部敵国航空機飛行分隊を通じ入手可能。

酸素

23. Me.109F同様に標準型ドレーガー装置が取り付けられ、燃料タンク後方の隔壁に装備される通常型軽合金ボトル３本から供給を受ける。酸素と空気の混合気は高度33,000フィート（10,058 m）までは気圧カプセルにより調節され、それ以上の高度では純酸素が供給される。流量はパイロットの呼吸に応じて常時調整されるが、必要なときはいつでも手動ボタンによって迅速に余分に供給できるようになっている。

コンパス

24. 配置はMe.109Fと同じで、デュラルミン製積層板隔壁後の後部胴体にパーティン・マスター・コンパスが搭載され、コクピット計器板の従属コンパスに電気的に表示するようになっている。

銃砲

25. 搭載武装

　以前に完全な報告がなされたMe.109Fと同様にエンジン上に固定されプロペラ回転円内を通して発射するM.G.17　7.92mm機関銃２挺と、エンジン後部に装着されてプロペラ軸内を通して発射するM.G.151　20mm機関砲１門を装備する。機関砲は200発、機関銃は各500発を携行。M.G.17は圧縮空気により装填と発射を行うが、電気的に制御される。M.G.151は電気的に装填、発射する。さらにM.G.151　20m.m.機関砲２門用の配線が、両主翼に各１門、主輪収納部のすぐ外側に装着するよう備えられている。これらの砲が装備された機体は一度発見されただけである。

26. 同調（訳注：プロペラ・ブレードが銃口の前を通過するときに、発砲しないようにするメカニズム）

　２挺のM.G.17については、エンジン後部の補機駆動部から駆動するカムによって作動するチューブの覆いが付いたフレキシブル・プッシュロッドによる機械式である。

27. 集束

　M.G.17の銃身は互いに14インチ（36cm）離れているだけであり、またM.G.151の銃身からは上方に17インチ（43cm）の位置にあるので、集束はまず必要ない。50ヤード（46m）では、M.G.17どうしの弾道の集束は明瞭でなく、M.G.151との弾道集束にいたっては、取り外されて他の砲と交換されていたので、どう推測しても疑わしい数値にしかならない。

28. 武器評価の中止

　M.G.151およびM.G.17は、ウリッジ（訳注：ウリッジ兵器廠、ロンドン郊外南東部に所在）によって詳細に試射し報告されており、かつ発射速度や弾速が確認されているので、さらに評価を行う必要はないと考えられる。報告書は中東軍司令部敵国航空機分隊から入手可能。

29. 装弾

　装弾は容易で、４人で10分以内に行うことができる。作業は次の手順である。機関砲、機関銃からの空の送弾ベルトと薬莢を胴体下面の即時脱着可能な２個のトレーごと取り出す。エンジン・カウリング両側を持ち上げて開く（それぞれクイック・リリーズ留め具３個で固定されている）。古い機関銃弾倉を新しいものに取り替え給弾ベルトを所定位置に送る（機関銃は非常に作業しやすい位置にある）。コクピットにある機関砲の遊底カバーを取り外し（クイック・リリーズ留め具３個）新しい弾帯を取り付ける（弾倉は左翼にあり、クイック・リリーズ２個のついたカバーを外せば手が届く）。ガイドを通して弾帯を送り遊底に差し込む。遊底を閉じる。カバーを再取り付けする。エンジン・カウリングを下げ、しっかりと固定。必要なら銃砲の清掃はこの作業の最中でも、合間にでも行える。

30. 整備

　銃砲はすばやく取り外して手入れでき、難しくはない。銃も、砲も、リコイル（後座）の動作はきわめて単純で、作動部品も最小限となっている。

31. シネ・カメラ

　シネ・カメラの電気配線は備えられているが原則として取り付けられてはおらず、わずかに2機体で車輪収納部のすぐ外弦に、その目的のための窓があることが発見されただけである。

32. 照準器および照準

　レフィーC/12/D反射式照準器が(109F同様に)装備されている。これは簡単な照準器で距離計測手段を有さない。防眩覆いと光度調節機能を備え、非常用に照準リングと照星が右側に取り付けられる。

技術評価

運動性

33. 昇降舵は高速では固くなりトリム再調節が必要となるが、トリム・ホイールも固いので困難となり、急降下ではほとんどびくともしない。高速では操縦桿に多少力を加える必要があるが、加速度はパイロットが耐えられるだけ加えることができる。

34. 補助翼は、適度の急降下では良好であるが、それ以上では手引き書に脆弱性についての警告があるため、ていねいに扱った。報告書のこの項を完成するためには比較戦闘評価が必要である。

離陸

35. 機体は、離陸が最終段階に近づくにつれ左右に振れる傾向があり、方向舵をしっかり右にとる必要がある。離陸はスロットルをゆっくり開いて行けば非常に良好であり、そうすればもっと制御が容易になる。一般のパイロットが静止大気中で浮揚するまでに、350ヤード(320m)を要するであろう。

失速速度

36. フラップおよび脚下げでの失速速度は時速102マイル(164km/h)、フラップ、脚上げで時速112マイル(180km/h)を示した。スラットが開いている時速約140マイル(225km/h)では補助翼の操作がとくに軽くなる。

トリム

37. トリムは効果的だが過敏ではない。大きな急降下速度では、ほとんど動かなくなる。

着陸

38. 着陸接近進入は計器速度時速120マイル(193km/h)で行わなければならない。

39. 機は暴れ気味なので、パイロットは直進を維持するのに集中し、接地時にコクピットの対気速度計は読みとらなかった。

40. 既知の失速速度から、接地時の速度は時速105～110マイル(169～177km/h)と推定できる。

41. 最短着陸滑走距離は、一般のパイロットで静止大気中において550ヤード(503m)である。

性能

42. 上昇と速度の測定値は後のページで表を作成掲載している。結果はまた、図1.速度、図2.上昇率、図3.速度別上昇率、図4.定格高度、図5.上昇時間、をグラフにしている。試験はすべて最大出力で行われた(ドイツではエンジン破損を招くことが明らかなため、最大緊急出力を廃止した)。

急降下

43. 急降下および緩降下は非常に速い。操縦は重くなるが、表示速度時速350マイル(563km/h)でも大きく方向転換することはできる。原註：手引き書では墜落のおそれがあるので、急降下中、とくに引き起こし中の荒っぽい補助翼操作に対して警告している。制限速度は時速467マイル(751km/h)である。

航続性

44. 燃料消費は、後のページで表にしている。滞空時間は運航条件や空中戦に費やす時間によって大幅に異なる。通常予測される滞空時間は1時間である。

計器飛行

45. 完全な標準型ドイツ軍の計器一式は取り付けられていなかった。計器飛行は標準的で見かけ通りのものと判定されている。

夜間飛行

46. コクピットおよび排気炎覆いは109Fと似ている。

エンジン始動

47. エンジンは常時手動により始動する。1回で始動したこともあるが、(われわれの所有機では)いつも2回目、

あるいは3回目で始動した。熟練した要員であれば、気象条件がよければ、おそらく1回で始動できるであろう。

48．プライミング・ポンプ用として小型のタンクが別に備えられ、気象条件が悪いとき、始動用として特別に揮発性の高い燃料を入れられるようになっている。

（サイン）G・M・バクストン大佐（？）

ME.109G - 2(TROP).
第1回試験飛行　0905 - 0955 時　1942年12月29日

1．Me.109Gは第451飛行隊分遣隊によって使用可能とされた。

2．機体は以下を除き、標準の良好な状態になった。滑油ラジエーター・フラップは受領時よりサーモスタット・コントロールの機能が不良であることが明らかになっていたので、開位置のまま固定された。滑油温度計は使用できない。プロペラ・ブレード1枚に破孔および擦傷がある。

3．そのため飛行の都度、プロペラ・ブレードには詳細な点検が行われる。

4．離陸中に全開出力を出しているとき、滑走が終盤に近づくにつれ著しく左方へ振れる。加速は迅速で、離陸滑走距離はかなり短い。

5．離陸後、上昇飛行を開始。高度毎に区間上昇を実施。全速水平飛行は大部分が降下途中で行った。数値は附録Aに表示、真対気速度を求めるための空気温度は、附録Bで表にしている。

6．エア・フィルターは、高度約2000フィート(2438m)で使用中止、全試験終了後、着陸に入る前に再度使用した。

7．プロペラ・ピッチ制御は自動のままとしたので、附録Aのブースト値、回転数は、自動機構によって設定されたことを示すものである。

8．ラジエーター・フラップは自動のままとしたが、常に温度は80℃に維持され、試験実施間の巡航飛行では申し分ない状態であった。観察された最大温度は100℃。

9．指針が振れ続けていたので高度計の読みは正確ではなかった。

10．15000から20000フィート(4592から6096m)への上昇ではエンジンが不調となり、燃料圧力の低下が見られた。電動ポンプのスイッチを入れるとすぐに上がり、しばらくしてエンジンは正常に作動した。

11．エンジンは不安定となる期間があるが、特に高回転数では好調に回る。

12．上昇率が高いため3000フィート(914m)までのゆとりをもたせて上昇を安定させる必要がある。したがって15000から17000フィート(4520から5182m)への上昇を計測するためには、12000フィート(3658m)で上昇速度(即ち時速150マイル)にして引き起こす必要がある。全速水平飛行では速度はすぐに上昇する。

13．操作性は安定しており、相応の操作をすれば容易に厳密に速度を維持できる。

14．ほぼ45分飛行した後、赤色の燃料不足警報灯(残量15分を示す)が点灯した。燃料が波打つため警報灯は点滅するが、効果的な警報である。

15．着陸の接近進入ではトルクがはっきりと感知できるので、揺れがあるときはスロットルをゆっくりと開くべきである。

ME.109G - 2(TROP).
第2回試験飛行　1415 - 1530 時　1942年12月30日

1．一連の1000フィート上昇時間を、さまざまな高度で計測した。上昇率が高いこと、高度計の感度がよいことで指針が大幅に振れてしまい、時間はあまり正確ではない。そのため時間の誤差をなるべく少なくするように、ある高度では2000フィート(610m)の高度差の間で繰り返し実施した。

2．ラジエーターの冷却フラップは自動制御であり、エンジン温度が上昇するにつれて開く。フラップは大きいので、

開度が大きくなると、きわめて大きな抵抗を生じる。したがって長時間連続して上昇を続けると、抵抗が増して性能を低下させる。この点を試験すれば長時間戦闘上昇が解明できるであろう。

３．上昇気流や乱気流の影響は、早急に予備的な性能値を得る上においてはさほど重要とは考えられなかったので、試験は雲の多い気象条件のもとでも継続されている。

ME.109G - 2(TROP).
第３回試験飛行　0920 - 1015 時　1942 年 12 月 31 日

１．３回目の試験では、前２回の飛行試験で座標を求めた性能曲線の空所を埋めるのに必要と思われる上昇および水平飛行を繰り返し実施。また自動プロペラ制御での、回転数に対応して発生するブースト1.3での定格高度を見つける試験も行われた。（訳注：定格高度とは、過給器が一定のブースト圧で給気できる最大高度で、それ以上では出力が無過給エンジンなみに低下していく。）

２．30070から32000フィート(9165から9754m)への上昇中、冷却フラップが大きく開いているのが見え、サーモスタットが働いていないことが明らかだった。手動で正常な位置に調節したが、得られた上昇率は、このことにより幾分少なくなったにちがいない。

３．プロペラ回転数に多少の変化が認められたが、おそらく自動制御がやや異常に機能したためと思われる。

４．エンジンの定格高度は、計器速度時速200マイル(322km/h)で定常上昇を行い、1000フィート(305m)毎にブースト圧力を記録してつきとめた。自動ブースト制御は、定格高度以下ではブーストを一定に保ち、それ以上になると減少させる。高度に対応するブーストをグラフ化することによりブーストの下降線を描くことができ、これが定速回転数(2750rpm)での定格高度として得られる21300フィート(6492m)で交わる。

５．水平速度は23,200フィート（真高度7071m）で試験したところ、計器速度時速262マイル(423km/h)、較正値で時速378マイル(608km/h)であった。

ME.109G - 2(TROP).
第４回試験飛行　1505 - 1615 時　1943 年 1 月 17 日

１．オズボーン曹長が率いる初代の優秀な整備要員たちは元隊に戻り、新たな要員が引き継いだ。南アフリカ空軍第７飛行隊の認識番号4583ディル・フランゼン曹長が到着しプロペラを交換。新しいプロペラは正しく調整されており、同じ性能の出ることがわかった。

２．離陸中、エンジンはほとんど全開出力近くまで開け、左方への振れを止めるために方向舵をしっかりと右へ切る必要があった。着陸はほぼ３点着陸に近い適度の尾部下げ姿勢で行い、ブレーキは、まず振れを防ぐために使用、その後両ブレーキがしっかりとかけられた。（訳注：ブレーキは方向舵ペダルで左右別々に操作する）着陸滑走距離は表に作成した。

３．その後、失速テストが行われた（高度5000フィート＝1524mで）。失速は、最初にフラップと車輪上げで、その後フラップ全開、車輪下げで計測。接近進入の最低安全速度は時速160マイル(257km/h)、時速150マイル(240km/h)以下では、緩やかな旋回だけを行うべきであることが数値の上で判明した。

４．最大上昇速度を検出するため、4000フィートから5000フィート(1290m～1524m)の区間上昇を実施。ラジエーター・フラップは上げ位置で、主翼フラップと同じ位置にセットされた(RUHE位置)。時速160マイル(257km/h)で説明不能な急速上昇が繰り返されたが、さらに正常な時間も得られた。空気吸入口フィルターが使用された。

５．その後、19000から21000フィート（高度計表示5761～6401m）への区間上昇を実施。１回目の時速140マイル(225km/h)では、電動燃料ポンプのスイッチが原

因の燃料圧力低下によってエンジンが不調だったため、おそらく低くなったのであろう。繰り返し行われた飛行でも、上昇中ブーストが低下したので遅かった。おそらく自動ブースト機構の引っかかりによるものであろう。同様なブースト圧のわずかな低下が、時速160マイル(257km/h)での上昇中にも発生したが、他の２回の飛行では起きず、そのうち１回は、回転数がやや高かった。吸入口フィルターは、もちろんこの試験では未使用である。ラジエーター・フラップは「自動」になっており、制御は良好で温度は低く、開度は小さかった。この一連の上昇テスト中に開度が１インチ(2.54cm)以上変わることはなかった。

６．エンジンは、低出力時は乱調気味であるが、全開出力では適度に滑らかである。

５Ａ．レバント空軍司令部の気象観測所に、5000フィート(1524m)で異常な計測値をもたらすかもしれない何らかの気流が発生していたかどうかを問い合わせた。地表から9000フィート(2743m)の間では高度6000フィート(1829m)で最大毎分400フィート(分速122m)の上昇気流が局地的に発生していた、との報告があった。

ME.106G-2(TROP) 第４回試験飛行　1時間10分　1943年1月17日

離陸滑走距離	約270ヤード（247m）
風	時速12マイル（時速19.3km）、離陸方向に対し47度
気温	摂氏18.5℃、海面で1014ミリバール、標高130フィート（40m）
着陸滑走距離	約430ヤード（393m）。着地はほぼ３点姿勢、ブレーキを確実に使用。
風	時速12マイル（時速19.3km）、着陸方向に対し20度
気温	摂氏18.5℃、海面で1014ミリバール、標高130フィート（40m）
失速	フラップおよび脚上げ。計器速度時速115マイル（時速185km）で右補助翼がきかなくなる。計器速度時速110マイル（時速177km）で機首が下がる。フラップおよび脚下げ計器速度時速112マイル（時速180km）で補助翼が利かない。機首下げは計器速度時速102マイル（時速164km）

第５回および第６回試験飛行

離陸距離および着陸距離の計測を実施。

区間上昇試験が気象観測所で温度の得られる最高高度27000フィート(8230m)で行なわれた。

27000フィート(8230m)で水平飛行速度試験も実施。

16500フィート(5029m)で水平飛行速度試験。最初はラジエーター・フラップ開で、その後に閉で実施。その効果を示すために各速度を速度曲線に挿入した。

６回目のテストは、高度上昇を実施することになっていたが、計測開始前にフード(天蓋)が自然に吹き飛んだため中止された。

ME.106G-2(TROP) 第５回試験飛行

離陸滑走距離	約196ヤード（179m）
風	時速15マイル（時速24km）、離陸方向に正対
気温	摂氏18.5℃、海面で1011ミリバール、標高130フィート（40m）
着陸滑走距離	約440ヤード（708m）。
風	時速15マイル（時速24km）、着陸方向に正対
気温	摂氏17℃、海面で1011ミリバール、標高130フィート（40m）

ME.109G-2(TROP).
第7回および第8回試験飛行　0935-1030時　1942年12月30日

第7回飛行試験

　区間上昇に関する計画を完結するため上昇飛行を実施。

　上昇はプロペラを自動とし、スロットル全開で行った。

　離陸し、脚上げボタンを操作後すぐにストップウォッチをスタート（滑走路を約3/4過ぎた付近）。その後の測定はストップウォッチを見て行った。飛行場は標高130フィート（40m）なので、離陸前に高度計を130フィート（1015ミリバール）にセット。

　20000から25000フィート（6096から7620m）の間で冷却液温度の低下が見られたが、ラジエーター・フラップが大きく開いていた。これで一時的に上昇率が減少していたにちがいない。自動サーモスタットがひっかかりを生じたためで、ラジエーター・フラップは手動で小さい開度にセットされた。

　滑油温度（未確認）を低く保つため、上昇は25000フィート（7620m）までは時速170マイル（時速273km）で実施、25000フィートから35000フィート（7620mから10668m）までは、時速150マイル（時速241km）に減速した。

　滑油圧力は飛行中を通し安定しており、最小から1目盛上を指していた。

第8回飛行試験

　失速試験は、脚およびフラップ上げと、脚およびフラップ下げとで実施した。

上げ　時速約120マイル（時速193km）で機は高度を失いはじめた。機首が目に見えて下がることはなく、翼が下がる傾向もなく、それでも補助翼は利く。

下げ　時速105マイル（時速169km）をちょうど下回ったとき、飛行機は高度を失いはじめたが、同じく不具合は起きず、補助翼の利きも維持された。

　まさに失速に近づいたとき、かすかな速い振動が認められた。失速付近で数回エンジンを急にふかしたが、常にあらゆる横揺れの傾向も押さえることができた。

1943年当時のブラック6のコクピット。主計器板では、高度計がイギリス製品と交換され、人工水平儀が旋回計に置き換えられている。主操作盤の下にはイギリスの酸素操作盤が付加され、床の右側に大型の酸素ボトルが取り付けられているのがわかる。

ME.109 G-2 (TROP) 第一回試験飛行
0905 - 0955B 時、1942 年 12 月 29 日。高度計は飛行場、標高 130 フィート（39.6m） 気圧 1011 ミリバールをゼロにセットした。海面高度での 1016 ミリバールにほぼ等しい。

計器高度	対気速度計	ブースト	毎分回転	ラジエーター温度	校正用修正高度計	測定高度との差	校正用修正対気速度計	ピトー管位置誤差	修正指示対気速度	時間（秒）	上昇率	真対気速度
区間上昇												
6000 - 7000	180	1.3	2600	80℃	5900 - 6890		181	プラス 3	183	17.6		
(1829 - 2134)	(290)				(1798 - 2100)		(290)		(295)			
10000 - 11000	180	1.3	2600	80℃	9850 - 10850					19		
(3048 - 3353)	(290)				(3002 - 3307)							
15000 - 16000	175	1.3	2600	100℃	14885 - 15890		176	プラス 3	179	21		
(4572 - 4877)	(282)				(4537 - 4843)		(283)		288			
20000 - 21000	170	1.26	2700	80℃	19955 - 20960		171	プラス 3	174	19.8		
(6096 - 6401)	(274)				(6082 - 6389)		(275)		(280)			
30000 - 31000	150	0.92	2750	80℃	29880 -		152	プラス 4	159	43.6		
(9144 - 9448)	(241)				(9107 -		(245)		(251)			
水平飛行												
5000	298	1.3	2650		4920	4950	298		298			322
(1524)	(480)				(1500)	(1509)	(480)		(480)			(518)
20000	260	1.3	2700		19955	20110	260	プラス 1	261	60		360
(6096)	(418)				(6082)	(6130)	(418)		(420)			(578)
30000	223		2780		29880		223		223			373[*1]
(9144)	(359)				(9107)		(359)		(359)			(600)

ME.109 G-2 (TROP) 第二回試験飛行
1435 - 1530B 時、1942 年 12 月 30 日。高度計は飛行場、標高 130 フィート（39.6m） 気圧 1018 ミリバールをゼロにセットした。

計器高度	対気速度計	ブースト	毎分回転	ラジエーター温度	校正用修正高度計	測定高度	測定高度との差	校正用修正対気速度計	ピトー管位置誤差	修正指示対気速度	時間（秒）	上昇率
区間上昇												
10000 - 12000	150	1.3			9910 - 11900	9990 - 12030	2040	152	プラス 4	156	36	3430
(3048 - 3658)	(241)				(3021 - 3627)	(3045 - 3667)	(622)	(245)		(251)		(1045)
20000 - 22000	150	1.3	2750		19880 - 21880	20220 - 22270	2050	152	プラス 4	156	35	3510
(6096 - 6706)	(241)				(6059 - 6669)	(6163 - 6788)	(625)	(245)		(251)		(1070)
25000 - 27000	150	1.1	2750		24880	25330	2000	152	プラス 4	156	51.4	2360
(7620 - 8230)	(241)	1.04 に低下						(245)		(251)		(719)
以下のヨミはやや正確さを欠く。												
10000 - 11000	150	1.3	2700		9910 - 10900			152	プラス 4	156	19	
(3048 - 3353)	(241)				(3021 - 3322)			(245)		(251)		
15000 - 16000	150	1.3	2700		14890 - 15920			152	プラス 4	156	18	
(4572 - 4877)	(241)				(4538 - 4852)			(245)		(251)		

計器高度	対気速度計	ブースト	毎分回転	ラジエーター温度	校正用修正高度計	測定高度	測定高度との差	校正用修正対気速度計	ピトー管位置誤差	修正指示対気速度	時間（秒）	上昇率
20000 - 21000	150	1.2	2650		19880 - 20860			152	プラス4	156	17	
(6096 - 6401)	(241)				(6059 - 6358)			(245)		(251)		
25000 - 26000	150	1.1	不明		24880 - 25860			152	プラス4	156	26.5	
(7620 - 7925)	(241)				(7583 - 7882)			(245)		(251)		
水平飛行												
15000	275	1.3	2650		14890	15110		275	プラス1	276		
(4572)	(443)				(4538)	(4606)		(443)		(444)		
10000	280	1.3	2680		9910	9990		280		280		
(3048)	(451)				(3021)	(3045)		(451)		(451)		
15000	267	1.3	2800		14890	15110		267	プラス1	268		
(4572)	(430)				(4538)	(4606)		(430)		(431)		
25000	243	1.14	2700		24880	25330		243	プラス1	244		
(7620)	(391)				(7583)	(7721)		(391)		(393)		

ME.109 G - 2 (TROP)　第三回試験飛行
0920 - 1015B 時、1942年12月。高度計は飛行場、標高130フィート（39.6m）　気圧1021ミリバールをゼロにセットした。

計器高度	対気速度計	ブースト	毎分回転	ラジエーター温度	校正用修正高度計	測定高度	測定高度との差	校正用修正対気速度計	ピトー管位置誤差	修正指示対気速度	時間（秒）	上昇率
区間上昇												
30000 - 32000	150				29930 - 32000	30370 - 32500	2130	152	プラス4	156	96.4	1240
(9144 - 9754)	(214)				(9123 - 6754)	(9257 - -9906)	(649)	(245)		(251)		(378)
22000 - 25000	150	1.1 エンジン不安定	2480 & 2800 25000		21880 - 24880	22150 - 24375	2225	152	プラス4	156	77.6	
(6706 - 7620)	(241)				(6669 - 7583)	(6751 - 7430)	(678)	(245)		(251)		
18000 - 20000	150	1.3	2700 増速		17890 - 19880	18240 - 20110	1870	152	プラス4	156	44.6	2540
(5486 - 6096)	(241)				(5453 - 6059)	(5559 - 6130)	(570)	(245)		(251)		(774)
4000 - 6000	150	1.3	2650	90℃から100℃に上昇	4000 - 5960	4020 - 6060	2040	152	プラス4	156	35.8	3420
(1219 - 1829)	(241)				(1219 - 1817)	(1225 - 1847)	(622)	(245)		(251)		(1042)
定格高度												
19000	200	1.3	2700		18890			200	プラス2	202		
(5791)	(322)				(5758)			(322)		(325)		
20000	200	1.3	2700		19880			200	プラス2	202		
(6096)	(322)				(6059)			(322)		(325)		
21000	200	1.3	2750		20860			200	プラス2	202		
(6401)	(322)				(6358)			(322)		(325)		
22000	200	1.27	2750		21880			200	プラス2	202		
(6706)	(322)				(6669)			(322)		(325)		
23000	200	1.19	2750		22880			200	プラス2	202		
(7010)	(322)				(6974)			(322)		(325)		

計器高度	対気速度計	ブースト	毎分回転	ラジエーター温度	校正用修正高度計	測定高度	測定高度との差	校正用修正対気速度計	ピトー管位置誤差	修正指示対気速度	時間(秒)	上昇率
24000	200	1.19	2750		23850			200	プラス2	202		
(7315)	(322)				(7269)			(322)		(325)		
24000	200	1.15	2730		23850			200	プラス2	202		
(7315)	(322)				(7269)			(322)		(325)		
25000	200	1.09	2700		24880			200	プラス2	202		
(7620)	(322)				(7583)			(322)		(325)		
26000	200	1.1	2730		25860			200	プラス2	202		
(5791)	(322)				(7882)			(322)		(325)		
水平速度												
23000	262	1.29	2780		22880							
(7010)	(422)				(6974)							

ME.109 G‐2 (TROP) 第四回試験飛行

1505 - 1615B 時、1943 年 1 月 17 日。高度計は飛行場、標高 130 フィート（39.6m） 気圧 1014 ミリバールをゼロにセットした。

計器高度	対気速度計	ブースト	毎分回転	ラジエーター温度*2	校正用修正高度計	測定高度*4	測定高度との差*4	校正用修正対気速度計	ピトー管位置誤差*5	修正指示対気速度	時間(秒)	上昇率
区間上昇	全飛行中エア・フィルター使用。											
4000 - 6000	140	1.3	2700	80℃	4000 - 5960	4107 - 6101	1994	142	プラス5	147	34.3	3490
(1219 - 1829)	(225)				(1219 - 1817)	(1252 - 1860)	(608)	(229)		(237)		(1064)
4000 - 6000	160	1.3	2700	80℃	4000 - 5960	4107 - 6101	1994	162	プラス4	166	35.8	3760
(1219 - 1829)	(257)				(1219 - 1817)	(1252 - 1860)	(608)	(261)		(267)		(1146)
4000 - 6000	180	1.3	2700	82℃	4000 - 5960	4107 - 6101	1994	181	プラス3	184	35.8	3340
(1219 - 1829)	(290)				(1219 - 1817)	(1252 - 1860)	(608)	(291)		(267)		(1018)
4000 - 6000	200	1.3	2700 - 2750	82℃	4000 - 5960	4107 - 6101	1994	200	プラス2	202	35.8	3340
(1219 - 1829)	(322)				(1219 - 1817)	(1252 - 1860)	(608)	(322)		(325)		(1018)
4000 - 6000	160	1.3	2700	82℃	4000 - 5960	4107 - 6101	1994	162	プラス4	166	34	3520
(1219 - 1829)	(257) 報告値				(1219 - 1817)	(1252 - 1860)	(608)	(261)		(267)		(1073)

ME.109 G‐2 (TROP) 第四回試験飛行

1505 - 1615B 時、1943 年 1 月 17 日。高度計は飛行場、標高 130 フィート（39.6m） 気圧 1014 ミリバールをゼロにセットした。

計器高度	対気速度計	ブースト	毎分回転	ラジエーター温度	校正用修正高度計	測定高度	測定高度との差	校正用修正対気速度計	ピトー管位置誤差	修正指示対気速度	時間(秒)	上昇率
区間上昇												
19000 - 21000	140	1.24 に低下	2700		18890 - 20860	19257 - 21403	2146	162	1.3 プラス6	148	39	3000
(5791 - 6401)	(225) 報告値				(5758 - 6358)	(5870 - 6524)	(654)	(261)		(238)		(1006)
19000 - 21000	140	1.3	2700 -*5	90℃	18890 - 20860	19257 - 21403	2146	142	プラス6	148	38	3390
(5791 - 6401)	(225)				(5758 - 6358)	(5870 - 6524)	(654)	(229)		(238)		(1006)
19000 - 21000	180	1.3 に低下	2700		18890 - 20860	19257 - 21403	2146	162	プラス4	166	38	3390
(5791 - 6401)	(290)				(5758 - 6358)	(5870 - 6524)	(654)	(261)		(267)		(1033)

計器高度	対気速度計	ブースト	毎分回転	ラジエーター温度	校正用修正高度計	測定高度	測定高度との差	校正用修正対気速度計	ピトー管位置誤差	修正指示対気速度	時間(秒)	上昇率
19000 - 21000 (5791 - 6401)	180 (290)		2700		18890 - 20860 (5758 - 6358)	19257 - 21403 (5870 - 6524)	2146 (654)	181 (183)	プラス3	184 (296)	41	3140 (957)
19000 - 21000 (5791 - 6401)	200 (322)		2700	90℃	18890 - 20860 (5758 - 6358)	19257 - 21403 (5870 - 6524)	2146 (654)	200 (322)	プラス2	202 (325)	46	2800 (853)

ME.109 G - 2 (TROP)　第五回試験飛行
1445 - 1530B 時、1943 年 1 月 19 日。高度計は飛行場、標高 130 フィート（39.6m）気圧 1011 ミリバールをゼロにセットした。

計器高度	対気速度計	ブースト	毎分回転	ラジエーター温度	校正用修正高度計	測定高度	測定高度との差	校正用修正対気速度計	ピトー管位置誤差	修正指示対気速度	時間(秒)	上昇率	真対気速度
26000 - 28000 (7925 - 8534)	150 (241)	1.0	2700		25860 - 27880 (7882 - 8498)	25700 - 27700 (7833 - 8443)	2000 (3219)				55	2140 (652)	
27000 (8230)					26870 (8312)	26700 (8138)							
26000 - 28000 (7925 - 8534)	150 (241)	1.0	2700	90℃	25860 - 27880 (7882 - 8498)	25700 - 27700 (7833 - 8443)	2000 (3219)				55.5	2120 (646)	
26000 (7925)	250 (402)	1.17	2750	80℃	25860 (7882)	25700 (7833)		250 (402)	プラス1	251 (404)			384 (618)
16500*6 (5029)	246 (396)	1.3	2700		16400 (4999)	16310 (4971)		246 (396)	プラス1	247 (398)			319 (513)
16500*7 (5029)	270 (435)	1.3	2700		16400 (4999)	16310 (4971)		270 (435)	プラス1	271 (436)			350 (563)

ME.109 G - 2 (TROP)　第七回試験飛行
0935 - 1030B 時、1943 年 1 月 29 日。高度計は飛行場、標高 130 フィート（39.6m）気圧 1015 ミリバールをゼロにセットした。

計器高度	対気速度計	ブースト	毎分回転	ラジエーター温度	滑油圧力	校正用修正高度計	測定高度	測定高度との差	校正用修正対気速度計	ピトー管位置誤差	修正指示対気速度	時間(秒)
130 (39.6)	170 (274)	1.3	2700	100℃	O.K.				171 (275)	プラス3	174 (280)	*8
2000 (610)	170 (274)				O.K.				171 (275)	プラス3	174 (280)	41
5000 (1524)	170 (274)	1.3	275	93℃	O.K.	4980 (1518)	5062 (1543)		171 (275)	プラス3	174 (280)	94
10000 (3048)	170 (274)	- - - -	- - - -	- - - -	O.K.	9910 (3020)	9911 (3021)		171 (275)	プラス3	174 (280)	177
15000 (4572)	170 (274)	1.3	2800	90℃	O.K.	14890 (4538)	14783 (4506)		171 (275)	プラス3	174 (280)	276
20000 (6096)	170 (274)	1.3	2800	100℃	O.K.	19890 (6062)	19777 (6028)		171 (275)	プラス3	174 (280)	380
25000 (7620)	170 / 150 (274 / 241)	- - - -	- - - -	- - - -	O.K.	24880 (7583)	24701 (7529)		171 / 152 (275 / 245)			497

計器高度	対気速度計	ブースト	毎分回転	ラジエーター温度	滑油圧力	校正用修正高度計	測定高度	測定高度との差	校正用修正対気速度計	ピトー管位置誤差	修正指示対気速度	時間(秒)
30000 (9144)	150 (241)	0.88	2700	85℃	O.K.	29930 (9123)	29478 (8985)		152 (245)	プラス 4	156 (251)	688
33000 (10058)	150 (241)	0.78	2700	95℃	O.K.	- - - - -	- - - - -		152 (245)	プラス 4	156 (251)	848
34000 (10363)	150 (241)	0.74	- - - - -	- - - - -	O.K.				152 (245)	プラス 4	156 (251)	953
35000 (10668)	150 (241)	0.74	2750		O.K.	35190 (10726)	34334 (10465)		152 (245)	プラス 4	156 (251)	1057

※ 1　気象班による概算温度を使用。
※ 2　ラジエーター・フラップを通常のフラップ位置に合わせる。
※ 3　ピトー管位置誤差は、1941 年 10 月付け、R.A.E. 報告書 No.E.A. 39/11、Me109F 1 / 2 概略性能試験から引用
※ 4　レバント司令部測量隊により算出
※ 5　電動ポンプ Sw 入れまで、低燃料圧力のためエンジン停止。
※ 6　ラジエーター・フラップ開度大
※ 7　ラジエーター・フラップ閉
※ 8　離陸時計時開始
※訳注　高度はフィート、( ) 内は m、上昇率はフィート／分、( ) 内は m / min.
　　　　速度は mph、( ) 内は km/h

ME.109 G - 2 (TROP)

試験飛行	日付	離陸滑走距離　風	着陸滑走距離　風	ガソリン	運航時間
第一回	1942 年 12 月 29 日			63 ガロン（286.4 リットル）	45 分
第二回	1942 年 12 月 30 日			65 ガロン（295.5 リットル）	50 分
第三回	1942 年 12 月 31 日			- - - - -	50 分
第四回	1943 年 1 月 17 日	約 270 ヤード（247m）時速 12 哩（19.3 km /h）。離陸方位に対し 47 度	約 430 ヤード（393m）時速 12 哩（19.3 km /h）。離陸方位に対し 20 度	70 ガロン（318.2 リットル）	65 分
第五回	1943 年 1 月 19 日	約 196 ヤード（179m）時速 15 哩（24.1 km /h）。離陸方位に対し正対	約 440 ヤード（402m）時速 15 哩（24.1 km /h）。離陸方位に対し正対	60 ガロン（272.8 リットル）	55 分
第六回	1943 年 1 月 19 日			15 ガロン（81.8 リットル）	15 分
特　別	1943 年 1 月 28 日	約 250 ヤード（229m）時速 23 哩（37.0 km /h）。突風気味	約 270 ヤード（247m）。横振れ時速 23 哩（37.0 km /h）。突風気味	27 ガロン（122.7 リットル）	20 分
第七回	1943 年 1 月 29 日	約 200 ヤード（183m）時速 28 哩（45.1 km /h）。向かい風	約 330 ヤード（302m）時速 28 哩（45.1 km /h）。向かい風	40? ガロン（181.8? リットル）	50 分
第八回	1943 年 1 月 29 日	約 186 ヤード（170m）時速 28 哩（45.1 km /h）。向かい風	約 440 ヤード（402m）時速 28 哩（45.1 km /h）。向かい風	40 ガロン（181.8 リットル）	35 分

※訳注　リットル概算は英ガロン使用

ME.109 G - 2 (TROP)　高度計の校正

基準高度	第一回試験飛行 '42 年 12 月 29 日 計器指示値	第二回及び以降の試験飛行 '42 年 12 月 30 日以降 計器指示値	基準高度	第一回試験飛行 '42 年 12 月 29 日 計器指示値	第二回及び以降の試験飛行 '42 年 12 月 30 日以降 計器指示値
1000 (305)	1020 (311)	980 (299)	5000 (1524)	5080 (1548)	5020 (1539)
2000 (610)	2040 (613)	1999 (609)	6000 (1829)	6100 (1859)	6040 (1841)
3000 (914)	3060 (933)	2995 (913)	7000 (2134)	7110 (2167)	7050 (2149)
4000 (1219)	4075 (1242)	4000 (1219)	8000 (2438)	8130 (2478)	8070 (2469)

基準高度	第一回試験飛行 '42年12月29日 計器指示値	第二回及び以降の試験飛行 '42年12月30日以降 計器指示値	基準高度	第一回試験飛行 '42年12月29日 計器指示値	第二回及び以降の試験飛行 '42年12月30日以降 計器指示値
9000 (2743)	9150 (2789)	9080 (2768)	23000 (7010)	23060 (7029)	23120 (7047)
10000 (3048)	10150 (3094)	10090 (3075)	24000 (7315)	24035 (7326)	24150 (7361)
11000 (3353)	11150 (3399)	11100 (3383)	25000 (7620)	25070 (7641)	25120 (5657)
12000 (3658)	12150 (3703)	12100 (3688)	26000 (7925)	26080 (7949)	26140 (7967)
13000 (3962)	13140 (4005)	13110 (3996)	27000 (8230)	27095 (8259)	27130 (8269)
14000 (4267)	14120 (4304)	14110 (4301)	28000 (8534)	28090 (8562)	28120 (8571)
15000 (4572)	15115 (4607)	15110 (4606)	29000 (8839)	29115 (8874)	29110 (8873)
16000 (4877)	16110 (4910)	16080 (4901)	30000 (9144)	30120 (9181)	30070 (9165)
17000 (5182)	17090 (5209)	17110 (5215)	31000 (9449)		31030 (9458)
18000 (5486)	18080 (5511)	18110 (5520)	32000 (9754)		32000 (9754)
19000 (5791)	19050 (5806)	19110 (5825)	33000 (10058)		32930 (10037)
20000 (6096)	20045 (6110)	20120 (6133)	34000 (10363)		33850 (10317)
21000 (6401)	21040 (6413)	21140 (6443)	35000 (10668)		34810 (10610)
22000 (6706)	22050 (6721)	22120 (6742)			

気象観測　温度

フィート( )内m	12月29日	12月30日	12月31日	1月17日	1月19日	1943年1月29日1200B時
	°F	℃	℃	℃	℃	℃
- - - - -				18.5	17	
120 (37)	62 F (16.7℃)					13.5
500 (152)				17.25	14.5	12.2
1000 (305)		16		15.25	13.25	9.7
2000 (610)		12.5	11.	12.5	10.	6.9
4000 (1219)		8.0		7.75	5.5	1.1
5000 (1524)	40 F (4.4℃)		5.			
6000 (1829)		5.0		2.5	1.	- 4.0
8000 (2438)		1.0		.25	- .75	- 7.1
10000 (3048)	24 F (- 4.4℃)	- - - - -	- 4.	- - - - -	- 4.	- 10.1
12000 (3658)		- 1.5		- 4.5	- 8.	- 12.7
14000 (4267)		- 4.2		- 7.	- 12.	- 15.8
15000 (4572)	12 F (- 11.1℃)	- 6.0	- 9.			
16000 (4877)		- 8.0		- 11.25	- 17.	- 20.3
18000 (5486)		- 13.00		- 16.25	- 22.	- 22.4
20000 (6096)	- 6 F (- 21.1℃)	- 17.8	- 21.	- 20.75	- 22.5	- 26.6
22000 (6706)					- 29.	- 30.2
24000 (7315)					- 34.	- 34.8
25000 (7620)		- 37.7*	- 29.			
26000 (7925)					- 36.7*	
30000 (9144)	- 36.7℃					- 44 ± 1°　*
27000 (8230)					- 40.0*	
28000 (8534)					- 42.7*	
35000 (10668)						- 50 ± 2°　*

※　気象班による概算温度を使用。

第1図
ME109G 真対気速度

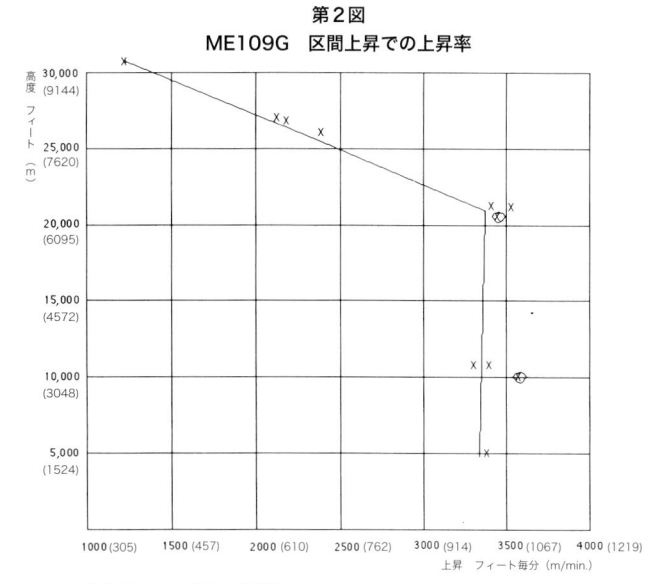

（縦軸：高度 フィート（m）、横軸：真対気速度 毎時哩（km/h））

- ラジエーター・フラップ大開度
- ラジエーター・フラップ閉

第2図
ME109G 区間上昇での上昇率

（縦軸：高度 フィート（m）、横軸：上昇 フィート毎分（m/min.））

× 2000 フィート（610m）通過上昇
⊗ 区間上昇 5 回の性能曲線より

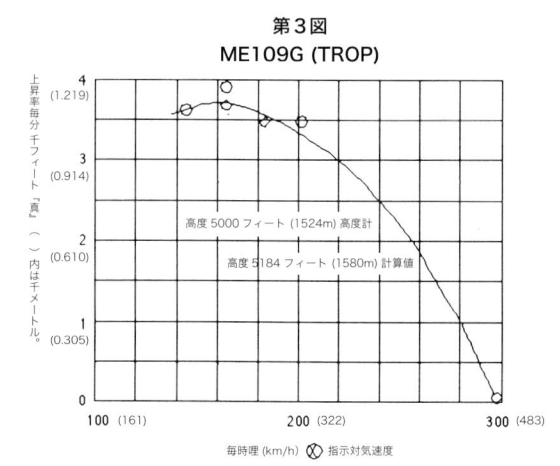

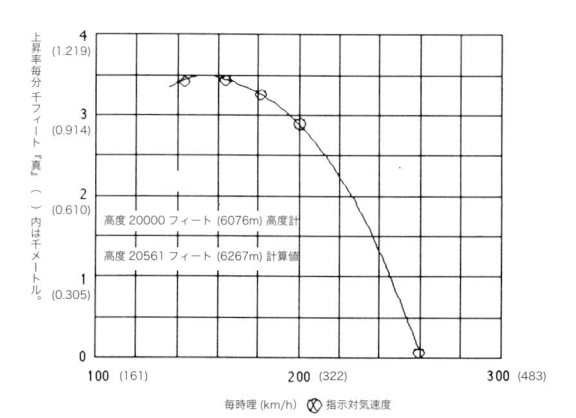

第3図
ME109G (TROP)

（縦軸：上昇率毎分千フィート「真」（）内は千メートル、横軸：毎時哩（km/h）指示対気速度）

- 高度 5000 フィート（1524m）高度計
- 高度 5184 フィート（1580m）計算値

気象報告：この日は 8000 フィート（2438m）にて、毎分 400 フィート（122m/min）の上昇気流発生。
⊗ 指示対気速度は位置誤差無修正

（下段グラフ）
- 高度 20000 フィート（6076m）高度計
- 高度 20561 フィート（6267m）計算値

5000 フィート（1254m）および 20000 フィート（6076m）での区間上昇
スロットル全開、ブースト 1.3 A.T.A. RPM 2700、重量は約。

第4図
第3回試験飛行。
1942年12月31日
定格高度探知のため時速
200 哩（322 km／h）
での上昇

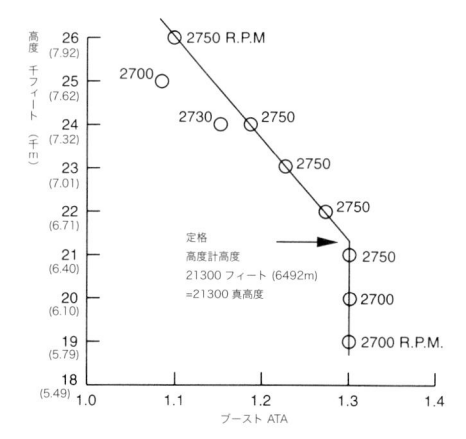

（縦軸：高度 千フィート（千m）、横軸：ブースト ATA）

- 2750 R.P.M
- 2700
- 2730
- 2750
- 2750
- 2750
- 2750
- 2700
- 2700 R.P.M.

定格 高度計高度 21300 フィート（6492m）= 21300 真高度

第5図
第7回試験飛行。
1943年1月29日
ME109G
高度到達時間
全出力上昇

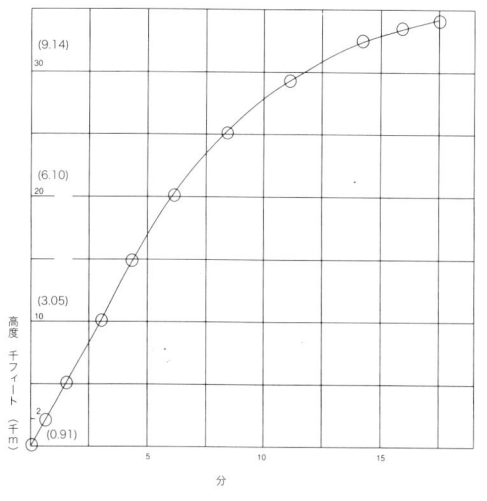

（縦軸：高度 千フィート（千m）、横軸：分）

処女飛行　Bf109G／G－USTV　1991年3月17日
Maiden flight, Bf109G/G-USTV, 17 Mar 91

付録C

序

1．機は完全に復元され、すばらしい状態であった。オイル、冷却液の洩れもなく、機体の内側も外側もともに清潔であった。エンジンはダイムラー－ベンツDB605で、標準の3翅プロペラと燃料噴射装置が取り付けられている。

天候

2．風は方位190度、10ノット（毎時18.5km）、気温摂氏プラス15℃、気圧996ミリバール、飛行場標高203フィート（611m）、雲量4／雲高1900フィート（579m）、2500フィート（762m）で雲量7/8、わずかに軽度の乱流あり。

コクピット

3．コクピットは、元通りに再現するため忠実に修復されていた。グレア・シールド（訳註：計器盤の上方のひさし状の防眩覆い）の下のパネルには近代式の無線が取り付けてある。操作器機はすべてに手が届く。だが、表示を読むにはドイツ語を理解する必要がある。サーキットブレーカー・パネルには別に表示が添付されている。

関連状況

4．10分間の地上運転を行ったが、機体には満杯まで燃料が補充され、冷却液および滑油タンクも満量であった。重心範囲は2.776－3.0159に対し、実測重心位置は2.8であった。離陸重量は2867.8kg。回転数制御は、飛行中は手動のままとした。

離陸

5．離陸は難しいことがわかった。昇降舵トリムは0にセットし、エンジン回転数は手動、エンジン回転数表示計は12時位置にセットした。飛行機は、ブースト圧1.15と毎分2,400回転で、約40ノット（毎時74km）まで正常に加速した。この時点で車輪が柔らかい地面にぶつかり、機体に、機首が下がりと左方向にひどい横揺れを生じさせた。操縦桿をいっぱいに引き、方向舵を右に奥まで踏み込むだけで機体を制御した。このとき、パイロットは気付かなかったがプロペラ先端が地面に接触した。草地の滑走路はかなり凹凸が感じられ、機体はそれを避けるため早めに浮揚し、慎重に地上を離れた。パイロットはこの段階で機をまっすぐに保つため、方向舵をかなり大角度で右に保持しなくてはならないことに気付いた。この負荷は、速度を増して上昇に移るにつれ軽減した。着陸装置は他の飛行機と比較して著しく時間がかかった以外は正常に引き込まれた。

上昇および巡航

6．機は離陸後機敏に上昇した。1500フィート（457m）での加速もまた、注目に値するものだった。2,100回転とブースト圧0.9 ata（大気圧比）の巡航出力で速度は時速400kmを出した。ラジエーター温度は摂氏80℃、滑油温度は摂氏80℃で安定していた。毎分回転数はスロットル上のrpmスイッチを突いて下げるようになっており、扱いやすい（ロー（低）・スイッチは低回転数となる）。機体を機動させるための操縦桿の操作力や動きは軽快で、楽に操作できる。補助翼の追随はきびきびしたもので、機はすべての軸回りに適切に反応した。すばやい補助翼の切り返しで、かなり大きい横滑りを起こすことができるが、引き戻しでは少し補助翼で修正すれば、2回程度で横揺れは減衰した。機体を微調整して保持するため、飛行中を通して少し右に方向舵を効かせる必要があったが、方向舵操作力はごくわずかであった。騒音レベルは適度で、コクピット内で異臭や煙は目立たず、無線は楽に聞こえた。エンジンは非常に滑らかに駆動し、マーリン・エンジンよりもかなり低めの響きである。

低速飛行

7．天候により完全失速の試験はできなかったので、着陸姿勢でエンジン回転数制御を12時位置にし、最小操縦速度で飛行を行った。到達した最小速度は、脚下げ・フラップ下げで時速175kmであった。この速度での安定性は優

れている。操縦桿はほとんど後部ストッパーに当たらんばかりで、手前いっぱい近くまで操縦桿を引いているため、すぐ機首の上下動に反応するが、補助翼は利きを保っていた。そのためこの速度で着陸を行った。

8．この段階で着陸装置が引き込まないという故障が発生した。何度か反応がないまま「上げ」「下げ」を繰り返した後「上げ」にすると突然脚は引き込まれたが、その後、下ろすことができなくなった。このとき、エンジン計器、コンパスおよび着陸装置表示灯への電力も失われた。着陸装置は機械式指示器によれば非常にゆっくりと下りつつあることが観察できた。だが、飛び出ていたサーキット・ブレーカーを入れると電力は回復した。着陸装置は、最終的に下り、2個の緑色灯も点灯した。機は着陸姿勢をとって飛行場に帰着した。だが、どうしても使いにくかったコンパスは電力を失ったまま使用不能となった。

着陸

9．接近進入を点検するため、低空航過を1回行った後に着陸した。最終段階で着陸中止から着陸復航に移行するとき、適切な出力が得られた。着陸時の引き起こしの最中、円形翼端型のBf109にしては浮揚時間が長めであることが認められた。これを見込んでも浮揚が長すぎると思われ、警戒しつつ実施すべきだが、接地前速度を実行した時速175kmよりやや減じることを検討したほうがよいかもしれない。本機の大型の金属製プロペラは、推定ではあるが、アイドリング中でも多少推力を発生しているのかもしれない。パイロットは、本機が他のME109よりも長い着陸になることに備えておくべきである。

結び

10．機は離陸中に車輪が軟らかい地面に当たったため、大きく前方に機首下げ状態となった。左車輪が右よりも深くめり込み、飛行機に左方への振れを引き起こしたが、振れは以下によって悪化したのであろう。

(a)急速な機首下げと大型の金属プロペラに起因する歳差運動(訳注：回転体で、トルクにより回転軸に対し横向きに働く力)。

(b)左方からの横風(制限内であるが)。

(c)より右へ調整する必要のあった方向舵トリムの調節。

11．機首下げに対しより有効な制御を行うためには、昇降舵トリムを離陸時使用した0よりも、1目盛機首上げにセットしたほうがよい。

12．飛行に携わる間には、小型のスタンバイ・コンパス(予備羅針儀)が必要である。

13．パイロットは、本機では他のME109と比べて着陸距離が増すことを予想しておくべきである。

R．ハラム大佐

イギリス空軍訓練機用迷彩塗装で展示飛行中のRN228。燃料補給孔のハッチが紛失しているのに注目。

支持者たち
Those who helped
付録D

Aeroquip Ltd / John Holder, Terry Cresswell
エアロクイップ社／ジョン・ホルダー、テリー・クレスウェル
Anders Norling
アンダース・ノーリング
Arnos Tap & Die Co Ltd
アーノス・タップ・アンド・ダイ社
Avica Equipment / Meggit Aerospace / Mark Bolton, Peter Capstick
アビカ・エクイップメント／メギット・エアロスペース／マーク・ボルトン、ピーター・キャプスティック
Barry Controls Ltd
バリー・コントロール社
Becker Flugfunkwerk GmbH
ベッカー航空無線工業社
Berger Paints
バーガー・ペインツ社
Bestobell Aviation / Terry Wedlock
ベストベル・アビエーション／テリー・ウェドロック
Bore Steamship Co Ltd
ボア・スチームシップ社
Robert Bosch GmbH
ローベルト・ボッシュ社
Wing Commander Paul Brindley
ポール・ブラインドレー空軍中佐
British Aerospace Civil Aircraft Ltd, Chester / Arnold Law
ブリティッシュ・エアロスペース民間航空機社、チェスター／アーノルド・ロウ
British Aerospace Military Aircraft Division, Hamble / Peter Knight
ブリティッシュ・エアロスペース社、軍用機部門、ハンブル／ピーター・ナイト
British Aerospace Military Aircraft Division, Warton / Andy Stewart, Tom Huckstable, Dennis Wade, Arther Talbot
ブリティッシュ・エアロスペース社、軍用機部門、ウオートン／アンディー・スチュワート、トム・ハックスタブル、デニス・ウエード、アーサー・タルボット
British airways, Heathrow
英国航空、ヒースロー
British Steel Corporation Special Steels
ブリティッシュ・スチール社特殊鋼部門
CASA / Senor Cervera
CASA社／セルベラ氏
Rick Chapman
リック・チャップマン
Chelton (Electrostatics) Ltd
チェルトン（エレクトロスタティック）社
Civil Aviation Authority / A. Jones, A. Bevin
英国航空局／A. ジョーンズ、A. ベビン
Peter Cohausz
ペーター・コーハウス
Heinz Dachsel GmbH
ハインツ・デークセル社
John Danes
ジョン・デーンズ
De Soto Titanine POLC / Ian Wheelan, Brian Varley
デ・ソート・タイタニンPOLC／イアン・ウイーラン、ブライアン・バーリー
Dowty-Rotol Ltd / F.J.Oliver
ダウティ・ロートル／F.J.オリバー
Dowty Seals Ltd / A.L.Harper
ダウティ・シールズ社／A.L.ハーパー
Dragerwerk Aktiengesellschaft
ドレーガー工業株式会社
Dufay Titanine plc
デュフェイ・タイタニン社
Dunlop Ltd (Aircraft Tyres Division) / Charles Groves
ダンロップ社（航空機タイヤ部門）／チャールズ・グローブス
Dunlop Polymer engineering Division
ダンロップ・ポリマー・エンジニアリング部門
Eagle Transfers
イーグル・トランスファー社
Facon GmbH
ファション社

Finnair Cargo
フィンランド貨物航空
Finnish Air Force
フィンランド空軍
Flight Refueling Ltd / Colin Thomas, Jack Green
フライト・リフューエリング社／コリン・トーマス、ジャック・グリーン
FPT Industries
FTP インダストリーズ
Freudenberg Angus LP / Barry Colledge
フルーデンベルグ・アンガス LP／バリー・カレッジ
Squadron Leader G. GatenbyG.
ガーテンビー空軍少佐
GEC Aerospace, Fareham / Peter Taylor
GEC エアロスペース、フェアハム／ピーター・テーラー
GEC Avionics Ltd, Rochester / A.C. Smith
GEC アビオニックス社、ロチェスター／A.C.スミス
GEC Ferranti Defence Systems Ltd / John Dodds
GEC フェランティ・ディフェンス・システム社／ジョン・ドッズ
Goodyear Tyre, Heathrow / P.N. Clark
グッドイヤー・タイヤ、ヒースロー／P.N.クラーク
Dr W. Gorniak
W. ゴルニアク博士
Jean Michel Goyat
ジャン・ミシェル・ゴヤ
High Temperature Engineers Ltd / Colin Roby, Ray Chamberlain
ハイ・テンパラチャー・エンジニアリング社／コリン・ロビー、レイ・チェンバレン
Hoffman GmbH / Peter Ihrenberger
ホフマン社／ペーター・イーレンベルガー
G.W. Howard
G.W.ハワード
Humbrol Ltd
ハンブロール社
ICI Plastics Division
ICI プラスチック部門
International Lamps
インターナショナル・ランプ社
Irving Great Britain Ltd
アービング・グレート・ブリテン社
Keski-Suomen Ilmailmuseo / P.Virtanen, K. Rasanen
フィンランド中央航空博物館／P.ヴァータネン、K.ラザネン
Heinz Langer
ハインツ・ランガー
Gunter Leonhardt
ギュンター・レオンハルト
Linread Aircraft Products / Ray McPhie
リンレッド・エアクラフト・プロダクツ／レイ・マクフィー
Lucas Aerospace / Peter Sharpe
ルーカス・エアロスペース／ピーター・シャープ
Luftwaffenmuseum / P.J.Wiesner
ドイツ空軍博物館／P.J.ヴィースナー
Richard P.Lutz
リヒアルト・P・ルッツ
Mann & Son (London) Ltd / Philip Mann
マン・ウント・ゾーン（ロンドン）社／フィリップ・マン
Mannesmann Hartmann & Braun AG
マンネスマン・ハルトマン・ウント・ブラウン社
Henry Mapple & Sons
ヘンリー・マップル・アンド・サンズ
H. Marahrens
H.マラーレンス
Messerschmitt-Bolkow-Blohm / Oskar Friedrich, Fred Owers, Werner Blasel, Hans-Jochen Ebert, Herr Essenfelder
メッサーシュミット・ベルコウ・ブローム社／オスカー・フリードリッヒ、フレッド・アワース、ヴェルナー・ブラーゼル、ハンス・ヨッヘン・エーベルト、エッセンフェルダー氏
R. Meyer
R.マイヤー
Museum der Schweizerischen Fliegertruppe
スイス空軍博物館

Negretti Aviation Ltd / Arthur Gradding
ネグレッティ・アビエーション社／アーサー・グラッディング
Mike Oakey
マイク・オーキー
Pattonair International Ltd
パットネア・インターナショナル社
PPG Industries (UK) Ltd
PPG インダストリー（英国）社
Rolls-Royce Ltd, Bristol
ロールス・ロイス社、ブリストル
Royal Air Force Lyneham, Northolt, Benson, Swanton Morley / Central Service Establishment,Brize Norton / NDT Section, St Athan, Abingdon
英国空軍ライネム、ノーソールト、ベンソン、スワントン・モーレイ／セントラル・サービス・エスタブリシュメント、ブライズ・ノートン／NDT分隊、セント・アサン、アビンドン
Royal Air Force Museum / Jack Bruce, Ray Funnell, John Wadham
英空軍博物館／ジャック・ブルース、レイ・ファンネル、ジョン・ワダム
Al Rubin
アル・ルービン
Sarma (UK)
サーマ（英国）
Mike Schoemann
マイク・シェーマン
Wolfgang Segeta
ヴォルフガング・ゼゲータ
Serk Heat Transfer / N. Ryder
サーク・ヒート・トランスファー社／N.ライダー
Shamban Europa (UK) Ltd / Helga Whitemore
シャンバン・オイローパ（英国）社／ヘルガ・ホワイトモア
Don Silver
ドン・シルバー
Bob Sinclair
ボブ・シンクレア
SKF (UK) Ltd, Luton
SKF（英国）社、ルートン
Smith Industries Defence Systems Ltd / E.A. Hooper
スミス・インダストリーズ・ディフェンス・システム社／E.A.フーパー
Squadron Leader P. Sowden
P.ソウデン空軍少佐
S.S. White Industrial Ltd / Don Sinfield
S.S.ホワイト・インダストリアル社／ドン・シンフィールド
Stellite Company
ステライト社
Suddeutcheche Kuhlerfabrik Julius Fr. Behr GmbH
南ドイツ冷却器製作所・ユリウス・フリードリッヒ・ベール社
Suntex
サンテックス
Technical Paint Services Ltd
テクニカル・ペイント・サービス社
Bob Thompson
ボブ・トムソン
Malcolm Towse
マルコム・タウズ
Fritz Trenkle
フリッツ・トレンクル
Christiaan Vanhee
クリスチャン・ファネー
Graeme Weir
グレーム・ウエアー
Dr-Ing Andreas Weise
工博学士アンドレアス・ヴァイゼ
Ken West
ケン・ウェスト
John & Neil Westwood
ジョンとニール・ウェストウッド
Dipl-Ing Elmar Wilczek
工学士エルマー・ヴィルツェク
Winter Bordgerate Feinmechanik
ヴィンター機上装置精密機械工社
Len Woodgate
レン・ウッドゲート

訳者あとがき

　本書は、パイロットで航空愛好家でもある著者が、第二次大戦時のドイツ空軍の名戦闘機、メッサーシュミットBf109G-2を、19年(1972-1991年)を費やして、周囲の無理解に耐え、時には横やりを入れられつつも、善意の支援者をつのり、しかも無償のボランティア達の手によって、飛行させるまでに復元した、苦闘の記録である。

　しかし、単なる苦労話ではなく、できるかぎり原状に忠実に復元することを目標にした著者により、復元の進行につれて、構造、機能、はては設計思想、歴史にいたるまで適切に説明されている。たとえば、Bf109では、後部胴体の構造は、外板を一枚おきに前後を内側にプレスで曲げ込み、フレーム(胴枠)として使用している。胴体は、左右別々に治具上で外板をつなぎ合わせ、ストリンガーを取り付けたのち、左右をつなぎ合わせて完成するだけ、という製法であることがわかる。スピットファイアや零戦のそれと比較して見ると、胴枠を区画毎に製造し、治具に組み込んで位置決めし、ストリンガー(縦通材)を組み付けてから、外板を貼りリベット止めして行くという製造方法を採用している。どちらも、大量生産しているが、後者が必ずしも製造しやすい設計ではないことに気付くであろう。整備しやすさについても同様で、エンジンを整備するときは、少数のかけがねを外して、左右のカウリングを上にはね上げ、下部カウリングを下に開くだけでエンジンのほぼ全体に接近可能になり、終われば閉じてかけがねを締めるだけである。スピットファイアでは、何本もネジを外し、それぞれ何枚ものパネルを取り外して、やっと接近できるようになり、零戦では、カウルを上下に分割して取り卸さなくてはならない。整備性への設計上の配慮の違いが明らかである。

　特に、日本では、これまであまり紹介されることがなかった、操作方法や作動機構、また、パイロットだけが体験できる飛行特性は、読むにつれて新たな興味をかきたてられる。さらに著者は、復元用資料は勿論のこと、同機の来歴に至るまで徹底した調査をくりひろげ、シシリー島で捕獲されたと誤り伝えられてきた事実を訂正するなど、単なるレストアラーではできない領域まで筆をすすめてくれている。だから、かなりのメッサーシュミット愛好者の関心事でも十分満足できる豊富な内容となっており、資料としての価値も高いといえる。

　歴史的に貴重な機体を、損失の危険を冒してまで飛ばせるべきではないと懸念する向きもあるだろう。事実、英国内だけでもこの数年以内で、モスキート、P-38、P-63などの機体が事故で失われ、本書にも登場したパイロット、マーク・ハンナ氏も、ブチョン機の着陸事故で負った火傷がもとで犠牲者の一人となった。(1999年9月26日)

　英国では、各地に保存鉄道が存在する。説明するまでもないが、廃線となった鉄道路線を利用して、鉄道ファン達が、復元した蒸気機関車などを運行している。また、クラシック・カーやバイクのミーティングもさかんで、エアショーの会場でも見かけることが多い。私自身、1999年にイースト・サセックスのA27をドライブ中、ラジエーターの前にルーツ式ブロアーのスーパーチャージャーを取り付けた往年の名車、ブロアー・ベントリーに出合い、しばし追走して見とれたものであった。エアショーでは、自家用機で見物に来る人々のため、駐機場が設けられるが、ちらほらと年代物の軽飛行機が混じっている。

　英国人の復元という考え方を、ここに見るような気がする。復元とは元の状態に復する訳であるから、車は走り、飛行機は飛んでこそ復元と云えると考えているのであろう。博物館の、どんなに美しく仕上げられた展示機でも、排気や油で汚れた機体が、爆音をとどろかせて滑走し飛行する魅力にはかなわない。実際に、不運にみまわれた機体は、少数であり、大多数の機体は、英国の厳しい法制度のもとに、細心の注意をもって大切に取り扱われ、中には復元後半世紀以上もの間、安全に飛行し続けているものさえある。

　私が、最初にブラック6に関心をもったのは、1970年代末頃、当時Bf109ファンのバイブルと云われたトーマス・H・ヒッチコック氏著「メッサーシュミット・オーナイン・ギャラリー」を手に入れた時であった。頁をめくっていると、現存機の所に、W.Nr 10639が、英国で飛行可能に復元中とあるのが目を引いた。そのかなり以前であったが、英誌で多くのドイツ機が、ノーフォークのRAFコルティシ

ャル基地に集められており、同機がマルセイユ機(黄色14号機)風の塗装で保管されている記事を覚えていたので、ことさら注目したのである。当時は、飛行機を見に外国へ出かけるなど夢にすぎなかったので、飛行するのを見ることができたらと、あこがれ程度の感覚ではあったが。(たまたま海外出張に恵まれたときに、行ける範囲で航空博物館を探しては、休日を利用して自費で見に出かけるのがせいぜいだった。)その後も、たまに英国誌のニュース欄に、わずかな情報が載るのを見ては、半信半疑ながら進んでいるのだと興味をつないでいた。

1991年も終わりの頃、ベンソン基地で初飛行したときの詳しい記事を見つけたときは、ついに火がついてしまった。1993年、シャトルワース・コレクションに手紙を送って、ブラック6の展示飛行があることを確かめ、友人をさそって行くことにした。シャトルワース・エアロドロームの東側、ダックスフォード方向から、低空をまっしぐらに進入してくるブラック6を見つけたときは、喜びがこみ上げてきた。スピンナーと両翼端の白色塗装が実に小粋で、大きなバルカンクロイツが、上面下面を砂漠迷彩2色に塗り分けただけの機体を引き締めて見せていたのが印象的であった。本書は、その時に手に入れたものであった。

爾来、毎年1～2回ブラック6もうでをするのが習慣となってしまった。ダックスフォードでは、エアショーの度に、復元チーム員やその家族が小さな売店をオープンし、Tシャツや写真などを売って資金集めの一助にしていたので、その都度訪れては商品を買い、一言二言言葉を交わすのも楽しみであった。いつしか知り合いもでき、著者とは直接会ったことはないが、今では電話やメールを交換しあうまでにになった。

ブラック6は、日本でも一部の航空誌に時折紹介されてはいたものの、詳しい記事はなかったようである。1997年の事故以来の動向を見聞きするにつれ、スナッデン氏や彼らのことを知ってもらいたいという気持ちがつのり、つたない訳を手がけた次第である。

ブラック6は、ついにRAF博物館に収納されてしまった。今後は30年間にわたり、無償のボランティアとしてブラック6のためにささげて来た彼らの功績が報われる展示にしてほしいと、心から願うものである。

チームは、再度飛行許可を取得する事を念頭において飛行可能に復元を進めたようであり、ファンもそれを期待したが、かなわぬ夢となってしまった。しかしながら、現在Bf109を、空に戻す復元計画はいくつか存在しているので、Bf109の飛行する姿を目にする機会は、まだまだある。だが、本機ほどに、オリジナルに最大限忠実に復元した、飛行可能な機体は、出現しないであろう。

原本は、1991年の復元後の初飛行までで終わっていたため、現在までの経緯は訳者が書くつもりでいた。著者スナッデン氏に連絡を取った所、続編を書いてもよいとの申し出があり、編集部の承諾も得られたので、章が追加されるはこびとなった。エアショウなどの活動や悲劇的な事故、その後の再度の復元に至るまで、当事者しか知らない大変興味深い内容が加わり、より完全な内容にできた。スナッデン氏は、日本の読者にはわかりにくい背景を表現するため、何度かの書き直し依頼にも快く応じてくれたばかりか、原本の写真が原出版社に残っていなかったので、編集部の依頼により、仲間や、はては米国から取り寄せるなどにより、ほぼ全数を集めてくれた。本書出版に際し、惜しみなく協力して下さったスナッデン氏に、心から感謝する次第である。

(追記)

ブラック6は、現在ロンドンのRAF博物館のボマーコマンド・ホールに展示中である。その後、2003年末に開設予定の新展示館「マイルストーン・オブ・フライト・ホール」に、ソッピース・キャメル、P-51、Me262、ハリアー等14機種と共に展示されることになっている。ちなみに、日本機は5式戦キ-100が展示される。

・復元チームの近況

復元チームには、その後、ダックスフォードのIWMから、保有しているMe163B, Werk Nr. 191660,の復元が依頼され、取り組むことになった。今度は、飛行許可はおりないという条件で...作業は、ブラック6の復元が再開されたため、中断したが、その終了後再開されることになっている。訳者の知るかぎりではあるが、メンバーのその後の消息は、以下の通りである；

スナッデン氏は、エアライン・パイロットを引退し、スコットランドのアーガイル州に在住している。電話で話しただけだが、すぐファーストネームで呼び合う中になった。

パイロットらしい気さくで快活な人であり、チームメンバーに慕われ、信頼される人柄がうかがえる。ちなみに、メンバーは、親しみをこめて、オーバーグルッペンフューラーと呼んでいるそうである。ブラック６の修復が終わり、昨年からは、フランスから入手したビュッカーBü181Cベストマン機の復元（飛行可能まで）にご子息のグレーム氏と取り組んでいる。

イアン・メースン氏は、その後、RAF博物館に所属し、展示機の復元等を行っているベッドフォードシャーのカーディントン分館で、テンペストⅤの復元にたずさわっていたが、2001年7月7日に死去した。

ポール・ブラッカー氏は、1993年からBBMF（バトル・オブ・ブリテン・メモリアル・フライト）のチーフ・テクニシアンとして活躍するかたわらブラック６の活動に携わり続けた。

ジョン・エルコム氏は、復元チームのメンバーとしてブラック６の再復元にもたずさわり、自宅のロンドン北部のハーロウから、ダックスフォードに通い続けた。今後も、Me163Bの復元が再開されれば、参加するとのことである。

ハワード・クック氏は、スピットファイア、ハリケーン等を保有し、エアショウ、TVや映画出演等の事業をする、ヒストリック・エアクラフト・コレクション社の宣伝・営業担当およびパイロットとして、ヨーロッパ、オーストラリア、ニュージーランドを股にかけて、活躍中である。

・ブラック６のパイロット達

ブラック６を操縦し、飛行させたのは、指名されたパイロット４名だけであった。いずれも英空軍出身者であるが、全員、民間機の操縦免許と展示飛行許可を所持している。

レジ・ハラム空軍大佐－ブラック６を初飛行させたことで、本文に登場済みである。1954年に空軍に入り、その後世界的に有名なエンパイア・テストパイロット・スクールを修了している。テストパイロットとして、ファンボロウでさまざまな軍用機を試験飛行するかたわら、1988年以来、旧式軍用機の飛行にたずさわり、展示飛行や、映画、TVの出演機を飛ばすなどしていた。1991年に、ブチョン機で飛行中、心臓発作におそわれたが、この難しい機体を安全に着陸させた。これを最後に以後飛行することはなく、惜しくも1999年4月24日に死去した。享年62才であった。

サー・ジョン・アリソン空軍少将－ブラック６を２番目に飛ばし（本文参照）、はからずもラストフライトも行うことになってしまった。戦術戦闘航空団の総司令官の軍歴を有している。旧式軍用機操縦のベテランで、ヒストリック・フライイング社のチーフ・パイロットもつとめている。今なお（2002年）現役で、復元機のテストに、エアショウ出演に活躍している。

デーブ・サウスウッド空軍少佐－1973年から英空軍に入り、ハンターやバッカニアを操縦した後、ェンパイア・テストパイロット・スクールを修了して、1993年には研究開発パイロットとしてファーンボロウに配属された。ブラック６の飛行には復元完了時より関わっている。1988年以来、復元されたさまざまな大戦機の試験飛行やエアショウ出演も手がけている。展示飛行の達人であると共に、時折、航空誌に記事を寄せているが、テストパイロット・スクール出身者らしい、簡潔で、わかりやすく、まとまりの良いレポートの書き手である。一度、言葉を交わしたことがあるが、戦闘機乗りらしい、快活でフレンドリーな人物であった。1999年まで、ボスコムダウン基地のテストパイロットであったが、現在はバージン・アトランティック航空の機長を務めるかたわらエアショウにも出演している。

チャーリー・ブラウン空軍大尉－トーネード戦闘攻撃機のパイロットもつとめた、英空軍の教官パイロットであるが、ヒストリック・フライイング社の創立者のティム・ルーティス氏との交友がきっかけで、軍務のかたわら、同社のテストパイロットでもある。エアショウ・シーンにもよく出演している。一緒にスピットファイアを飛ばしている、サー・ジョン・アリソン少将から、代理パイロットになるよう誘われ、1993年からブラック６を操縦するようになった。最近では、英国で復元途中にアメリカに転売されたBf109E-7の、カリフォルニアでの試験飛行を引き受けたり、アメリカで復元したHA-1112-MILブチョン機の試験飛行とオーナーの操縦訓練を行ったりしている。出会った印象は、物静かで、おだやかな話し方をする紳士であった。

訳者紹介
川村忠男(かわむら・ただお)
1939年生まれ、宮城県出身。1962年3月都立航空工業短大(現科学技術大)航空原動機工学科卒、同年4月、全日本空輸株式会社に入社。主にジェットエンジン整備技術に従事する。1999年同社定年退職後、株式会社ANA-IHIエアロエンジンズ嘱託、現在は日本GEエンジンサービス株式会社に勤務。共同執筆「日本の航空技術史」(日本航空技術協会刊)、共同訳書「世界の航空エンジン①レシプロ編」、および訳書「航空ピストンエンジン」(いずれもグランプリ出版)がある。

ブラック シックス
英国上空を翔るグスタフの翼

発　行　日　　2003年5月20日

著　　者　　ラス・スナッデン
翻　　訳　　川村忠男
発　行　者　　小川光二
発　行　所　　株式会社大日本絵画
　　　　　　　〒101-0054　東京都千代田区神田錦町1丁目7番地
　　　　　　　http://www.kaiga.co.jp
電　　話　　03-3294-7861 (代表)
編　　集　　株式会社アートボックス
　　　　　　　編集担当　　佐藤　理
　　　　　　　編集協力　　岡崎宣彦
　　　　　　　レイアウト　佐藤　理
装　　丁　　寺山佑策
印　刷／製　本　大日本印刷株式会社

ISBN4-499-22800-X

Black 6
The extraordinary restoration of a Messerschmitt Bf109

©Russ Snadden 1993
All right reserved. No part of this publication may be reproduced, stored in a retrieval system or transmitted, in any from or by any means, electronic, mechanical, photocopying, recording or otherwise, without prior permission in writing from Patrick Stephens Limited.
First published in 1993